职业技能鉴定国家题库石化分库试题选编

硫磺回收装置操作工

中国石油化工集团公司职业技能鉴定指导中心　编

中国石化出版社

内 容 提 要

《硫磺回收装置操作工》为《职业技能鉴定国家题库石化分库试题选编》丛书之一，由中国石油化工集团公司职业技能鉴定指导中心按照《国家职业标准》和《职业技能鉴定国家题库开发技术规程》组织编写。内容包括：硫磺回收装置操作工初级工、中级工、高级工、技师的国家职业标准、鉴定要素细目表、理论知识试题和技能操作试题，是硫磺回收装置操作工进行职业技能鉴定的必备学习资料。

图书在版编目(CIP)数据

硫磺回收装置操作工/中国石油化工集团公司职业技能鉴定指导中心编. —北京:中国石化出版社,2006(2024.3重印)
(职业技能鉴定国家题库石化分库试题选编)
ISBN 978-7-80229-131-7

Ⅰ.硫… Ⅱ.中… Ⅲ.硫磺回收-化工设备-操作-职业技能鉴定-习题 Ⅳ.TE644-44

中国版本图书馆 CIP 数据核字(2006)第 107760 号

中国石化出版社出版发行
地址:北京市东城区安定门外大街 58 号
邮编:100011 电话:(010)57512500
发行部电话:(010)57512575
http://www.sinopec-press.com
E-mail:press@sinopec.com
北京艾普海德印刷有限公司印刷
全国各地新华书店经销

*

787 毫米×1092 毫米 16 开本 19.25 印张 460 千字
2024 年 3 月第 1 版第 8 次印刷
定价:60.00 元

职业技能鉴定国家题库
石化分库开发领导小组

组　长：刘根元

副组长：傅兴顺　高　滨　孙祖岭　孙金瑜

顾　问：袁　芳　李钰年

成　员（以姓氏笔画为序）：

丁新兴　王凤维　王运才　王虎刚　王瑞萍　石惟理
刘子才　刘文玉　刘忠华　向守源　朱长根　朱正建
朱立群　江毅平　汤　豪　许立明　许　坚　曲子洲
吴　云　何　波　邱　颖　张云燕　张月娥　张全胜
张佐军　张树忠　陈建国　陈若平　周志明　郑洵美
钟文标　徐洪源　贾铁成　郭为民　顾甬明　崔　昶
曹宗祥　黄　进　彭连军　温振丽　童子飞　谢学民
韩　伟　雷建忠　靳良成　潘　慧　穆晓秋　魏洪大
魏根兴

特邀专家（以姓氏笔画为序）：

尤宝英　王　权　丛新泽　刘　欧　刘孝祖
李荣兴　沈洪源　陆　勇　巫建忠　徐　燕
黄世文　黄劲松

编辑出版负责人：

王子康　王力健　邓敦夏

前　言

受劳动和社会保障部职业技能鉴定中心委托，按照中国石油天然气集团公司、中国石油化工集团公司职业技能鉴定工作协议，中国石油化工集团公司职业技能鉴定指导中心组织有关专家，依据《职业技能鉴定国家题库开发技术规程》和《国家职业标准》，开发了32个职业95个工种的职业技能鉴定国家题库石化分库，并于2006年5月正式启用。

为满足员工学习专业知识、提高操作技能的需要，我们选编了石化分库的部分试题，按职业(工种)出版《职业技能鉴定国家题库石化分库试题选编》套书。该套书内容包括国家职业标准、鉴定要素细目表、理论知识试题和技能操作试题等，其中，理论知识试题约占分库中该职业(工种)试题的50%，技能操作试题约占70%。

《硫磺回收装置操作工》分册由高桥石化主编，齐鲁石化、抚顺石化参编。主要执笔人：袁黎俊。参审人员：丛新泽、刘忠华、王喜亮。

由于水平有限，书中难免有遗漏或欠妥之处，敬请谅解并提出宝贵意见。

职业技能鉴定国家题库

石化分库开发领导小组办公室

目录

第一部分 初级工

第二部分 中级工

第三部分 高级工

第四部分 技师

第一部分

初 级 工

一、国家职业标准(初级工工作要求)

职业功能	工作内容	技能要求	相关知识
工艺操作	(一)开车准备	1. 能根据指令改通简单开车流程 2. 能使用开车所需工器具 3. 能使用蒸汽、氮气、水和风等介质 4. 能完成排污、脱水等操作，能配合油品采样 5. 能协助完成装置气密、吹扫、加热炉点火等操作 6. 能投用蒸汽伴热线 7. 能增、减火嘴数量，调节炉温、炉膛负压、烟气氧含量	1. 装置流程 2. 原料、产品及公用工程介质的物理、化学性质 3. 岗位操作法 4. 装置开车吹扫、气密方案 5. 油品及烟气采样注意事项 6. 加热炉火嘴的类型和结构
	(二)开车操作	1. 能建立硫封操作 2. 能完成点火炬操作 3. 能完成液硫输送操作 4. 能完成含硫化氢介质的采样操作 5. 能完成酸性气脱液操作 6. 能完成硫磺灭火操作	1. 硫封操作要点 2. 酸性水采样安全规定 3. 硫磺的物理性质 4. 防止硫化氢中毒安全规定 5. 酸性气脱液操作法
	(三)正常操作	1. 能完成日常的巡回检查 2. 能规范填写相关记录 3. 能改动常用工艺流程 4. 能发现异常工况并汇报处理 5. 能检查核对现场压力、温度、液(界)位、阀位等 6. 能改控制阀副线 7. 能投用炉管除灰系统设施	1. 巡检内容及制度 2. 工艺指标 3. 加热炉除灰系统操作步骤
	(四)停车操作	1. 能按指令吹扫简单的工艺系统 2. 能停运简单动、静设备 3. 能灭加热炉火嘴 4. 能使用装置配备的各类安全防护器材	1. 安全、环保、消防器材使用知识 2. 吹扫方案 3. “三废”排放标准
设备使用与维护	(一)使用设备	1. 能根据工艺要求调节阀门开度 2. 能开、停离心泵等简单动设备 3. 能操作空冷器等冷换设备 4. 能投用液位计、安全阀、压力表等 5. 能看懂设备铭牌 6. 能使用硫化氢、可燃气体报警仪 7. 能投用疏水器 8. 能合理调节加热炉油门、气门、风门和烟道挡板 9. 能投用蒸汽喷射器 10. 能操作鼓风机 11. 能操作液硫夹套阀 12. 能清洗阻火器、过滤器 13. 能投用蒸汽加热盘管	1. 不同型号阀门结构、性能、特点 2. 泵的类型结构、原理、性能 3. 液位计、安全阀、压力表等的使用知识 4. 硫化氢、可燃气体报警仪操作说明 5. 蒸汽喷射器结构 6. 鼓风机操作法 7. 阻火器结构
	(二)维护设备	1. 能完成机、泵的盘车操作 2. 能添加和更换机、泵的润滑油、润滑脂 3. 能完成设备、管线日常检修的监护工作 4. 能做好机泵、管线的防冻防凝工作 5. 能更换阀门盘根 6. 能确认机泵检修的隔离和动火条件 7. 能更换压力表、温度计和液位计等	1. 设备常用润滑油(脂)的规格、品种和使用规定 2. 机泵的润滑知识 3. 机泵盘车规定 4. 防冻防凝方案

续表

职业功能	工作内容	技能要求	相关知识
事故判断与处理	（一）判断事故	1. 能判断现场机泵、管线、法兰泄漏等一般事故 2. 能发现主要运行设备超温、超压、超电流等异常现象	1. 设备运行参数 2. 装置生产特点及危害性
	（二）处理事故	1. 能使用消防器材扑灭初起火灾 2. 能使用气防器材进行急救和自救 3. 能处理简单跑、冒、滴、漏事故 4. 能报火警，打急救电话 5. 能协助处理装置停原料、水、蒸汽、电、风、燃料等各类突发事故 6. 能处理普通离心泵的抽空、泄漏事故 7. 能处理界位、液位等仪表指示失灵事故	1. 跑、冒、滴、漏事故处理方法 2. 消防、气防知识 3. 消防、气防报警程序 4. 现场急救知识 5. 机泵密封知识 6. 液位计、界位计测量原理
绘图与计算	（一）绘图	1. 能绘制本岗位工艺流程图和装置原则流程图 2. 能识读设备简图	绘图方法
	（二）计算	1. 能完成常用单位的换算 2. 能计算化工助剂的加入量	常用单位换算知识

二、理论知识鉴定要素细目表

行业通用理论知识鉴定要素细目表

鉴定范围						鉴定点		
一级		二级		三级		代码	名称	重要程度
代码	名称	代码	名称	代码	名称			
A	基本要求	B	基础知识	A	记录填写基础知识	001	运行记录的种类	X
						002	运行记录的填写要求	X
				B	识图基础知识	001	工艺流程图管线的表示方法	X
						002	工艺流程图管件的表示方法	X
						003	工艺流程图阀门的表示方法	X
						004	工艺流程图仪表电气控制点的表示方法	X
				C	安全环保基础知识	001	石化行业生产的不安全因素	X
						002	国家安全生产的方针	X
						003	三级安全教育的内涵	X
						004	头部的防护	X
						005	眼睛和面部的防护	X
						006	脚部的防护	X
						007	手部的防护	X
						008	耳部的防护	X

续表

鉴定范围						鉴定点		
一级		二级		三级		代码	名称	重要程度
代码	名称	代码	名称	代码	名称			
						009	口鼻的防护	X
						010	皮肤的防护	X
						011	机械设备对人体伤害的防护	X
						012	厂内交通安全知识	X
						013	石化行业防火防爆十大禁令的内容	X
						014	尘毒物质的分类	X
						015	职业中毒的种类	X
						016	急性中毒的现场抢救	X
						017	高处作业的防护措施	X
						018	石化行业污染的来源	X
						019	石化行业污染的途径	X
						020	石化行业污染的特点	X
						021	清洁生产的定义	X
						022	清洁生产的内容	X
						023	燃烧的三要素	X
						024	干粉灭火器的适用范围	X
						025	泡沫灭火器的适用范围	X
						026	1211 灭火器的适用范围	X
						027	ISO 14000 系列标准的含义	X
						028	HSE 管理体系的概念	X
						029	建立 HSE 管理体系的意义	X
						030	石化行业事故处理的原则	X
				D	质量基础知识	001	标准化的概念	X
						002	标准等级划分的类别	X
						003	标准的使用范围	X
						004	ISO 9000 族标准的特点	X
				E	计算机基础知识	001	计算机硬件的组成	X
						002	计算机的安全防护	X
						003	Word 文档的录入与排版	X
						004	计算机浏览器的使用	X
						005	电子邮件的收发	X

续表

鉴定范围						鉴定点		
一级		二级		三级		代码	名称	重要程度
代码	名称	代码	名称	代码	名称			
				F	法律常识	001	《劳动法》关于劳动者权益的规定	X
						002	劳动合同包含的条款	X
						003	劳动争议解决的途径	X
						004	《劳动法》关于劳动者工作时间的规定	X
						005	《劳动法》关于劳动安全卫生的规定	X
						006	《产品质量法》关于生产者的产品质量责任	X
						007	《产品质量法》关于生产者的产品质量义务	X
						008	《安全生产法》对从业人员的规定	X
						009	《消防法》关于对公民责任的规定	X
B	相关知识	F	培训与指导	B	鉴定与考评	001	职业技能鉴定的定义	X
						002	职业技能鉴定的目的	X
						003	职业资格等级的划分	X
						004	职业资格证书的用途	X
						005	职业、岗位与工种的关系	X

职业通用理论知识鉴定要素细目表(《燃料油生产工》)

鉴定范围						鉴定点		
一级		二级		三级		代码	名称	重要程度
代码	名称	代码	名称	代码	名称			
A	基本要求	B	基础知识	G	化学基础知识	001	元素化合价的概念	X
						002	溶解的概念	X
						003	结晶的概念	Z
						004	饱和蒸汽压的概念	X
						005	饱和溶液的概念	Y
						006	溶解度的概念	X
						007	氧化反应的概念	Y
						008	还原反应的概念	X
						009	卤素的种类	X
						010	卤素的性质	X
						011	氢氧化钠的性质	Y
						012	硫化氢的性质	X
						013	二氧化硫的性质	X
						014	烷烃的分子通式	X

续表

鉴定范围						鉴定点		
一级		二级		三级		代码	名称	重要程度
代码	名称	代码	名称	代码	名称			
						015	烯烃的分子通式	X
						016	二烯烃的分子通式	X
						017	烷烃的物化性质	X
						018	烯烃的物化性质	X
						019	炔烃的分子通式	X
						020	化学平衡的基本概念	Y
						021	理想气体的基本概念	X
						022	氧气的性质	X
						023	氢气的性质	Y
						024	氮气的性质	Y
						025	过热蒸汽的概念	X
						026	氧化还原反应方程式的配平	X
				H	石油及油品基础知识	001	石油的一般性质	X
						002	石油烃类组成的表示方法	X
						003	石油中硫的分布	Y
						004	油品的蒸汽压	X
						005	油品的沸程	X
						006	油品的平均沸点	X
						007	油品的密度	X
						008	油品的平均相对分子质量	X
						009	油品的黏度单位	X
						010	油品黏度与温度的关系	X
						011	油品的闪点	X
						012	油品的燃点	X
						013	油品的自燃点	X
						014	油品的凝固点	X
				I	化工基础	001	流体的定义	X
						002	流体密度的概念	X
						003	流体黏度的概念	X
						004	流体流量的概念	X
						005	流体压强的概念	X
						006	流体流动类型的分类	X
						007	流体阻力的特性	Z
						008	传热的基本概念	X

续表

鉴定范围						鉴定点		
一级		二级		三级		代码	名称	重要程度
代码	名称	代码	名称	代码	名称			
						009	传热的基本方式	X
						010	泡点的概念	X
						011	露点的概念	X
						012	沸点的概念	X
						013	传质过程的分类	X
						014	精馏段的概念	X
						015	提馏段的概念	X
						016	蒸馏的概念	X
						017	回流比的概念	X
				J	计量基础知识	001	计量工作的作用	X
						002	计量的特点	X
						003	法定计量单位的概念	Y
						004	国家法定计量单位组成	Y
						005	国际单位制基本单位	Y
						006	计量表精度等级划分的依据	X
						007	计量检测设备概念	X
						008	计量检测设备的分级	X
				K	炼油机械与设备	001	常见泵的种类	X
						002	常见泵型号含义	X
						003	离心泵的工作原理	X
						004	离心泵的主要性能参数	Y
						005	常见压缩机的种类	X
						006	换热器的种类	X
						007	加热炉的种类	Y
						008	塔设备的分类	Y
						009	安全附件的种类	X
						010	常用安全附件的作用	X
						011	常用管道组成件的种类	X
						012	常用阀门的种类	X
						013	常用阀门型号含义	Y
						014	常用法兰的类型	Y
						015	垫片的种类	X
						016	螺栓的种类	X
						017	常见管路连接方法	X
						018	密封的概念	Y
						019	润滑的概念	Y
						020	常用润滑剂的种类	X
						021	静设备常见失效形式	Y
						022	常见金属材料的种类	Z

续表

鉴定范围						鉴定点		
一级		二级		三级		代码	名称	重要程度
代码	名称	代码	名称	代码	名称			
				L	电工基础知识	001	常用照明的常识	Y
						002	电流的常识	X
						003	直流电的概念	Z
						004	交流电的概念	X
						005	电阻的概念	Y
						006	电压的基本常识	X
						007	串联电路的概念	X
						008	并联电路的概念	Z
						009	防触电常识	X
						010	人工呼吸常识	X
						011	装置电器设备灭火常识	X
				M	仪表基础知识	001	常规控制的概念	X
						002	仪表误差的概念	Y
						003	简单调节系统的组成	X
						004	控制室常规仪表的种类	X
						005	常用控制阀的分类	X
						006	压力测量仪表的分类	X
						007	流量测量仪表的分类	X
						008	常用液位计的读取方式	X
						009	温度测量仪表的分类	X
						010	控制阀的风开风关原则	X
						011	DCS 系统的基本概念	X
						012	DCS 操作系统的组成	X

工种理论知识鉴定要素细目表

鉴定范围						鉴定点		
一级		二级		三级		代码	名称	重要程度
代码	名称	代码	名称	代码	名称			
B	相关知识	A	工艺操作	A	开车准备	001	开车准备的主要内容	X
						002	硫化氢物化性质	Y
						003	硫磺产品规格	X
						004	硫磺化学性质	Y
						005	引循环水注意事项	Y
						006	引氮气注意事项	X

续表

鉴定范围						鉴定点		
一级		二级		三级		代码	名称	重要程度
代码	名称	代码	名称	代码	名称			
						007	消防器材的种类	Y
						008	防毒面具的作用	Z
						009	“四不开车”的原则	X
						010	引蒸汽步骤	X
						011	引蒸汽注意事项	X
						012	引仪表风的步骤	Y
						013	开工气密的作用	Y
						014	“水击”产生的原因	X
						015	硫磺的物理性质	X
				B	开车操作	001	酸性气脱液方法	X
						002	硫封操作要点	X
						003	酸性气采样规定	X
						004	新装置开车水冲洗的目的	Y
						005	防止硫化氢中毒安全规定	X
						006	催化剂装填注意事项	X
						007	装置的工艺生产特点	Y
						008	判断玻璃板液面计显示是否准确的标准	X
						009	换热器投用方法	X
						010	酸性气燃烧炉点火步骤	X
						011	尾气焚烧炉点火步骤	X
						012	引酸性气操作要点	X
						013	引氨操作要点	Z
						014	蒸汽发生器启用操作要点	X
						015	装置引凝结水注意事项	X
						016	开车氮气置换的目的	Y
						017	电打火器的使用方法	X
						018	电打火失败重新点火的处理方法	X
						019	酸性气原料来源	Y
				C	正常操作	001	硫磺回收装置在炼厂的作用	Y
						002	空气换热器使用的目的	X
						003	酸性气带液操作要点	X
						004	急冷塔注氨操作要点	Z
						005	硫磺排污操作要点	X
						006	管线伴热检查要点	X

续表

鉴定范围						鉴定点		
一级		二级		三级		代码	名称	重要程度
代码	名称	代码	名称	代码	名称			
						007	防冻防凝制度	Y
						008	控制阀改副线操作要点	X
						009	交接班“五不接”的内容	X
						010	仪表液位和现场液位比较的方法	X
						011	控制阀信号输出无反应的原因	X
						012	调节阀卡的处理方法	X
						013	控制阀阀位的检查方法	X
						014	反吹风的目的	X
						015	急冷塔酸性水的处理方法	X
						016	管道伴热的作用	X
						017	管道伴热的方式	Y
						018	硫磺烟囱高空排放的标准	X
						019	瓦斯分液罐脱液方法	X
						020	液硫脱气操作方法	X
						021	锅炉给水进行处理的作用	X
						022	溶剂的配制方法	X
						023	产品质量的特性	X
						024	循环水的检查方法	X
						025	溶剂再生塔压力高的原因	X
						026	急冷水过滤器切换步骤	X
						027	急冷水过滤器清洗方法	X
						028	容器日常巡检的项目	X
						029	塔日常巡检的项目	X
						030	克劳斯反应器投用前升温的作用	Y
						031	装置环境污染源的种类	X
						032	火炬线泄漏的检查方法	X
				D	停车操作	001	酸性气管线吹扫注意事项	X
						002	蒸汽发生器停用的操作步骤	X
						003	酸性气燃烧炉熄火步骤	X
						004	尾气焚烧炉熄火步骤	X
						005	停用蒸汽抽空器的方法	X
						006	管道吹扫的注意事项	X
						007	设备吹扫的注意事项	X
						008	管道吹扫介质类型	Y

续表

鉴定范围						鉴定点		
一级		二级		三级		代码	名称	重要程度
代码	名称	代码	名称	代码	名称			
						009	泵的吹扫注意事项	X
						010	停冷却器注意点	X
						011	停重沸器注意点	X
						012	停酸性气原料操作要点	X
						013	急冷水过滤器停用步骤	X
						014	溶剂再生退溶剂步骤	X
						015	“三交三落实”的内容	Z
						016	三级用火制度的适用范围	X
						017	停工“五净”的内容	Y
		B	设备使用与维护	A	使用设备	001	爆破片的作用	Z
						002	蝶阀的结构	Y
						003	截止阀的结构	Y
						004	截止阀的使用	X
						005	气动阀的工作原理	X
						006	离心泵正常启动注意事项	X
						007	离心泵正常停运注意事项	X
						008	离心泵正常切换注意事项	X
						009	玻璃板液位计使用常识	X
						010	硫化氢报警仪的使用方法	X
						011	可燃气体报警仪的使用方法	X
						012	疏水器的使用方法	X
						013	安全阀投用注意点	X
						014	安全阀的作用	X
						015	压力表的使用	Y
						016	压力表的安装要求	X
						017	冷却器类型	X
						018	冷却器结构	X
						019	冷却器的使用要求	X
						020	换热器的使用要求	X
						021	压力管道的分级	Y
						022	管道法兰的分类	X
						023	空气冷却器的结构	Z
						024	空气冷却器的类型	Z
						025	风机的分类	X

续表

鉴定范围						鉴定点		
一级		二级		三级		代码	名称	重要程度
代码	名称	代码	名称	代码	名称			
						026	阀门的密封材质类型	X
						027	止回阀的使用方法	X
						028	阻火器结构	X
						029	快速切断阀自动切换至手动的步骤	X
						030	流量计的类型	Y
						031	温度计的作用	Y
						032	温度计的分类	Y
						033	板式塔塔盘的种类	X
						034	压缩机的使用范围	X
						035	疏水器的投用步骤	X
						036	设备保温的作用	X
						037	设备保温的类型	X
						038	管道用过滤器的种类	X
						039	氨压力表的使用范围	X
						040	离心泵叶轮的种类	Y
				B	维护设备	001	设备热紧的作用	X
						002	“五定”制度的内容	Y
						003	“三级过滤”制度的内容	X
						004	机泵盘车规定	X
						005	润滑油(脂)的使用规定	X
						006	压力表检查的注意事项	X
						007	安全阀检查的标准	X
						008	动火时的注意事项	X
						009	动火时监护人的职责	Y
						010	进入设备内部的注意事项	Y
						011	机泵冷却的种类	X
						012	机泵密封的形式	X
						013	设备故障记录制度	Y
		C	事故判断与处理	A	判断事故	001	机泵振动故障的判断	X
						002	安全阀启跳的判断	X
						003	瓦斯带油的工艺现象	X
						004	停燃料气的工艺现象	Y
						005	急冷塔底液面低的原因	X
						006	停仪表风的工艺现象	X

续表

鉴定范围						鉴定点		
一级		二级		三级		代码	名称	重要程度
代码	名称	代码	名称	代码	名称			
						007	停循环水的工艺现象	X
						008	安全阀泄漏的判断方法	X
						009	判断离心泵抽空的方法	X
						010	判断液面计失灵的方法	X
				B	处理事故	001	事故处理的原则	X
						002	硫磺自燃的处理	X
						003	氨泄漏的处理要点	X
						004	滤毒罐的检查内容	Y
						005	离心泵抽空的处理	X
						006	停1.0MPa蒸汽处理要点	X
						007	人员撤离装置条件	X
						008	心肺复苏的操作步骤	X
						009	正压式空气呼吸器的使用方法	X
						010	过滤式放毒面具的使用方法	X
						011	手提式干粉灭火器的使用注意点	X
						012	蒸汽灭火的操作要点	X
						013	法兰泄漏处理要点	Z
						014	“四不放过”原则的内容	X
						015	硫化氢中毒(吸入)的急救方法	X
						016	火灾报警程序	X
						017	氨中毒的处理方法	X
		D	绘图与计算	A	绘图	001	工艺流程图仪表符号的意义	X
						002	工艺流程图设备符号的意义	X
						003	工艺流程图工艺管道的识别	X
						004	常用的绘图工具	Y
				B	计算	001	密度单位的计算	Z
						002	质量单位的计算	X
						003	长度单位的计算	X
						004	压力单位的计算	X
						005	体积单位的计算	X

三、理论知识试题

行业通用理论知识试题

判断题

1. 岗位交接班记录不属于运行记录。（√）

2. 填写记录要求及时、准确、客观真实、内容完整、字迹清晰。（√）

3. 工艺流程图中，主要物料(介质)的流程线用细实线表示。（×）

正确答案：工艺流程图中，主要物料(介质)的流程线用粗实线表示。

4. 在工艺流程图中，表示法兰堵盖的符号是。（√）

5. 在工艺流程图中，符号表示的是减压阀。（×）

正确答案：在工艺流程图中，符号表示的是减压阀。

6. 带控制点的工艺流程图中，表示压力调节阀的符号是。（×）

正确答案：带控制点的工艺流程图中，表示压力调节阀的符号是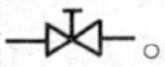。

7. 石化生产中存在诸多不安全因素。事故多，损失大。（√）

8. 防护罩、安全阀等不属于安全防护装置。（×）

正确答案：防护罩、安全阀等均属于安全防护装置。

9. 安全检查的任务是发现和查明各种危险和隐患，督促整改；监督各项安全管理规章制度的实施；制止违章指挥、违章作业。（√）

10. 女工在从事转动设备作业时必须将长发或发辫盘卷在工作帽内。（√）

11. 从事化工作业人员必须佩戴防护镜或防护面罩。（×）

正确答案：从事对眼睛及面部有伤害危险作业时必须佩戴有关的防护镜或面罩。

12. 穿用防护鞋时应将裤脚插入鞋筒内。（×）

正确答案：穿用防护鞋的职工禁止将裤脚插入鞋筒内。

13. 对于从事在生产过程中接触能通过皮肤侵入人体的有害尘毒作业人员，只需发放防护服。（×）

正确答案：对于从事在生产过程中接触能通过皮肤侵入人体的有害尘毒作业人员，需发放防护服，并需有工业护肤用品，涂在手臂、脸部，以保护职工健康。

14. 在超过噪声标准的岗位工作的职工，要注意保护自己的听力，可戴上企业发给的各种耳塞、耳罩等。（×）

正确答案：在超过噪声标准的岗位工作的职工，要注意保护自己的听力，一定要戴上企业发给的各种耳塞、耳罩等。

15. 口鼻的防护即口腔和鼻腔的防护。（×）

正确答案：口鼻的防护即呼吸系统的防护。

16. 人体皮肤是化工生产中有毒有害物质侵入人体的主要途径。（√）

17. 一般情况下，应将转动、传动部位用防护罩保护起来。（√）

18. 在设备一侧的转动、传动部位要做好外侧及内侧的防护。（×）

正确答案：在设备一侧的转动、传动部位要做好外侧及周边的防护。

19. 各种皮带运输机、链条机的转动部位，除装防护罩外，还应有安全防护绳。（√）

20. 在传动设备的检修工作中，只需在电气开关上挂有“有人作业，禁止合闸”的安全警告牌。 (×)

正确答案：在传动设备的检修工作中，电气开关上应挂有“有人作业，禁止合闸”的安全警告牌，并设专人监护。

21. 限于厂内行驶的机动车不得用于载人。 (√)

22. 严禁在生产装置罐区及易燃易爆装置区内用有色金属工具进行敲打撞击作业。(×)

正确答案：严禁在生产装置罐区及易燃易爆装置区内用黑色金属工具进行敲打撞击作业。

23. 烟、雾、粉尘等物质是气体，易进入呼吸系统，危害人体健康。 (×)

正确答案：烟、雾、粉尘等物质是气溶胶，易进入呼吸系统，危害人体健康。

24. 烟尘的颗粒直径在 0.1μm 以下。 (√)

25. 职业中毒是指在生产过程中使用的有毒物质或有毒产品，以及生产中产生的有毒废气、废液、废渣引起的中毒。 (√)

26. 毒物进入人体就叫中毒。 (×)

正确答案：毒物对有机体的毒害作用叫中毒。

27. 低毒物质进入人体所引发的病变称慢性中毒。 (×)

正确答案：低浓度的毒物长期作用于人体所引发的病变称慢性中毒。

28. 急性中毒患者呼吸困难时应立即吸氧。停止呼吸时，立即做人工呼吸，气管内插管给氧，维持呼吸通畅并使用兴奋剂药物。 (√)

29. 急性中毒患者心跳骤停应立即做胸外挤压术，每分钟 30~40 次。 (×)

正确答案：急性中毒患者心跳骤停应立即做胸外挤压术，每分钟 60~70 次。

30. 休克病人应平卧位，头部稍高。昏迷病人应保持呼吸道畅通，防止咽下呕吐物。 (×)

正确答案：休克病人应平卧位，头部稍低。昏迷病人应保持呼吸道畅通，防止咽下呕吐物。

31. 高处作业人员应系用与作业内容相适应的安全带，安全带应系挂在施工作业处上方的牢固挂件上，不得系挂在有尖锐的棱角部位。 (√)

32. 高处作业可以上下投掷工具和材料，所用材料应堆放平稳，必要时应设安全警戒区，并设专人监护。 (×)

正确答案：高处作业严禁上下投掷工具和材料，所用材料应堆放平稳，必要时应设安全警戒区，并设专人监护。

33. 高处作业人员不得站在不牢固的结构物上进行作业，可以在高处休息。 (×)

正确答案：高处作业人员不得站在不牢固的结构物上进行作业，不得在高处休息。

34. 燃烧产生的废气是石化行业污染的主要来源之一。 (√)

35. 工艺过程排放是造成石化行业污染的主要途径。 (√)

36. 成品或副产品不会造成石化行业的污染。 (×)

正确答案：成品或副产品的夹带也会造成石化行业的污染。

37. 石化行业污染的特点之一是污染物种类多、危害大。 (√)

38. 清洁生产通过末端治理污染来实现。 (×)

正确答案：清洁生产通过应用专门技术，改进工艺、设备和改变管理态度来实现。

39. 清洁的服务不属于清洁生产的内容。（×）

正确答案：清洁的服务属于清洁生产的内容之一。

40. 引起闪燃的最高温度称为闪点。（×）

正确答案：引起闪燃的最低温度称为闪点。

41. 燃点是指可燃物质在空气充足条件下，达到某一温度时与火源接触即行着火，并在移去火源后继续燃烧的最低温度。（√）

42. 自燃点是指可燃物在没有火焰、电火花等火源直接作用下，在空气或氧气中被加热而引起燃烧的最高温度。（×）

正确答案：自燃点是指可燃物在没有火焰、电火花等火源直接作用下，在空气或氧气中被加热而引起燃烧的最低温度。

43. 干粉灭火器能迅速扑灭液体火焰，同时泡沫能起到及时冷却作用。（√）

44. 抗溶性泡沫灭火剂可以扑灭一般烃类液体火焰，但不能扑救水溶性有机溶剂的火灾。（×）

正确答案：抗溶性泡沫灭火剂可以扑灭一般烃类液体火焰，同时能扑救水溶性有机溶剂的火灾。

45. 1211 灭火器仅适用于扑灭易燃、可燃气体或液体，不适用于扑灭一般易燃固体物质的火灾。（×）

正确答案：1211 灭火器不仅适用于扑灭易燃、可燃气体或液体，也适用于扑灭一般易燃固体物质的火灾。

46. ISO 14000 系列环境管理标准是国际标准化组织（ISO）第 207 技术委员会（ISO/TC207）组织制定的环境管理体系标准，其标准号从 14001 到 14100，共 100 个标准号，统称为 ISO 14000 系列标准。（√）

47. HSE 管理体系是指实施安全、环境与健康管理的组织机构、职责、做法、程序、过程和资源等而构成的整体。（√）

48. HSE 中的 S（安全）是指在劳动生产过程中，努力改善劳动条件、克服安全因素，使劳动生产在保证劳动者健康、企业财产不受损失、人民生命安全的前提下顺利进行。（×）

正确答案：HSE 中的 S（安全）是指在劳动生产过程中，努力改善劳动条件、克服不安全因素，使劳动生产在保证劳动者健康、企业财产不受损失、人民生命安全的前提下顺利进行。

49. 建立 HSE 管理体系可改善企业形象、取得经济效益和社会效益。（√）

50. 建立 HSE 管理体系不能控制 HSE 风险和环境影响。（×）

正确答案：建立 HSE 管理体系可有效控制 HSE 风险和环境影响。

51. 对工作不负责任，不严格执行各项规章制度，违反劳动纪律造成事故的主要责任者应严肃处理。（√）

52. 标准化是指在经济、技术、科学及管理等社会实践中，对事物和概念通过制订、发布和实施标准达到统一，以获最佳秩序和社会效益。（×）

正确答案：标准化是指在经济、技术、科学及管理等社会实践中，对重复性事物和概念通过制订、发布和实施标准达到统一，以获最佳秩序和社会效益。

53. 任何标准，都是在一定条件下的"统一规定"，标准化的统一是相对的。（√）

54. 对已有国家标准、行业标准或地方标准的，鼓励企业制订低于国家标准、行业标准或地方标准要求的企业标准。 (×)

正确答案：对已有国家标准、行业标准或地方标准的，鼓励企业制订高于国家标准、行业标准或地方标准要求的企业标准。

55. 按约束力分，国家标准、行业标准可分为强制性标准、推荐性标准和指导性技术文件。 (√)

56. 只要企业活动和要素具有“重复性"，都可以进行标准化。 (√)

57. 2000 版 ISO 9000 族标准可适用于所有产品类型、不同规模和各种类型的组织，并可根据实际需要增加某些质量管理要求。 (×)

正确答案：2000 版 ISO 9000 族标准可适用于所有产品类型、不同规模和各种类型的组织，并可根据实际需要减少某些质量管理要求。

58. ISO 9000 族标准是质量保证模式标准之一，用于合同环境下的外部质量保证。可作为供方质量保证工作的依据，也是评价供方质量体系的依据。 (√)

59. 计算机内存是可以由 CPU 直接存取数据的地方。 (√)

60. 杀毒软件对于病毒来说永远是落后的，也就是说，只有当一种病毒出现后，才能产生针对这种病毒的消除办法。 (√)

61. 在计算机应用软件 Word 中输入文字，当打满一行时，必须按一下 Enter 键换到下一行继续输入。 (×)

正确答案：在 Word 中输入文字，当打满一行时，不需按一下 Enter 键，系统可自动换到下一行继续输入。

62. 中国大陆地区的顶级域名是“cn”。 (√)

63. 使用应用程序 Outlook Express 可以同时向多个地址发送电子邮件，也可以把收到的邮件转发给第三者。 (√)

64.《劳动法》规定，对劳动者基本利益的保护是最基本的保护，不应由于用人单位所有制的不同或组织形式不同而有所差异。 (√)

65. 依据《劳动法》的规定，劳动争议当事人对仲裁裁决不服的，可以自收到仲裁裁决书之日起三十日内向人民法院提起诉讼。一方当事人在法定期限内不起诉又不履行仲裁裁决的，另一方当事人可申请人民法院强制执行。 (√)

66. 劳动安全卫生工作“三同时”是指：新建工程的劳动安全卫生设施必须与主体工程同时设计、同时施工、同时投入生产和使用。 (×)

正确答案：劳动安全卫生工作“三同时”是指：新建、改建或扩建工程的劳动安全卫生设施必须与主体工程同时设计、同时施工、同时投入生产和使用。

67.《产品质量法》规定，生产者不得生产国家明令淘汰的产品；不得伪造或者冒用认证标志等质量标志。 (√)

68. 产品质量义务分为积极义务和消极义务，“生产者不得伪造产地，不得伪造或者冒用他人的厂名、厂址”属于产品生产者的积极义务。 (×)

正确答案：产品质量义务分为积极义务和消极义务，“生产者不得伪造产地，不得伪造或者冒用他人的厂名、厂址”属于产品生产者的消极义务。

69. 从业人员在发现直接危及人身安全的紧急情况时，有权停止作业或者在采取可能的

应急措施后撤离作业场所。（√）

70.《消防法》第四十八条规定：埋压、圈占消火栓或者占用防火间距、堵塞消防通道的，或者损坏和擅自挪用、拆除、停用消防设施、器材的，处警告、罚款或者十日以下拘留。（×）

正确答案：《消防法》第四十八条规定：埋压、圈占消火栓或者占用防火间距、堵塞消防通道的，或者损坏和擅自挪用、拆除、停用消防设施、器材的，处警告或者罚款。

71. 职业技能鉴定是按照国家规定的职业标准，通过政府授权的考核鉴定机构对劳动者的专业知识和技能水平进行客观、公正、科学规范地评价与认证的活动。（√）

72. 职业技能鉴定是为劳动者颁发职业资格证书。（×）

正确答案：职业技能鉴定是为劳动者持证上岗和用人单位就业准入提供资格认证的活动。

73. 职业技能鉴定考试是以社会劳动者的职业技能为对象，以规定的职业标准为参照系统，通过相关知识和实际操作的考核作为综合手段，为劳动者持证上岗和用人单位就业准入提供资格认证的活动。（√）

74. 职业资格证书分一级、二级、三级、四级、五级五个级别。（√）

75. 职业资格证书是劳动者的专业知识和职业技能水平的证明。（√）

76. 职业资格证书是劳动者持证上岗和用人单位录用员工的资格认证。（√）

77. 职业是指从业人员为获取主要生活来源所从事的社会工作类别。（√）

78. 一个职业可以包括一个或几个工种，一个工种又可以包括一个或几个岗位，它们是一种包含与被包含的关系。（√）

单选题

1. 运行记录填写错误需要更正时，必须采用（ C ）。

A. 撕页重写　B. 用刀片刮去重写　C. 划改　D. 涂改

2. 化工管路图中，表示蒸汽伴热管道的规定线型是（ C ）。

A. 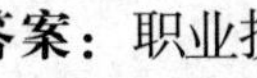　B. 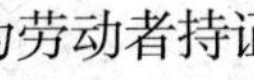　C. 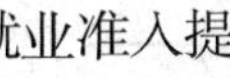　D. 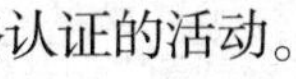

3. 化工管路图中，表示热保温管道的规定线型是（ A ）。

A. 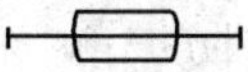　B. 　C. 　D. 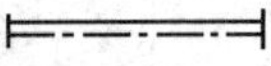

4. 在工艺流程图中，下列符号表示活接头的是（ C ）。

A. 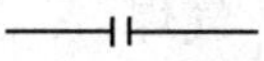　B. 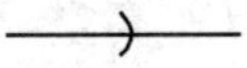　C. 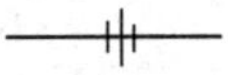　D. 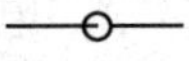

5. 在工艺流程图中，表示法兰连接的符号是（ D ）。

A. 　B. 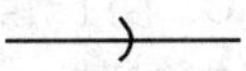　C. 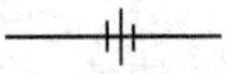　D. 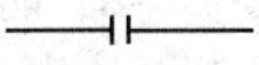

6. 在工艺流程图中，表示闸阀的符号是（ B ）。

A. 　B. 　C. 　D. 

7. 在工艺流程图中，表示球阀的符号是（ D ）。

A. 　B. 　C. 

D. 

8. 在工艺流程图中，表示截止阀的符号是（ A ）。

A.  $DN \geqslant 50$　 $DN < 50$　B. 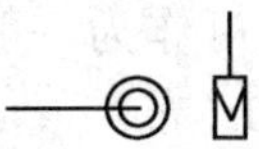

C. 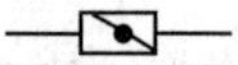　　D. 

9. 带控制点的工艺流程图中，仪表控制点以(A)在相应的管路上用代号、符号画出。

A. 细实线　　B. 粗实线　　C. 虚线　　D. 点划线

10. 带控制点的工艺流程图中，表示指示的功能代号是(C)。

A. T　　B. J　　C. Z　　D. X

11. 带控制点的工艺流程图中，表示电磁流量计的符号是(B)。

A. 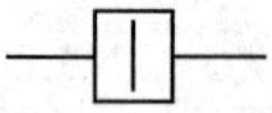　　B. 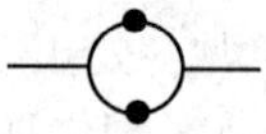

C. 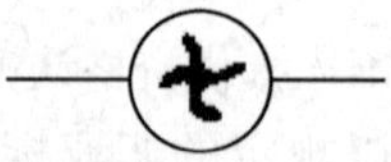　　D. 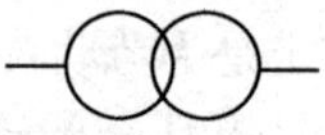

12. 石化生产存在许多不安全因素，其中易燃、易爆、有毒、有(A)的物质较多是主要的不安全因素之一。

A. 腐蚀性　　B. 异味　　C. 挥发性　　D. 放射性

13. 石化生产的显著特点是工艺复杂、(C)要求严格。

A. 产品　　B. 原料　　C. 操作　　D. 温度

14. 我国安全生产的方针是“(C)第一，预防为主”。

A. 管理　　B. 效益　　C. 安全　　D. 质量

15. “防消结合，以(D)为主”。

A. 管　　B. 消　　C. 人　　D. 防

16. “三级安全教育”即厂级教育、车间级教育、(A)级教育。

A. 班组　　B. 分厂　　C. 处　　D. 工段

17. 工人的日常安全教育应以“周安全活动”为主要阵地进行，并对其进行(B)的安全教育考核。

A. 每季一次　　B. 每月一次　　C. 每半年一次　　D. 一年一次

18. 为保护头部不因重物坠落或其他物件碰撞而伤害头部的防护用品是(A)。

A. 安全帽　　B. 防护网　　C. 安全带　　D. 防护罩

19. 从事(B)作业时，作业人员必须穿好专用的工作服。

A. 电焊　　B. 酸碱　　C. 高空　　D. 气焊

20. 从事计算机、焊接及切割作业、光或其他各种射线作业时，需佩戴专用(C)。

A. 防护罩　　B. 防护网　　C. 防护镜　　D. 防护服

21. 从事有(B)、热水、热地作业时应穿相应胶鞋。

A. 硬地　　B. 腐蚀性　　C. 检修作业　　D. 机床作业

22. 从事(A)作业时应穿耐油胶鞋。

A. 各种油类　　B. 酸碱类　　C. 机加工　　D. 检查维护

23. 从事酸碱作业时，作业人员需戴(C)手套。

A. 布　　B. 皮

C. 耐酸碱各种橡胶　　D. 塑料

24. 线手套或(B)手套只可作为一般的劳动防护用品。

A. 皮　　B. 布　　C. 橡胶　　D. 塑料

25. 耳的防护即(A)的保护。

A. 听力　　B. 耳廓　　C. 头部　　D. 面部

26. 工作地点有有毒的气体、粉尘、雾滴时，为保护呼吸系统，作业人员应按规定携带戴好(A)。

A. 过滤式防毒面具　　B. 防护服

C. 口罩　　D. 防护面罩

27. 从事易燃、易爆岗位的作业人员应穿(B)工作服。

A. 腈纶　　B. 防静电　　C. 涤纶　　D. 防渗透

28. 从事苯、石油液化气等易燃液体作业人员应穿(D)工作服。

A. 耐腐蚀　　B. 阻燃　　C. 隔热　　D. 防静电

29. 各种皮带运输机、链条机的转动部位，除安装防护罩外，还应有(A)。

A. 安全防护绳　　B. 防护线　　C. 防护人　　D. 防护网

30. 厂内行人要注意风向及风力，以防在突发事故中被有毒气体侵害。遇到情况时要绕行、停行、(C)。

A. 顺风而行　　B. 穿行　　C. 逆风而行　　D. 快行

31. 不能用于擦洗设备的是(D)。

A. 肥皂　　B. 洗衣粉　　C. 洗洁精　　D. 汽油

32. 不属于有毒气体的是(C)。

A. 氯气　　B. 硫化氢　　C. 二氧化碳　　D. 一氧化碳

33. 属于气体物质的是(A)。

A. 氯气　　B. 烟气　　C. 盐酸雾滴　　D. 粉尘

34. 引起慢性中毒的毒物绝大部分具有(A)。

A. 蓄积作用　　B. 强毒性　　C. 弱毒性　　D. 中强毒性

35. 急性中毒现场抢救的第一步是(C)。

A. 迅速报警　　B. 迅速拨打 120 急救

C. 迅速将患者转移到空气新鲜处　　D. 迅速做人工呼吸

36. 酸烧伤时，应用(B)溶液冲洗。

A. 5%碳酸钠　　B. 5%碳酸氢钠　　C. 清水　　D. 5%硼酸

37. 高处作业是指在坠落高度基准面(含)(A)m 以上，有坠落可能的位置进行的作业。

A. 2　　B. 2.5　　C. 3　　D. 5

38. 一般不会造成环境污染的是(B)。

A. 化学反应不完全　　B. 化学反应完全

C. 装置的泄漏　　D. 化学反应中的副反应

39. 不属于石化行业污染主要途径的是(C)。

A. 工艺过程的排放　　B. 设备和管线的滴漏

C. 成品运输　　D. 催化剂、助剂等的弃用

40. 不属于石化行业污染特点的是(B)。

A. 毒性大　　B. 毒性小　　C. 有刺激性　　D. 有腐蚀性

41. 清洁生产是指“在生产过程、产品寿命和(A)领域持续地应用整体预防的环境保护

战略，增加生态效率，减少对人类和环境的危害。

A. 服务 B. 能源 C. 资源 D. 管理

42. 清洁生产的内容包括清洁的能源、(D)、清洁的产品、清洁的服务。

A. 清洁的原材料 B. 清洁的资源

C. 清洁的工艺 D. 清洁的生产过程

43. 不属于燃烧三要素的是(C)。

A. 点火源 B. 可燃性物质 C. 阻燃性物质 D. 助燃性物质

44. 气体测爆仪测定的是可燃气体的(D)。

A. 爆炸下限 B. 爆炸上限 C. 爆炸极限范围 D. 浓度

45. MF4 型手提式干粉灭火器的灭火参考面积是(B)m^2。

A. 1. 5 B. 1. 8 C. 2. 0 D. 2. 5

46. MF8 型手提式干粉灭火器的喷射距离大于等于(B)m。

A. 3 B. 5 C. 6 D. 7

47. MFT70 型推车式干粉灭火器的灭火射程在(D)m。

A. 8～10 B. 17～20 C. 30～35 D. 10～13

48. MPT100 型推车式干粉灭火器的灭火射程在(A)m。

A. 16～18 B. 14～16 C. 12～14 D. 18～20

49. MY2 型手提式 1211 灭火器的灭火射程是(C)m。

A. 1 B. 2 C. 3 D. 4

50. MY0. 5 型手提式 1211 灭火器的灭火射程在(D)m。

A. 3 B. 4. 5 C. 2. 5 D. 2

51. ISO 14000 系列标准的核心是(B)标准。

A. ISO 14000 B. ISO 14001 C. ISO 14010 D. ISO 14100

52. HSE 管理体系是指实施安全、环境与(C)管理的组织机构、职责、做法、程序、过程和资源等而构成的整体。

A. 生命 B. 过程 C. 健康 D. 资源

53. 建立 HSE 管理体系可提高企业安全、环境和健康(A)。

A. 管理水平 B. 操作水平 C. 使用水平 D. 能源水平

54. 事故处理要坚持(C)不放过的原则。

A. 二 B. 三 C. 四 D. 五

55. 违章作业、违反纪律等造成的一般事故，对责任者应给予(D)。

A. 警告处分 B. 记过处分 C. 行政处分 D. 处罚

56. 标准化包括(C)的过程。

A. 研究、制定及颁布标准 B. 制定、修改及使用标准

C. 制定、发布及实施标准 D. 研究、公认及发布标准

57. 根据《中华人民共和国标准化法》的规定，我国的标准分为(B)四级。

A. 国际标准、国家标准、地方标准和企业标准

B. 国家标准、行业标准、地方标准和企业标准

C. 国家标准、地方标准、行业标准和企业标准

D. 国际标准、国家标准、行业标准和地方标准

58. 我国在国家标准管理办法中规定国家标准的有效期一般为(C)年。

A. 3　　B. 4　　C. 5　　D. 7

59. 2000 版 ISO 9000 族标准适用的范围是(D)。

A. 小企业　　B. 大中型企业

C. 制造业　　D. 所有行业和各种规模的组织

60. 在电脑的存储设备中，数据存取速度从快到慢的顺序是(B)。

A. 软盘、硬盘、光盘、内存　　B. 内存、硬盘、光盘、软盘

C. 软盘、硬盘、内存、光盘　　D. 光盘、软盘、内存、硬盘

61. 计算机硬件系统最核心的部件是(C)。

A. 内存储器　　B. 主机　　C. CPU　　D. 主板

62. 键盘是计算机的一种(D)设备。

A. 控制　　B. 存储　　C. 输出　　D. 输入

63. 计算机病毒会给计算机造成的损坏是(B)。

A. 只损坏软件　　B. 损坏硬件、软件或数据

C. 只损坏硬件　　D. 只损坏数据

64. 一张加了写保护的软磁盘(C)。

A. 不会向外传染病毒，但是会感染病毒

B. 不会向外传染病毒，也不会感染病毒

C. 不会再感染病毒，但是会向外传染病毒

D. 既向外传染病毒，又会感染病毒

65. 计算机防病毒软件可(B)。

A. 永远免除计算机病毒对计算机的侵害

B. 具有查病毒、杀病毒、防病毒的功能

C. 消除全部已发现的计算机病毒

D. 对已知病毒产生免疫力

66. 在计算机应用软件 Word 编辑中，以下键盘命令中执行复制操作的命令是(B)。

A. Ctrl+A　　B. Ctrl+C　　C. Ctrl+X　　D. Ctrl+V

67. 在计算机应用软件 Word 中常用工具栏中的“格式刷”用于复制文本和段落的格式，若要将选中的文本或段落格式重复用多次，应进行(A)操作。

A. 双击格式刷　　B. 拖动格式刷

C. 右击格式刷　　D. 单击格式刷

68. 使用 IE 浏览某网站时，出现的第一个页面称为网站的(C)。

A. WEB 页　　B. 网址　　C. 主页　　D. 网页

69. 在浏览 WEB 网页的过程中，如果你发现自己喜欢的网页并希望以后多次访问，应当使用的方法是(A)。

A. 放到收藏夹中　　B. 建立浏览　　C. 建立地址簿　　D. 用笔抄写到笔记本上

70. 发送电子邮件时，不可作为附件内容的是(B)。

A. 可执行文件　　B. 文件夹　　C. 压缩文件　　D. 图像文件

71. 某电子邮件地址为 new@ public. bta. net. cn，其中 new 代表(A)。

A. 用户名　　B. 主机名　　C. 本机域名　　D. 密码

72.《劳动法》规定，所有劳动者的合法权益一律平等地受我国劳动法的保护，不应有任何歧视或差异。这体现了对劳动者权益(B)的保护。

A. 最基本　　B. 平等　　C. 侧重　　D. 全面

73.《劳动法》规定，(A)的保护是对劳动者的最低限度保护，是对劳动者基本利益的保护，对劳动者的意义最重要。

A. 最基本　　B. 全面　　C. 侧重　　D. 平等

74. 依据《劳动法》规定，劳动合同可以约定试用期。试用期最长不超过(C)个月。

A. 12　　B. 10　　C. 6　　D. 3

75. 能够认定劳动合同无效的机构是(B)。

A. 各级人民政府　　B. 劳动争议仲裁委员会

C. 各级劳动行政部门　　D. 工商行政管理部门

76. 我国劳动法律规定，集体协商职工一方代表在劳动合同期内，自担任代表之日起(A)年以内，除个人严重过失外，用人单位不得与其解除劳动合同。

A. 5　　B. 4　　C. 3　　D. 2

77. 依据《劳动法》的规定，发生劳动争议时，提出仲裁要求的一方应当自劳动争议发生之日起(D)日内向劳动争议仲裁委员会提出书面申请。

A. 三十　　B. 四十　　C. 五十　　D. 六十

78. 依据《劳动法》的规定，用人单位与劳动者发生劳动争议，当事人可以依法(B)，也可以协商解决。

A. 提起诉讼　　B. 申请调解、仲裁、提起诉讼

C. 申请仲裁　　D. 申请调解

79. 我国《劳动法》规定，安排劳动者延长劳动时间的，用人单位应支付不低于劳动者正常工作时间工资的(B)的工资报酬。

A. 100%　　B. 150%　　C. 200%　　D. 300%

80. 我国劳动法律规定的最低就业年龄是(C)周岁。

A. 18　　B. 17　　C. 16　　D. 15

81. 依据《劳动法》的规定，用人单位必须为劳动者提供符合国家规定的劳动安全卫生条件和必要的劳动防护用品，对从事有(B)危害作业的劳动者应当定期进行健康检查。

A. 身体　　B. 职业　　C. 潜在　　D. 健康

82.《产品质量法》规定，因产品存在缺陷造成人身、缺陷产品以外的其他财产损害的，应当由(D)承担赔偿责任。

A. 生产者和销售者共同　　B. 销售者

C. 消费者　　D. 生产者

83. 产品质量义务中的行为人必须为一定质量行为或不为一定质量行为的(C)性，是义务区别于权利的质的差异和主要特征。

A. 必然　　B. 重要　　C. 必要　　D. 强制

84.《安全生产法》规定，从业人员有获得符合(A)的劳动防护用品的权利。

A. 国家标准、行业标准　　B. 行业标准、企业标准
C. 国家标准、地方标准　　D. 企业标准、地方标准

85. 不属于《安全生产法》规定的从业人员安全生产保障知情权的一项是(D)。
A. 有权了解其作业场所和工作岗位存在的危险因素
B. 有权了解防范措施
C. 有权了解事故应急措施
D. 有权了解事故后赔偿情况

86. 下列说法不正确的是(C)。
A. 任何单位和个人不得损坏或者擅自挪用、拆除、停用消防设备、器材
B. 任何单位和个人不得占有防火间距、不得堵塞消防通道
C. 营业性场所不能保障疏散通道、安全出口畅通的，责令限期改正；逾期不改正的，对其直接负责的主管人员和其他直接责任人员依法给予行政处分或者处警告
D. 阻拦报火警或者谎报火警的，处警告、罚款或者十日以下拘留

87. 以机动车驾驶技能为例，个人日常生活中驾驶是属于(B)。
A. 职业技能　　B. 生活技能　　C. 操作技能　　D. 肢体技能

88. 职业技能鉴定考试的主要目的是(A)。
A. 为劳动者持证上岗和用人单位就业准入资格提供依据
B. 为劳动者提供就业证书
C. 检验劳动者的技能水平
D. 测量劳动者职业技能的等级

89. 职业技能鉴定考试属于(D)。
A. 常模参照考试　　B. 上岗考试
C. 取证考试　　D. 标准参照考试

90. 职业资格证书初级、中级、高级、技师、高级技师对应的级别分别是(A)。
A. 五、四、三、二、一　　B. 一、二、三、四、五
C. 二、三、四、五、六　　D. 六、五、四、三、二

91. 职业资格证书是由(B)机构印制。
A. 各级教育部门　　B. 劳动保障部门
C. 劳动者所在的劳资部门　　D. 职业技能鉴定部门

92. 可以作为劳动者就业上岗和用人单位准入就业的主要依据是(C)。
A. 毕业证书　　B. 介绍信
C. 职业资格证书　　D. 成绩单

93. 职业具有社会性、稳定性、规范性、群体性和(A)等特点。
A. 目的性　　B. 开放性　　C. 先进性　　D. 实用性

职业通用理论知识试题(《燃料油生产工》)

判断题

1. 元素化合价与其价电子构型有关，价电子构型的周期性变化决定了元素化合价的周期性变化。 (√)

2. 溶质和溶剂是相对而言的。(√)

3. 氯化钙固体放置在空气中表面变湿的现象，称之为结晶。(×)

正确答案： 氯化钙固体放置在空气中表面变湿的现象，称之为潮解。

4. 饱和蒸汽压越高，就说明液体越容易气化。(√)

5. 把任何物质的饱和溶液，升高温度即成不饱和溶液了。(×)

正确答案： 不一定，如石灰水升高温度其溶解度变小，所以依然是饱和溶液。

6. 20℃时，把 36g 食盐溶解在 100g 水里且正好达到饱和状态，所以 20℃时食盐在水中的溶解度是 36g。(√)

7. 氧化-还原反应的实质是反应物的被氧化元素和被还原元素之间发生了电子转移。(√)

8. 将氯气通入溴化钠溶液，溴被置换是还原。(×)

正确答案： 将氯气通入溴化钠溶液，溴被置换是氧化。

9. 除氢氟酸外，其他氢卤酸都是弱酸。(×)

正确答案： 除氢氟酸外，其他氢卤酸都是强酸。

10. 氢氧化钠浓溶液对纸张等没有腐蚀作用。(×)

正确答案： 氢氧化钠浓溶液对纸张等有强烈的腐蚀作用。

11. 硫化氢溶于水后所形成的氢硫酸是强酸。(×)

正确答案： 硫化氢溶于水后所形成的氢硫酸是弱酸。

12. 二氧化硫排入空气会造成污染，是形成酸雨的重要因素。(√)

13. 分子式相同的烷烃是同一种物质。(×)

正确答案： 分子式相同的烷烃不一定是同一种物质，可能为同分异构体。

14. $C=C$ 双键是烯烃的官能团。(√)

15. 分子中含有两个碳碳双键的开链不饱和烃叫做二烯烃。(√)

16. 烷烃不是易燃易爆物质。(×)

正确答案： 烷烃是易燃易爆物质。

17. 烯烃的化学性质比相同碳原子数的烷烃活泼。(√)

18. 炔烃是分子中含有碳碳叁键的开链不饱和烃。(√)

19. 如果改变影响化学平衡的条件，平衡就向能够使这种改变减弱的方向移动。(√)

20. 理想气体的体积只与气体的种类有关，与气体的量无关。(×)

正确答案： 理想气体的体积与气体的种类无关，只与气体的量有关。

21. 氧气是化学性质活泼的气体，能和绝大多数金属及非金属化合，形成各种氧化物。(√)

22. 一切生物的细胞组织成分里都含有氢。(√)

23. 大气中氮气的含量比氧气少。(×)

正确答案： 大气中氮气的含量比氧气多。

24. 过热蒸汽的温度低于饱和蒸汽的温度。(×)

正确答案： 过热蒸汽的温度高于饱和蒸汽的温度。

25. 对于甲烷燃烧的化学方程式 $CH_4+O_2=CO_2\uparrow+H_2O$ 配平系数是正确的。(×)

正确答案： 正确的配平系数是：$CH_4+2O_2=CO_2\uparrow+2H_2O$。

26. 氯酸钾和浓盐酸反应的化学方程式 $6HCl+KClO_3=KCl+3H_2O+3Cl_2$ 配平系数是正确的。（√）

27. 石油（或称原油）通常是黑色、褐色或黄色的流动或半流动的黏稠液体。（√）

28. 按照结构族组成概念，烃类化合物分子中的总环数、芳香环数和环烷环数分别用 R_N、R_A 和 R_T 来表示。（×）

正确答案：按照结构族组成概念，烃类化合物分子中的总环数、芳香环数和环烷环数分别用 R_T、R_A 和 R_N 来表示。

29. 在实际应用中不需要或不可能进行单体化合物分析时，常采用族组成表示。（√）

30. 对于减压渣油，目前一般还是用溶剂处理及液相色谱法将其分成饱和烃、芳香烃、胶质和沥青质四个组分。（√）

31. 石油馏分的沸程越高，硫所占的比例越大。（√）

32. 原油一般很少含有硫化氢，石油馏分中的硫化氢大多是在加工过程中产生的。（√）

33. 对于同一族烃类，在同一温度下，相对分子质量较大的烃类的蒸气压较大。（×）

正确答案：对于同一族烃类，在同一温度下，相对分子质量较大的烃类的蒸气压较小。

34. 在石油加工生产和设备计算中，常常是以沸点来简便地表征石油馏分的蒸发及汽化性能。（×）

正确答案：在石油加工生产和设备计算中，常常是以馏程来简便地表征石油馏分的蒸发及气化性能。

35. 石油馏分的其他几种平均沸点可借助立方平均沸点与蒸馏曲线斜率由图查得。（×）

正确答案：石油馏分的其他几种平均沸点可借助体积平均沸点与蒸馏曲线斜率由图查得。

36. 当属性相近的两种或多种油品混合时，其混合物的密度不能按可加性计算。（×）

正确答案：当属性相近的两种或多种油品混合时，其混合物的密度可近似地按可加性计算。

37. 当油品分子平均沸点相等时，其平均相对分子质量是一样的。（×）

正确答案：当油品分子平均沸点相等时，由于 K 值不同其平均相对分子质量也不一样。

38. 油品动力黏度的单位是 Pa · s，要将其换算成单位是 mPa · s，乘上 1000 就可以了。（√）

39. 当温度升高时，所有油品的黏度都升高，而温度降低时则黏度降低。（×）

正确答案：当温度升高时，所有油品的黏度都降低，而温度降低时则黏度升高。

40. 原油的闪点很高，因此，没有必要将它和低沸点油品一起列入易燃物品之列。（×）

正确答案：原油的闪点很低，它和低沸点油品一起被列入易燃物品之列。

41. 油品的沸点低，则其燃点高。（×）

正确答案：油品的沸点低，则其燃点低。

42. 油品的沸点愈低，则愈易自燃。（×）

正确答案：油品的沸点愈低，则愈不易自燃。

43. 油品含蜡也是造成其在低温时失去流动性的原因之一。（√）

44. 流体的抗剪和抗张能力大。（×）

正确答案：流体的抗剪和抗张能力小。

45. 一般来说在讨论气体的密度时必须标明其状态。（√）

46. 黏度的物理意义是促使流体流动产生单位速度梯度的内摩擦应力。(√)

47. 单位时间内流过管道任一截面的流体量，称为流量。(√)

48. 单位面积上所受的压力，称为流体的压强。(√)

49. 直管阻力是流体流经一定管径的直管时，由于流体与直管的摩擦而产生的阻力。(×)

正确答案：直管阻力是流体流经一定管径的直管时，由于流体的内摩擦而产生的阻力。

50. 热传递的基本方式有热传导、对流和热辐射。(√)

51. 将混合气体在一定压力下降低温度，使其冷凝，当其混合液体中出现第一个液滴，这时的温度叫泡点。(×)

正确答案：将混合液体在一定压力下升高温度，使其气化，当其混合液体中出现第一个气泡，且气相和液相保持在平衡的状况下开始沸腾，这时的温度叫泡点。

52. 混合液体在一定压力下升高温度，使其气化，然后再降低温度，当其混合液体刚刚全部气化并保持在平衡状况下饱和气相冷凝时出现第一滴液体，这时的温度叫露点。(×)

正确答案：将混合液体在一定压力下升高温度，使其全部气化，然后再降低温度当饱和气相出现第一滴液体，这时的温度叫露点。

53. 液体开始沸腾的温度为该压力下的泡点。(×)

正确答案：液体开始沸腾的温度为该压力下的沸点。

54. 传质分离过程可分为平衡分离和速率分离两大类。(√)

55. 精馏塔进料口以下至塔底部分称为精馏段。(×)

正确答案：精馏塔进料口以上至塔顶部分称为精馏段。

56. 气相回流是提馏段操作的必要条件。(√)

57. 对于组分挥发度相差较大、分离要求不高的场合，可采用平衡蒸馏或简单蒸馏。(√)

58. 精馏操作过程中回流比越小，分离效果越好。(×)

正确答案：精馏操作过程中回流比越大，分离效果越好。

59. 计量工作的任务是保证计量单位的正确使用。(×)

正确答案：计量工作的任务是保证量值的一致、准确和测量器具的正确使用。

60. 法定计量单位是由企业规定的计量单位。(×)

正确答案：法定计量单位是由国家以法令形式规定允许使用的计量单位。

61. 按国际上的规定，国际单位制的基本单位、辅助单位、具有专门名称的导出单位以及直接由以上单位构成的组合形式的单位(系数为 1)都称之为 SI 单位。(√)

62. 计量检测设备不包括标准物质。(×)

正确答案：计量检测设备包括标准物质。

63. 螺杆泵是依靠螺杆旋转产生的离心力而输送液体的泵，故属叶片式泵。(×)

正确答案：螺杆泵是依靠螺杆旋转将封闭容积内液体进行挤压而提高压力的泵，故属容积式泵。

64. 往复泵是依靠泵内工作容积周期性变化来提高液体压力的泵。(√)

65. IS50-32-200B 型离心油泵为单级单吸清水离心泵，泵入口直径 50mm，泵出口直径 32mm，叶轮名义直径 200mm，叶轮外径经第一次切割。(×)

正确答案：IS50-32-200B 型离心油泵为单级单吸清水离心泵，泵入口直径 50mm，泵出口直径 32mm，叶轮名义直径 200mm，叶轮外径经第二次切割。

66. 液体在离心泵的工作流程是先经过叶轮，再经过压液室，最后经过扩压管(泵体)而排出泵外。 (×)

正确答案： 离心泵的工作流程是先经过叶轮，再经过扩压管(泵体)，最后经过压液室而排出泵外。

67. 降低离心泵转速，其理论扬程减小。 (√)

68. 往复压缩机是依靠汽缸内工作容积周期性变化来提高气体压力的。 (√)

69. 炼油装置常见往复式压缩机的种类有对称平衡型卧式压缩机、L 型往复压缩机 、膜片式往复压缩机、V 形往复压缩机。 (×)

正确答案： 炼油装置常见往复式压缩机的种类有对称平衡型卧式压缩机、L 型往复压缩机 、V 形往复压缩机。

70. 按照换热方式的特点，换热器可分为三类：间壁式换热器、蓄热式换热器和混合式换热器。 (√)

71. 管式炉的最大特点是炉内设有一定数量的管子，被加热的流体如原油等可连续通过，靠着炉管壁吸收燃料在炉内燃烧所产生的热量，以加热到规定的温度。 (√)

72. 圆筒炉的辐射室为圆筒形，辐射管沿辐射室的圆周水平排成一圈。 (×)

正确答案： 圆筒炉的辐射室为圆筒形，辐射管沿辐射室的圆周垂直排成一圈。

73. 塔设备按塔的内件结构分为板式塔和填料塔两大类。 (√)

74. 压力容器常用安全泄压装置包括安全阀、爆破片、紧急放空阀、单向阀等。 (×)

正确答案： 压力容器常用安全泄压装置包括安全阀、爆破片、紧急放空阀等。

75. 安全阀可分为全封闭式和敞开式两种。 (×)

正确答案： 安全阀可分为全封闭式、半封闭式和敞开式三种。

76. 安全阀是炼油厂中使用的惟一一种安全泄压装置。 (×)

正确答案： 炼油厂中的安全泄压装置有安全阀、爆破片和放空管等。

77. 螺纹连接用的管件有外接头、内接头和活接头。 (√)

78. 常用的管件主要有外接头、内接头、活接头、法兰、弯头、三通、四通、异径管、管塞和管帽等。 (√)

79. 动力驱动阀只有电动阀、气动阀。 (×)

正确答案： 动力驱动阀包括电动阀、气动阀、液动阀等。

80. 按用途和作用分类，阀门可分为：截断阀、止回阀、分配阀、调节阀、安全阀。 (√)

81. 平焊钢法兰可用于高温、高压管道的连接。 (×)

正确答案： 平焊钢法兰不能用于高温、高压管道的连接。

82. 垫片可分为软质垫片、硬质垫片、液体密封垫片和填料四大类。 (×)

正确答案： 垫片可分为软质垫片、硬质垫片、液体密封垫片三大类。

83. 在炼油装置中用得最多的螺栓是六角头螺栓。 (√)

84. 在炼油装置中用得最多的螺栓是方头螺栓。 (×)

正确答案： 在炼油装置中用得最多的螺栓是六角头螺栓。

85. 螺纹连接又叫丝扣连接，常用来连接天然气、炼厂气、低压蒸汽、水和压缩空气的大直径管路。 (×)

正确答案： 螺纹连接只能用于小直径管路的连接。

86. 在各种压力管道中，由于生产工艺的要求，或考虑制造、运输、安装、检修的方便，常采用可拆的结构。常见的可拆结构有法兰连接、螺纹连接和插套连接。（√）

87. 流体弹性压力润滑的润滑膜较薄，能形成流体动压力使接触表面产生弹性变形，其变形值远远大于润滑膜最小厚度，弹性变形能增大支承负荷的能力。（√）

88. 电机和泵的滚珠轴承常用润滑脂是 2#和 3#极压复合锂基润滑脂。（√）

89. 容器爆破后，断口呈暗灰色纤维状，这种破坏形式为脆性破坏。（×）

正确答案：容器爆破后，断口呈暗灰色纤维状，这种破坏形式为韧性破坏。

90. 容器爆破后，破坏时器壁平均压力远低于材料的抗拉强度，甚至屈服强度，这种破坏形式为脆性破坏。（√）

91. 钢按化学成分可分为碳素钢和合金钢。（√）

92. 18-8 钢是铁素体不锈钢。（×）

正确答案：18-8 钢是奥氏体不锈钢。

93. 光能量是指光源发出的光线(条数)，其单位用流明(lm)表示。（√）

94. 通常规定正电荷的运动方向为电流方向。（√）

95. 通常所说的直流电是指恒定电流。（√）

96. 如果交流电的频率是 50Hz，则该电流的方向每秒改变 100 次。（√）

97. 一般来讲，温度升高，导体的电阻会减小。（×）

正确答案：一般来讲，温度升高，导体的电阻会增加。

98. 电压越低，移动单位电荷做功越多。（×）

正确答案：电压越低，移动单位电荷做功越少。

99. 在串联电路中，总电压等于各串联导体分电阻的端电压，即 $U=U_1=U_2$。（×）

正确答案：在串联电路中，总电压等于各串联导体分电阻的端电压之和。

100. 通常照明电路都是接成并联电路而不是接成串联电路。（√）

101. 交流电流为 100mA 以上时，称为致命电流。（×）

正确答案：交流电流为 50mA 以上时，称为致命电流。

102. 做人工呼吸时首先要使被抢救者的呼吸道畅通。（√）

103. 电动机容易起火的部位是大盖和小盖。（×）

正确答案：电动机容易起火的部位是定子绕组和转子绕组。

104. 当用仪表对被测参数进行测量时，仪表指示值总要经过一段时间才能显示出来，这段时间称为仪表的反应时间。（√）

105. 如果仪表不能及时反映被测参数，便要造成误差，这种误差称为静态误差。（×）

正确答案：如果仪表不能及时反映被测参数，便要造成误差，这种误差称为反应误差。

106. 简单控制系统由被控对象、测量变送单元和调节器组成。（×）

正确答案：简单控制系统由被控对象、测量变送单元、调节器和执行器组成。

107. 智能记录仪的记录纸速度连续可调。（√）

108. 偏心阀特别适用于低压差、大口径、大流量的气体和浆状液体。（×）

正确答案：偏心阀特别适用于高黏度，高压差，流通能力大，以及调节系统要求密封，可调范围宽(100∶1)的场合。

109. 在使用弹性式压力计测量压力的过程中弹性元件可以无限制的变形。（×）

正确答案：在使用弹性式压力计测量压力的过程中弹性元件不可以无限制地变形。

110. 超声波流量计对上游侧的直管要求不严。（×）

正确答案：超声波流量计对上游侧的直管要求严格。

111. 测量液位用的差压计，其差压量程由介质密度和封液高度决定。（×）

正确答案：测量液位用的差压计，其差压量程由介质密度和取压点垂直高度决定，和封液高度无关。

112. 压力式温度计中的毛细管越长，则仪表的反应时间越快。（×）

正确答案：压力式温度计中的毛细管越长，则仪表的反应时间越慢。

113. 储罐液位调节系统，当调节阀装在出口管线上时，应选风关式调节阀。（×）

正确答案：储罐液位调节系统，当调节阀装在出口管线上时，应选风开式调节阀。

114. DCS 系统是(Distributed Control System)集散控制系统的简称。（√）

115. DCS 操作站中过程报警和系统报警的意义是一样的，都是由于工艺参数超过设定的报警值而产生。（×）

正确答案：DCS 操作站中过程报警和系统报警的意义是不一样的，过程报警是由于工艺参数超过设定的报警值而产生，系统报警是由于系统本身报警而产生的。

单选题

1. 二氧化硫中的硫的化合价为(B)。

A. +6　　B. +4　　C. +2　　D. +1

2. 把少量的 (A)放入水里振荡后能形成溶液。

A. 食盐　　B. 面粉　　C. 汽油　　D. 沥青

3. 当 8g 食盐完全溶解于 92g 水中时，该溶液的质量百分比浓度是(A)。

A. 8%　　B. 87%　　C. 92%　　D. 84%

4. 结晶水合物是(A)。

A. 具有一定组成的化合物　　B. 具有一定的浓度的溶液

C. 悬浊液　　D. 乳浊液

5. 从硝酸钾和氯化钠的混合溶液中分离出硝酸钾的方法是(D)。

A. 过滤　　B. 蒸馏　　C. 加热蒸干结晶　　D. 加热浓缩后再冷却结晶

6. 在常压下，假设 50℃的水饱和蒸汽压为 A，80℃的水饱和蒸汽压为 B，那 A 和 B 的数值关系为(C)。

A. $A=B$　　B. $A>B$　　C. $A<B$　　D. $A \geqslant B$

7. 在同一温度下，假设甲烷的蒸气压为 A，乙烷的蒸气压为 B，丙烷的蒸气压为 C，丁烷的蒸气压为 D，那 A、B、C、D 间的数值关系为(B)。

A. $A<B<C<D$　　B. $A>B>C>D$　　C. $A<B<D<C$　　D. $A>B>D>C$

8. 下面关于饱和溶液的说法中正确的是(D)。

A. 在饱和溶液里，溶解和结晶的过程就停止

B. 饱和溶液一定是浓溶液

C. 同一溶质的饱和溶液的浓度一定大于不饱和溶液的浓度

D. 饱和溶液就是该温度下达到溶解平衡状态的溶液

9. 将高温饱和硝酸钠溶液降温，析出晶体后，经过滤所得滤液是(B)。

A. 水　B. 饱和溶液　C. 不饱和溶液　D. 硝酸钠晶体

10. 某温度时，把 Bg 饱和氯化钾溶液蒸干，得氯化钾晶体 Ag，则氯化钾的溶解度为(D)g。

A. A　B. $\frac{100\times A}{B}$　C. $\frac{A}{B-A}$　D. $\frac{100\times A}{B-A}$

11. 下列叙述中，正确的是(C)。

A. 分解反应都是氧化-还原反应　B. 化合反应都是氧化-还原反应

C. 置换反应一定是氧化-还原反应

D. 复分解反应中，有一部分属于氧化-还原反应

12. 下列选项中，只具有氧化性的物质是(B)。

A. 氯酸钾　B. 氢离子　C. 氯气　D. 浓硝酸

13. 在高温时，下列物质发生分解反应，但不属于氧化-还原反应的是(B)。

A. 碘化氢　B. 碳酸钙　C. 氯酸钾　D. 高锰酸钾

14. 下列微粒中还原性最强的是(A)。

A. 碘离子　B. 氟离子　C. 氯原子　D. 碘原子

15. 下列物质中非卤族元素的是(C)。

A. 氟　B. 氯　C. 氩　D. 碘

16. 下面关于卤素单质的说法错误的是随着相对分子质量的增加(D)。

A. 颜色依次变深　B. 毒性依次减弱

C. 氧化性依次减弱　D. 卤离子的还原性依次减弱

17. 下列物质中有毒的是(A)。

A. 氟化氢　B. 二氧化碳　C. 氯化氢　D. 氮气

18. 下面关于氢氧化钠的俗称不正确的是(B)。

A. 苛性钠　B. 纯碱　C. 烧碱　D. 火碱

19. 硫化氢中的硫的化合价为(C)。

A. −3　B. −1　C. −2　D. +2

20. 以下(D)溶液不与硫化氢发生反应。

A. 氢氧化钠　B. 稀硫酸　C. 氨水　D. 氯化钠

21. 二氧化硫溶于水后形成的酸是(A)。

A. 亚硫酸　B. 硫酸　C. 硝酸　D. 亚硝酸

22. 烯烃的分子通式是(B)。

A. C_nH_{2n+2}　B. C_nH_{2n}　C. C_nH_{2n-2}　D. C_nH_n

23. 丙烯的分子式是(B)。

A. C_3H_8　B. C_3H_6　C. C_3H_5　D. C_3H_4

24. 丙二烯的分子式是(B)。

A. C_3H_6　B. C_3H_4　C. C_3H_5　D. C_3H_8

25. 二烯烃的分子通式是(C)。

A. C_nH_{2n+2}　B. C_nH_{2n}　C. C_nH_{2n-2}　D. C_nH_n

26. 不能使溴水褪色的物质是(D)。

A. 乙烯　　B. 乙炔　　C. 硫化氢　　D. 丁烷

27. 常温常压下，呈非气体状态的烯烃是(D)。

A. 乙烯　　B. 丙烯　　C. 丁烯　　D. 1-戊烯

28. 在一定条件下能和水反应的是(A)。

A. 乙烯　　B. 乙烷　　C. 苯　　D. 丙烷

29. 下列分子式，不是炔烃的是(D)。

A. C_2H_2　　B. C_3H_4　　C. C_4H_6　　D. C_4H_{10}

30. 对于平衡体系：xA(气)+yB(固)$\rightleftharpoons m$C(气)+nD(气)，增大压强(其他条件不变)，C 的含量减少，则(B)。

A. $x+y<m+n$　　B. $m+n>x$　　C. $x+y>m+n$　　D. $m+n<x$

31. 下面关于化学平衡的说法不正确的是(C)。

A. 化学平衡主要研究可逆反应的规律

B. 化学平衡是动态平衡

C. 化学平衡是静态平衡

D. 化学平衡是相对的暂时的，只有在一定条件下才能保持

32. 关于理想气体的说法不正确的是（ D ）。

A. 理想气体的体积会随着温度的升高而增大且成正比

B. 理想气体的体积会随着压强的升高而减小且成反比

C. 只有在压力趋于零时，各种气体才具有理想气体的性质

D. 一定是纯物质

33. 关于理想气体状态方程式的说法错误的是（ C ）。

A. 该方程是一个包括气体体积、压力与温度关系的方程式

B. 它是一个近似经验定律

C. 该方程可应用于任何温度与压力下的气体

D. 该方程只适用于理想气体，对于真实气体，需修正后才能应用

34. CO_2 和 $5SO_2$ 所含的(C)一样多。

A. 氧分子　　B. 氧元素　　C. 氧原子　　D. 氧元素所占的质量分数

35. 氧原子的相对原子质量是(B)。

A. 16g　　B. 16

C. 2.657×10^{-26}kg　　D. 32

36. 下面关于氢气的物理性质的叙述，不正确的是(D)。

A. 在通常状况下，氢气是无色、无味的气体

B. 氢气是最轻的气体

C. 在某些条件下，氢气可以变成固体

D. 氢气易溶于水

37. 下列物质中，有游离态氮元素存在的是(C)。

A. 氨水　　B. 液氨

C. 空气　　D. 硝酸铜受热分解的生成物中

38. 下列不是过热蒸汽的是(B)。

A. 0.4MPa、300℃蒸汽　　B. 0.1MPa、100℃蒸汽

C. 0.4MPa、350℃蒸汽　　D. 0.4MPa、450℃蒸汽

39. 石油的相对密度一般介于(C)之间。

A. 0.45~0.65　　B. 0.6~0.88

C. 0.80~0.98　　D. 0.90~1.10

40. 结构族组成的表示方法一般在阐述(D)的组成时采用。

A. 石油气　　B. 石蜡　　C. 低沸点馏分　　D. 高沸点馏分

41. 通常将含硫量高于(A)的石油称为高硫石油。

A. 2.0%　　B. 1.5%　　C. 1.0%　　D. 0.5%

42. 蒸气压表示该液体在一定温度下的(C)能力。

A. 液化　　B. 固化　　C. 汽化　　D. 转化

43. 在某一温度下一种物质的液相与某上方的气相呈平衡状态时的压力，称为(B)。

A. 临界压力　　B. 饱和蒸气压　　C. 大气压　　D. 气化压力

44. 石油馏分一般常用(A)来表征其蒸发及气化性能。

A. 沸程　　B. 沸点　　C. 临界温度　　D. 气化潜热

45. 对于某一液态物质，其饱和蒸气压等于外压时的温度，称为该液体在该压力下的(B)。

A. 沸程　　B. 沸点　　C. 临界温度　　D. 泡点

46. 石油馏分的实分子平均沸点可借助(B)与蒸馏曲线斜率由图查得。

A. 质量平均沸点　　B. 体积平均沸点　　C. 立方平均沸点　　D. 中平均沸点

47. 油品的相对密度通常以(D)℃的水为基准。

A. 50　　B. 20　　C. 16.5　　D. 4

48. 气体的相对密度是该气体的密度与空气在（ C ）下的密度之比。

A. 20℃，0.1013MPa　　B. 20℃

C. 0℃，0.1013MPa　　D. 0.1013MPa

49. 油品是复杂的混合物，所含化合物的相对分子质量是各不相同的，其范围往往又很宽，所以对它们只能用(C)来加以表征。

A. 相对密度　　B. 特性因数

C. 平均相对分子质量　　D. 相对分子质量

50. 在现用的SI制中，运动黏度单位是(C)。

A. Pa·s　　B. P　　C. mm^2/s　　D. cSt

51. 油品黏度随温度变化的这种性质通常称为(D)。

A. 黏度比　　B. 黏度指数　　C. 混合黏度　　D. 黏温性质

52. 在测定柴油的闪点时，常测出的是(B)。

A. 闪点的上限　　B. 闪点的下限　　C. 自燃点　　D. 燃点

53. 当到达某一油温时，油品引火后所生成的火焰可以保持5s，发生这种现象的最低油温称为(D)。

A. 闪点　　B. 闪火点　　C. 自燃点　　D. 燃点

54. 在同族烃类中(A)的则其自燃点高。

A. 相对分子质量小　　B. 相对分子质量大

C. 闪点高　　D. 燃点高

55. 油品在试验条件下，因为开始出现烃类的微晶粒或冰晶体而使油品呈现浑浊时的最高温度是(C)。

A. 冰点　　B. 凝点　　C. 浊点　　D. 倾点

56. 一定的试验条件下，当油品冷却到某一温度，并且将贮油的试管倾斜45°角，而且经过1分钟后，肉眼看不出管内液面位置有所移动，产生这种现象的最高温度就称该油品的(B)。

A. 冰点　　B. 凝点　　C. 浊点　　D. 倾点

57. 下列关于流体的表述，错误的是(B)。

A. 在外力作用下其内部发生相对运动　　B. 流体是不可压缩的

C. 在运动状态下，流体具有黏性　　D. 无固定形状，随容器的形状而变化

58. 理想气体的密度与温度的关系是(B)。

A. 正比　　B. 反比　　C. 无关　　D. 温度的平方成正比

59. 气体的黏度随温度升高而(C)。

A. 不变　　B. 减小　　C. 增大　　D. 急剧减少

60. 液体的质量流量(ω_s)与流速(u)、管截面积(A)及密度(ρ)的关系是(A)。

A. $\omega_s = uA\rho$　　B. $\omega_s = \rho A/u$　　C. $\omega_s = uA/\rho$　　D. $\omega_s = u\rho/A$

61. 下列压强的单位换算中错误的是(C)。

A. $1\text{atm} = 1.0133 \times 10^5\text{Pa}$　　B. $1\text{kgf/cm}^2 = 735.6\text{mmHg}$

C. $1\text{kgf/cm}^2 = 1.0133 \times 10^5\text{Pa}$　　D. $1\text{atm} = 760\text{mmHg}$

62. 流体的流动类型的分类是用(D)来判断。

A. 流速　　B. 黏度　　C. 密度　　D. 雷诺数

63. 流动阻力的大小与流体本身的物理性质、(B)及壁面的形状等因素有关。

A. 流速　　B. 流动状况　　C. 流量　　D. 运动黏度

64. 关于流动阻力描述，下列说法正确的是(B)。

A. 流动阻力的大小与管的形状无关　　B. 流动阻力分为直管阻力和局部阻力

C. 管路的变径对流动阻力没有影响　　D. 管路中弯头越多，流动阻力越小

65. 传热是指由于(D)引起的能量转移，又称热传递。

A. 质量差　　B. 压力差　　C. 体积差　　D. 温度差

66. 流体各部分之间发生相对位移所引起的热传递过程是(C)。

A. 热辐射　　B. 热传导　　C. 热对流　　D. 散热

67. 将混合液体在一定压力下升高温度，使其全部汽化，然后再降低温度当饱和气相出现第一滴液体，这时的温度叫(B)。

A. 泡点　　B. 露点　　C. 沸点　　D. 干点

68. 下列不属于平衡分离传质过程的是(D)。

A. 吸收　　B. 干燥　　C. 萃取　　D. 电泳

69. 下列不属于速率分离传质过程的是(A)。

A. 吸收　　B. 渗析　　C. 超滤　　D. 电泳

70. 精馏段是指(B)。

A. 精馏塔进料口以下至塔底部分　　B. 精馏塔进料口以上至塔顶部分

C. 循环回流以上至塔顶部分　　D. 循环回流以下至塔底部分

71. 提馏段是指(A)。

A. 精馏塔进料口以下至塔底部分　　B. 精馏塔进料口以上至塔顶部分

C. 循环回流以上至塔顶部分　　D. 循环回流以下至塔底部分

72. 关于提馏段的表述，错误的是(B)。

A. 提馏段中液相重组分被提浓　　B. 液相回流是提馏段操作的必要条件

C. 液相中轻组分被提出　　D. 提馏段中发生传质传热过程

73. 蒸馏过程的热力学基础是(B)。

A. 溶解平衡　　B. 气液平衡　　C. 吸附平衡　　D. 离子交换平衡

74. 回流比是(A)。

A. 塔顶回流量与塔顶产品之比　　B. 塔顶回流量与进料之比

C. 塔顶回流量与塔底产品之比　　D. 塔顶产品与塔底产品之比

75. 保证(A)的一致、准确是计量工作的任务之一。

A. 量值　　B. 数字　　C. 计量单位　　D. 计量方法

76. 计量的基本特点是(A)，它表征的是计量结果与被测量的真值的接近程度。

A. 准确性　　B. 数字　　C. 计量单位　　D. 计量方法

77. 法定计量单位(简称法定单位)是以(A)为基础，同时选用一些非国际单位制的单位构成的。

A. 国际单位制单位　B. 基本单位　　C. 导出单位　　D. 辅助单位

78. 国际单位制包括 SI 单位、(A)和 SI 单位的十进倍数与分数单位三部分。

A. SI 词头　　B. 基本单位　　C. 辅助单位　　D. 数字

79. 比热容单位的符号是 J/(kg · K)，其单位名称是(A)。

A. 焦耳每千克开尔文　　B. 每千克开尔文焦耳

C. 焦耳每千克每开尔文　　D. 焦耳每千克点开尔文

80. 质量的基本单位为(A)。

A. kg　　B. g　　C. m　　D. t

81. 计量表精度等级划分是依据计量表的(A)来划分计量表的精度级别的。

A. 最大引用误差　　B. 相对误差　　C. 绝对误差　　D. 测量值

82. 计量检测设备是指所有的测量器具、测量标准、标准物质和辅助设备以及(A)。

A. 进行测量所必需的资料　　B. 工具

C. 附件　　D. 说明书

83. 企业依实际情况，对计量器具(含标准器)划分为(A)实施管理。

A. A、B、C 三级　　B. A、B、C、D 四级

C. A、B 二级　　D. A、B、C、D、E 五级

84. 属于叶片式泵的是(B)。

A. 齿轮泵和螺杆泵　　B. 轴流泵和离心泵

C. 往复泵和混流泵　　D. 柱塞泵和旋涡泵

85. 关于ZJ_1-3.2/1.6-Ⅱ型柱塞泵各符号表示正确的是(B)。

A. Z表示计量泵 B. 3.2/1.6表示额定流量/排出压力

C. Ⅱ表示用于二类防爆区 D. J表示柱塞泵

86. 离心泵主要依靠叶轮的高速旋转产生(A)使液体提高压力而径向流出叶轮。

A. 离心力 B. 离心力和轴向力 C. 轴向力 D. 切向力

87. 液体黏度越小，需要离心泵的轴功率(B)，而与叶轮摩擦产生温度越低。

A. 越大 B. 越小 C. 不变 D. 不能确定

88. 按结构形式分，属于速度式压缩机的是(A)。

A. 离心式压缩机 B. 螺杆压缩机 C. 罗茨压缩机 D. 液环压缩机

89. 下列换热器中不是通过管壁传热的换热器是(D)。

A. 浮头式 B. 固定管板式 C. U形管式 D. 板式

90. 一般使用于高温高压下的换热器是(C)。

A. 浮头式 B. 固定管板式 C. U形管式 D. 板式

91. 常压炉和减压炉均为(A)。

A. 纯加热炉 B. 加热-反应炉 C. 反应炉 D. 复合炉

92. 原油初馏装置的常压塔，气液负荷变化大，各产品馏分质量要求较高，一般应选用(A)。

A. 浮阀塔盘 B. 泡帽塔盘 C. 筛板塔盘 D. 喷射式

93. 泡帽塔、筛板塔及浮阀塔属于(A)。

A. 板式塔 B. 填料塔 C. 湍球塔 D. 乳化塔

94. 在石化生产装置中广泛使用的安全阀是(B)。

A. 杠杆式 B. 弹簧式 C. 脉冲式 D. 重锤式

95. 对于工作介质为有毒、易燃气体的容器，应选用(A)。

A. 全封闭式安全阀 B. 半封闭式安全阀

C. 敞开式安全阀 D. 杠杆式安全阀

96. 一次性使用的泄放装置是(B)。

A. 安全阀 B. 爆破片 C. 单向阀 D. 自动阀

97. 具有密封性能较好，泄压反应较快，气体内所含的污物对其影响较小等特点的安全泄放装置是 (B) 。

A. 安全阀 B. 爆破片 C. 单向阀 D. 自动阀

98. 不属于常用管道组成件的是(D)。

A. 三通 B. 弯头 C. 异径管 D. 回弯头

99. 不常用的钢制异径管有(D)。

A. 无缝异径管 B. 高低压异径管 C. 焊制异径管 D. 铸造异径管

100. 低压阀是公称压力(A)的阀门。

A. $PN \leqslant 1.6\text{MPa}$ B. $2.5\text{MPa} \leqslant PN \leqslant 6.4\text{MPa}$

C. $10.0\text{MPa} \leqslant PN \leqslant 80.0\text{MPa}$ D. $PN \geqslant 100\text{MPa}$

101. 不是阀门型号通常应表示出的要素是(D)。

A. 阀门类型、驱动方式 B. 连接形式、结构特点

C. 密封面材料、阀体材料和公称压力 D. 垫片材料

102. 不是炼油厂常用的法兰有(D)。

A. 平焊法兰 B. 对焊法兰 C. 螺纹法兰 D. 活套法兰

103. 多用于铜、铝等有色金属及不锈耐酸钢容器和管线连接上的是(D)。

A. 平焊法兰 B. 对焊法兰 C. 螺纹法兰 D. 活套法兰

104. 非金属垫片包括硬纸板、橡胶类、石棉类、石墨类等，属于(A)。

A. 软质垫片 B. 硬质垫片 C. 液体密封垫片 D. 填料

105. 具有密封性好，密封面结构简单、耐腐蚀，成本低，适用面广等优点的是(C)。

A. 软质垫片 B. 硬质垫片 C. 液体密封垫片 D. 填料

106. 紧固法兰常用的螺栓件包括(B)。

A. 单头螺栓及双头螺栓 B. 单头螺栓(六角头螺栓)及双头螺栓

C. 螺栓及螺母 D. 螺栓及螺钉

107. 适用于铸铁管陶瓷管和水泥管等埋在地下的管路的是(C)。

A. 螺纹连接 B. 法兰连接 C. 插套连接 D. 焊接连接

108. 接触式密封是(A)。

A. 填料密封和普通机械密封 B. 迷宫密封和垫片密封

C. 浮环密封和机械密封 D. 浮环密封和干气密封

109. 非接触式密封是(D)。

A. 填料密封和普通机械密封 B. 干气密封和"O"形圈密封

C. 浮环密封和泵耐磨环密封 D. 浮环密封和迷宫密封

110. 滑动轴承的润滑主要属于(A)。

A. 流体润滑 B. 边界润滑 C. 间隙润滑 D. 混合润滑

111. 透平压缩机组常用的润滑油牌号是(B)。

A. N46 和 N32 液压油 B. N46 和 N32 透平油

C. $90^{\#}$和 $150^{\#}$重负荷齿轮油 D. 4413 高速齿轮油

112. 离心泵的常用润滑油是(D)。

A. N46 和 N68 冷冻机油 B. WA150 和 WA220 蜗轮蜗杆油

C. $90^{\#}$和 $150^{\#}$重负荷齿轮油 D. N46 和 N68 液压油、透平油

113. 金属材料在断裂前产生了明显塑性变形的破坏形式叫做(A)。

A. 韧性破坏 B. 脆性破坏 C. 腐蚀破坏 D. 疲劳破坏

114. 在断裂前无明显塑性变形的破坏形式叫做(B)。

A. 韧性破坏 B. 脆性破坏 C. 腐蚀破坏 D. 疲劳破坏

115. 在压力容器器壁出现鼓包而造成的破坏是(C)。

A. 韧性破坏 B. 脆性破坏 C. 腐蚀破坏 D. 蠕变破坏

116. 目前在石化设备中应用最广泛的材料是(A)。

A. 低合金高强度钢 B. 不锈耐酸钢

C. 耐热钢 D. 优质碳素结构钢

117. 含碳量≤0.25%的钢是(A)。

A. 低碳钢 B. 中碳钢 C. 高碳钢 D. 合金钢

118. 高压水银灯泡主要由(A)组成。

A. 发光管、外玻壳、辅助电极　B. 灯管、灯丝、镇流器、启辉器

C. 外玻壳、灯丝　D. 外玻壳、灯丝、碘

119. 下述各种类型照明灯，效率是最高的是(D)。

A. 白炽灯　B. 荧光灯　C. 高压汞灯　D. 钠灯

120. 关于电流的概念，下列叙述中正确的是(D)。

A. 导体中电荷的运动就形成电流

B. 电流是矢量，其方向就是负电荷定向运动的方向

C. 在国际单位制中，电流是一个基本物理量，其单位毫安是基本单位

D. 对于导体，只要其两端电势差为零，电流必为零

121. 关于直流电的概念，下面叙述中正确的是(D)。

A. 方向和强弱随时间而改变的电流　B. 方向随时间改变的电流

C. 强弱随时间改变的电流　D. 方向和强弱都不随时间改变的电流

122. 关于交流电的概念，以下说法中正确的是(D)。

A. 方向不随时间而改变的电流　B. 方向随时间作非周期性改变的电流

C. 强度和方向不随时间改变的电流　D. 强度和方向随时间作周期性改变的电流

123. 交流电的有效值是根据(D)来规定的。

A. 电流的数值大小　B. 电压的数值大小

C. 电阻的数值大小　D. 电流的热效应

124. 电阻的定义式为(C)。

A. $R=IU$　B. $R=\frac{P}{I}$　C. $R=\frac{U}{I}$　D. $R=\frac{P}{U}$

125. 下列关于电压的说法错误的是(B)。

A. 电路中两点间的电势差，叫做电压

B. 电流是产生电压的条件

C. 电压可视为描述电场力做功大小的物理量

D. 电压越高，移动单位电荷做功越多

126. 在国际单位制中，电压的单位是(C)。

A. 安培(A)　B. 欧姆(Ω)　C. 伏特(V)　D. 瓦特(W)

127. 对于串联电路，下列论述错误的是(C)。

A. 在串联电路中，流过各串联导体的电流是相同的

B. 串联电路的总电压等于各串联导体电压之和

C. 在串联电路中，各串联导体的电压也是相同的

D. 在串联电路中，串联导体的电阻越大，该串联导体分电压越高

128. 将 R_1 和 R_2 电阻接成串联电路，其电路参数公式正确的是(C)。

A. $I=I_1+I_2$　B. $U=U_1=U_2$　C. $R=R_1+R_2$　D. $I=\frac{U_1}{R_2}$

129. 下图中正确的并联电路图是(C)。

A. 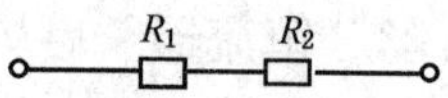

B. 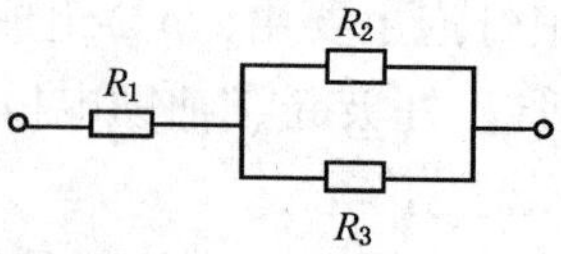

C. 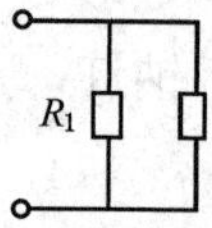

D. 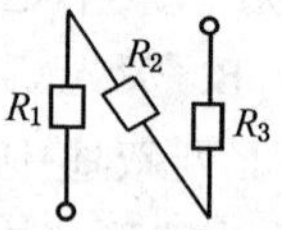

130. 对于并联电路，下列论述正确的是(D)。
A. 在并联电路中，流过各并联电阻的电流是相同的
B. 并联电路的总电阻等于各并联分电阻之和
C. 并联电路的总电压等于各并联分电阻的端电压之和
D. 并联电路的总电流等于并联电路分电阻流过的电流之和

131. 国际规定，电压在(C)V 以下不必考虑防止直接电击的危险。
A. 36　　B. 65　　C. 25　　D. 110

132. 发生触电事故的危险电压一般是从(C)V 开始。
A. 24　　B. 36　　C. 65　　D. 110

133. 不属于人工呼吸的急救方法是(C)。
A. 仰卧伸臂法　　B. 俯卧压背法
C. 胸外心脏挤压法　　D. 口对口(鼻)吹气法

134. 电器着火时不能使用(C) 灭火。
A. 四氯化碳　　B. 沙土　　C. 水　　D. 干粉

135. 下列不适于扑灭电气火灾的是(C)。
A. 1211 灭火器　　B. 二氧化碳灭火器
C. 泡沫灭火器　　D. 干粉灭火器

136. 构成一个自动调节对象应具备的条件之一是调节对象中的被调参数是(A)。
A. 连续可测量　　B. 不断变化　　C. 不可测量　　D. 可以估算

137. 调节器“正”作用的定义是(B)。
A. 调节器的输出值随着测量值的增加而增加
B. 调节器的输出值随着正偏差值的增加而增加
C. 调节器的输出值随着测量值的减少而增加
D. 调节器的输出值随着正偏差值的减少而增加

138. 仪表的零点准确但终点不准确的误差称为(A)。
A. 量程误差　　B. 基本误差　　C. 允许误差　　D. 零点误差

139. 按误差出现的规律，误差可分为(D)。
A. 定值误差、累计误差　　B. 绝对误差、相对误差、引用误差
C. 基本误差、附加误差　　D. 系统误差、随机误差、疏忽误差

140. 下列控制系统中，属于开环控制的是(C)。
A. 定值控制　　B. 随动控制　　C. 前馈控制　　D. 程序控制

141. 可以用于改变输出值的仪表类型是(B)。
A. 记录仪　　B. 调节器　　C. 报警器　　D. 切换开关

142. 不属于智能显示仪表的显示记录方式的是(D)。
A. 荧光管显示　B. 曲线记录　C. 数字打印　D. 屏幕拷贝
143. 调节阀前后压差较小，要求泄漏量小，一般可选用(A)阀。
A. 单座　B. 隔膜　C. 偏心旋转　D. 蝶
144. 调节强腐蚀性流体，可选用(B)阀。
A. 单座　B. 隔膜　C. 偏心旋转　D. 蝶
145. 液柱式压力计是基于(A)原理工作的。
A. 液体静力学　B. 流体动力学　C. 霍尔效应　D. 动力平衡
146. 椭圆流量计是一种(D)流量计。
A. 速度式　B. 质量　C. 差压式　D. 容积式
147. 涡轮流量计是一种(A)流量计。
A. 速度式　B. 质量　C. 差压式　D. 容积式
148. 用差压法测量容器液位时，液位的高低取决于(C)。
A. 容器上、下两点的压力差和容器截面
B. 压力差、容器截面和介质密度
C. 压力差、介质密度和取压位置
D. 容器高度和介质密度
149. 用压力法测量开口容器液位时，液位的高低取决于(B)。
A. 取压点位置和容器的横截面　B. 取压点位置和介质密度
C. 介质密度和横截面　D. 容器高度和介质密度
150. 下列关于热电阻温度计的叙述中，不正确的是(D)。
A. 电阻温度计的工作原理，是利用金属线的电阻随温度作几乎线性的变化
B. 电阻温度计在温度检测时，有时间延迟的缺点
C. 与电阻温度计相比，热电偶温度计能测更高的温度
D. 因为电阻体的电阻丝是用较粗的线做成的，所以有较强的耐振性能
151. 关于双金属温度计说法不正确的是(D)。
A. 由两片膨胀系数不同的金属牢固地粘在一起
B. 可将温度变化直接转换成机械量变化
C. 是一种固体膨胀式温度计
D. 长期使用后其精度更高
152. 下列应选用风关阀的是(D)。
A. 油水分离器的排水线　B. 容器的压力的进料调节
C. 蒸馏塔的流出线　D. 蒸馏塔的回流线
153. 关于控制阀风开风关选定原则说法正确的是 (A)。
A. 工艺生产的安全要求　B. 控制闭环的要求
C. 现场安装的要求　D. 操作的方便性
154. DCS 系统的控制面板中，“AUTO”的含义是(C)。
A. 回路出错　B. 回路在手动控制
C. 回路在自动控制　D. 回路在串级控制

155. 关于DCS系统的硬件组成，下面说法正确是(B)。

A. 显示器、鼠标、键盘等

B. 操作站、工程师站、控制站、通讯单元等

C. 流程图画面、报警画面、报表画面、控制组画面等

D. 调节单元、显示单元、运算单元、报警单元等

156. 在DCS系统中进入(C)可查看工艺参数的历史数据。

A. 流程图画面　　B. 报警画面　　C. 趋势画面　　D. 控制组

工种理论知识试题

判断题

1. 装置公用工程必须在装置进料以前就引进装置。 (√)

2. 硫化氢和二氧化硫的水溶液均呈酸性，它们对金属的腐蚀程度相当。 (×)

正确答案：硫化氢和二氧化硫的水溶液均呈酸性，但二氧化硫的水溶液对金属的腐蚀程度要强于硫化氢溶液。

3. 硫磺产品质量指标中优等品的酸度指标是≤0.005。 (×)

正确答案：硫磺产品质量指标中优等品的酸度指标是≤0.003。

4. 硫磺在250℃时对钢材有严重腐蚀。 (×)

正确答案：硫磺在300℃时对钢材有严重腐蚀。

5. 硫磺在空气中接触明火即可燃烧。 (√)

6. 平时操作中可以将循环水回水直排至地沟。 (×)

正确答案：平时操作中不能将循环水回水直排至地沟。

7. 引氮气进装置不需要放空。 (×)

正确答案：引氮气进装置需要放空，放尽存水。

8. 水灭火系统由消防泵、消防水管、消防栓、消防水带和水枪等组成。 (√)

9. 在高浓度废气和缺氧情况下进行作业和事故抢救时，应使用隔离式防毒面具。 (√)

10. “四不开车”原则中有装置检修质量不好不准开车。 (√)

11. “四不开车”原则中有装置安全不好不准开车。 (√)

12. 引蒸汽时，如果不低点排凝，会造成蒸汽管线产生水击，甚至将管线拉断。 (√)

13. 仪表风也称作非净化风。 (×)

正确答案：仪表风也称作净化风。

14. 装置吹扫的目的是清除管道内泥沙、焊渣、铁锈等脏物；同时进行贯通检查工艺管道是否畅通，工艺管线安装是否正确。 (√)

15. 1.0MPa蒸汽由于温度比较高，会产生“水击”，0.3MPa蒸汽就不会。 (×)

正确答案：引1.0MPa蒸汽和0.3MPa蒸汽时都会产生“水击”。

16. 硫磺的流动性随温度升高而变化，温度高，流动性则好。 (×)

正确答案：硫磺的流动性随温度升高而变好，但当温度超过160℃时，流动性开始下降。

17. 酸性气进炉前要脱水的目的是水被带进炉后，会降低炉温，甚至熄火，影响炉子寿命。 (√)

18. 酸性气带大量水进炉后，会降低硫化氢的转化率。 (√)

19. 在烘炉前把固体硫磺装入硫封罐内的目的是通过夹套蒸汽加热使之熔化，形成

硫封。 (√)

20. 装置水联运时，压力容器的安全附件都不必安装。 (×)

正确答案：装置水联运时，压力容器的安全附件也要安装。

21. 一般来说酸性气中 H_2S 浓度越高，酸性气的密度也越大。 (×)

正确答案：一般来说酸性气中 H_2S 浓度越高，酸性气的密度变小。

22. 硫磺催化剂不能在雨、雪、雾等天气时装填，主要原因是防止催化剂吸潮粉化。 (√)

23. 点火时，操作人员不得正视点火孔，以防回火伤人。 (√)

24. 酸性气的主要成分是硫化氢和二氧化硫，故可用其回收硫。 (×)

正确答案：酸性气的主要成分是硫化氢和二氧化碳。

25. 在适当的压力下，NH_3 吸收大量的热量，可液化成液氨；当压力降低时，则气化，同时放出大量热。 (×)

正确答案：在适当的压力下 NH_3 可液化成液氨，同时放出大量的热量；当压力降低时，则气化，同时吸收大量热。

26. 产生蒸汽的冷换设备水位一般控制在 1/3~2/3 间。 (√)

27. 开工氮气置换空气的目的是降低设备内的氧含量。 (√)

28. 点火成功后，电打火器不需向外退出。 (×)

正确答案：点火成功后，电打火器需要向外退出 30cm。

29. 如一次点火未燃，应加大风量吹扫 15min 以上，将炉内瓦斯置换干净后，再行点火。 (√)

30. 硫磺酸性气原料来自溶剂再生和酸性水汽提装置。 (√)

31. 硫磺回收装置是炼厂重要的环保装置。 (√)

32. 酸性气燃烧炉的进炉空气用 1.0MPa 蒸汽加热的目的是提高燃烧炉炉膛温度，减少副反应。 (√)

33. 酸性气进炉带液较多肯定是由于酸性水汽提装置酸性气带水造成。 (×)

正确答案：酸性水汽提装置酸性气带水是造成酸性气进炉带液较多的原因之一。

34. 急冷塔注氨时要控制注氨量，防止因加氨过多，造成尾气带氨影响正常操作。 (√)

35. 硫磺装置进行排污时，可以不戴防毒面具，只需站在上风向即可。 (×)

正确答案：硫磺装置进行排污时，需要戴好防毒面具，站在上风向操作。

36. 液硫管线伴热夹套的检查，只需摸管线发烫即可。 (×)

正确答案：液硫管线伴热夹套的检查，需要温度达到 120℃以上。

37. 零下 4℃时，带水容器底切水包处和第一道切水阀，接皮带蒸汽保暖；带水容器每小时切水一次。 (√)

38. 防冻防凝期间就地玻璃板液面计都必须关闭引出阀，放尽物料，防止冻坏。 (×)

正确答案：防冻防凝期间含水界面的就地玻璃板液面计都必须关闭引出阀，放尽物料，防止冻坏。

39. 控制阀有故障需要修理时，应先关闭其上下游手阀，然后打开付线阀。 (×)

正确答案：控制阀有故障需要修理时，应先打开副线，然后关闭控制阀上下游手阀。

40. 交接班“五不接”的内容中有文明生产，主要是指工作环境卫生和设施的完好。 (√)

41. 分程控制是通过阀门定位器或电气阀门定位器来实现的。 (√)

42. 酸性气燃烧炉看火孔设有反吹风的目的是防止硫磺冷凝堵塞看火孔。（√）

43. 急冷塔酸性水可外送至酸性水汽提装置处理。（√）

44. 液硫进硫池的管线需要有一定坡度，故其夹套伴热蒸汽的流向也需要一致，即蒸汽由夹套上部引入，冷凝水由夹套下部排出。（√）

45. 硫磺装置尾气处理开工后，烟囱高空 SO_2 排放量比不开前明显下降。（√）

46. 正常生产中瓦斯分液罐脱液时，应用铜制扳手。（√）

47. ISO 9000：2000《质量管理体系：基础和术语》标准定义了 10 大类 80 条术语。（√）

48. 通过打开冷却器出口的循环水放空阀，可以检查冷却器是否发生泄漏。（√）

49. 溶剂再生塔压力高的原因可能是由于酸性气后路不畅。（√）

50. 急冷水过滤器投用前，要先投用管道安装的安全阀。（√）

51. 急冷水过滤器更换滤芯时，要经过水洗或蒸汽吹扫。（√）

52. 巡回检查制度是为了进一步完善现场管理的督促检查考核机制，提高车间现场管理水平，增强安全意识。（√）

53. 容器的日常检查包括检查容器外观是否完好．与内操校对液面，是否超红线、安全阀是否灵敏可靠，铅封是否完好、各密封点、放空阀是否发生泄漏、压力表是否灵活好用，压力表是否按期经过检验合格。（√）

54. 塔器的日常巡回检查中保温、保冷层的检查主要看是否牢固，保温铝皮是否脱落。（√）

55. 若装置安全阀，机泵泄压线都检查过没有泄漏，说明硫磺回收装置不可能有介质漏至火炬。（×）

正确答案：若装置安全阀，机泵泄压线都检查过没有泄漏，还必须检查酸性气至火炬的快速切断阀。

56. 正常生产时候，含烃类机泵泄压线若出现结霜现象，就说明阀门内漏，有介质漏至火炬线。（√）

57. 蒸汽发生器停用后，应停止向管网送汽，汽包蒸汽排空。（√）

58. 酸性气燃烧炉经过烟气吹硫后可直接熄火停炉。（×）

正确答案：酸性气燃烧炉经过烟气吹硫后，需要降温至 500℃才能熄火停炉。

59. 管线吹扫时，流量计有副线走副线，无副线接短管。（√）

60. 管线的吹扫原则是顺流程走向，先主线后支线，由低向高吹扫。（×）

正确答案：管线的吹扫原则是顺流程走向，先主线后支线，由高向低吹扫。

61. 塔器蒸汽试压时必须打开顶部安全阀。（×）

正确答案：塔器蒸汽试压时为防止顶部安全阀起跳对火炬系统造成冲击，一般不投用安全阀。

62. 泵的入口阀前接吹扫接头可向两个方向吹扫，一侧扫往与泵连接的设备，另一侧可经泵的跨线扫往连接的设备。（√）

63. 机泵泵体不能长时间吹扫，是因为热胀冷缩，容易损坏设备。（√）

64. 急冷水过滤器停用时，要经过新鲜水清洗，保证修理时环保。（√）

65. 溶剂再生退溶剂时，要经常注意检查液面，防止因液面抽空损坏泵。（√）

66. 爆破片的使用寿命较短，常因疲劳而早期失效。（√）

67. 蝶阀与闸阀相比较具有开闭迅速，而且有一定的调节能力。(√)

68. 阀门安装时应该使流体流向和阀门进出口一致。(√)

69. 离心泵不能长时间关闭出口阀运转。(√)

70. 离心泵出口阀开大，出口流量增加但也有极限点。(√)

71. 就地液面计投用时先开下引出阀，再开上引出，有利于液面计中赶走气泡。(√)

72. 玻璃管液面计结构简单，通常用于介质是无毒、无危险的设备上。(√)

73. 采样时需要携带便携式硫化氢报警仪，装置正常巡检可以不带。(×)

正确答案：采样时需要携带便携式硫化氢报警仪，装置正常巡检也必须携带。

74. 疏水阀的疏水点没有物质流出来，说明疏水效果好。(×)

正确答案：疏水阀的疏水点没有物质流出来，并不能说明疏水效果好。

75. 安全阀投用时必须将安全阀泄压管线投用。(√)

76. 装置长周期运行超过 1 年，安全阀可以延期到停工校验。(×)

正确答案：装置长周期运行超过 1 年，安全阀必须安排校验。

77. 更换压力表时，压力表量程应与原表相同，高温部位应选用耐温的。(√)

78. 压力表安装后手阀必须全开。(√)

79. 盛装高温、强腐蚀及凝结性介质的容器，在压力表与容器之间应装有隔离缓冲装置。(√)

80. 冷却器用水可用新鲜水或循环水。(×)

正确答案：冷却器用水可用循环水。

81. 换热器投用时先进冷态，后进热态。(√)

82. 工业管道根据压力、介质、温度分为 GC1、GC2、GC3、GC4、GC5。(×)

正确答案：工业管道根据压力、介质、温度分为 GC1、GC2、GC3。

83. 风机是把原动机的机械能转变为气体的动能和压力能的一种。(√)

84. 阻火器的原理是当火焰通过狭小孔隙时，由于热损失增大，使燃烧不能继续下去而灭火。(√)

85. 快速切断阀达到所需要的全开或全关位置，阀门运行时会发出声音，可就声音判断阀门是否动作。(√)

86. 转子流量计必须安装在垂直、无震动的管道上。(√)

87. 在 500℃以下的工作环境下，热电偶比热电阻更适合作测温仪表。(×)

正确答案：在 500℃以下的工作环境下，热电阻比热电偶更适合作测温仪表。

88. 在蒸汽管道的末端或者最低点应安装疏水阀。(√)

89. 当介质操作温度大于 250℃时，管道保温采用憎水型珍珠岩。(√)

90. 保温外保护层采用镀锌铁皮。(√)

91. 机泵过滤器一般采用 Y 形，紧靠吸入管切断阀的下游。(√)

92. 设备在开工升温后进行热紧的作用是防止高温螺栓膨胀后压紧力不足，在法兰面之间产生缝隙，造成泄漏。(√)

93. 设备润滑“五定”的是指定时、定点、定量、定质、定性。(×)

正确答案：设备润滑“五定”的是指定时、定点、定量、定质、定人。

94. 泵在启动之前没有必要进行对其盘车。(×)

正确答案：泵在启动之前要对其进行盘车。

95. 泵的盘车是指用手轻轻正向转动泵轴2~3圈，并确认轴承和旋转部分能顺利转动不受阻碍，再与驱动机对接联轴器。 (√)

96. 新领来的润滑油可以不分析就使用，旧润滑油分析合格后仍可使用。 (×)

正确答案：新领来的润滑油必须有分析合格单才可以使用，旧润滑油分析合格后仍可使用。

97. 压力表表面玻璃破碎应该立即更换。 (√)

98. 安全阀更换应向设备主管部门申请，并重新办理登记建卡手续，经检验定压合格，方可安排使用。 (√)

99. 对需要动火的塔、罐、容器等设备，只需检修前的分析数据即可，不需每天动火前进行动火气体分析。 (×)

正确答案：对需要动火的塔、罐、容器等设备，需要每天在动火前进行动火气体分析，合格方可用火。

100. 动火时监护人可以短时间离开动火现场。 (×)

正确答案：动火时监护人不可以私自离开动火现场。

101. 进入含硫化氢设备容器作业时，只需设备内气体含氧量和硫化氢含量化验合格即可。 (×)

正确答案：进入含硫化氢设备容器作业时，需要设备内气体全部指标合格才可。

102. 机械密封冷却的急冷法的冷却效果较好，但是冷却水硬度高时容易在轴或轴套上结垢。 (√)

103. 设备故障按其发展情况可划分为渐发性故障和突发性故障两类。 (√)

104. 机泵振动超标一般都伴有异常声响，外操可以以此来初步判断。 (√)

105. 炉膛出口温度急剧下降是瓦斯带水的工艺现象之一。 (√)

106. 急冷塔底液面低是由于急冷水外排过多引起的。 (√)

107. 仪表风停则风关阀全关。 (×)

正确答案：仪表风停则风关阀全开。

108. 各机泵轴承温度升高造成机泵停机是循环水停的工艺现象。 (√)

109. 安全阀的排量必须不小于它的安全排放量。 (√)

110. 离心泵抽空管线发出异音；管线及泵体剧烈振动，严重时会造成密封泄漏。 (√)

111. 怀疑就地液面计失灵，首先应该判断液面计上下引出管及阀门是否堵塞。 (√)

112. 实验证明，当燃烧区域空气中的氧气含量低于12%，或二氧化碳的浓度达到30%~35%，绝大多数的火焰会熄灭。 (√)

113. 如果每班采样需要多次使用防毒面具，可在最后一次使用后对滤毒罐进行称重。 (×)

正确答案：如果每班采样需要多次使用防毒面具，也必须每次使用后对滤毒罐进行称重。

114. 硫磺装置1.0MPa蒸汽停，则提高0.3MPa蒸汽压力。 (√)

115. 装置发生严重爆炸还有扩大的事态，无法进行任何操作，继续在装置或附近会危及装置人员生命安全，装置人员必须撤离装置。 (√)

116. 临近装置发生重大爆炸危及本装置，有毒有害物质大量泄漏，装置无法运行及抢险时，必须对人员进行撤离。（√）

117. 硫化氢中毒病人进行心肺复苏时，应该避免口对口人工呼吸，防止中毒。（√）

118. 为了方便检查，空气呼吸器最好挂在胸前。（×）

正确答案：空气呼吸器储风罐一般挂在背后。

119. 过滤式防毒面具只能用来预防与其相适应的有毒介质，禁止用来预防其他有毒介质和各种窒息性气体。（√）

120. 高温部位着火，不可以使用蒸汽灭火。（×）

正确答案：高温部位着火，尽量使用蒸汽灭火。

121. 急冷产生的热效应张开是导致法兰部位泄漏的常见因素。（√）

122. 事故处理原则中有一条：没有落实防范措施不放过。（√）

123. 发现人员硫化氢中毒以后必须马上就地进行心肺复苏抢救。（×）

正确答案：发现人员硫化氢中毒以后必须马上救离现场，进行心肺复苏抢救。

124. 发生火灾以后，除了正确报警以外，更重要的是学会正确的扑灭初期火情。（√）

单选题

1. 下列工作哪项不属于硫磺装置开车准备的工作（ B ）。

A. 管道吹扫气密　B. 引瓦斯进分液罐　C. 催化剂装填　D. 引公用工程

2. 下列哪项不属于硫化氢气体的性质（ A ）。

A. 比空气轻　B. 在空气中易燃烧　C. 无色气体　D. 有臭鸡蛋气味

3. 硫化氢气体的爆炸极限为（ B ）（体积分数）。

A. 4.3%～35.5%　B. 4.3%～45.5%　C. 35.5%～70%　D. 15.7%～27.4%

4. 以下哪项不是硫磺产品的质量指标（ D ）。

A. 水分　B. 砷含量　C. 铁含量　D. pH 值

5. 硫磺优等品的含硫量要求是（ A ）。

A. ≥99.9%　B. ≥99.5%　C. ≥99.3%　D. ≥99.0%

6. 硫磺在 150℃时呈（ B ）。

A. 黄色　B. 暗棕红色　C. 橙黄色　D. 无色

7. 引循环水时，对冷换设备操作不正确的是（ C ）

A. 冷换设备出口前的放空阀打开，将管道和冷换设备内的空气赶走

B. 引循环越慢越好

C. 先引介质再引循环水

D. 先将循环水冷换设备中垃圾吹扫掉

8. 循环水进装置温度一般不会低于（ D ）。

A. 40℃　B. 30℃　C. 生活用水温度　D. 气温

9. 下列不是系统引氮气时所做的准备工作是（ D ）。

A. 联系调度　B. 联系供氮部门

C. 进装置总阀后放空

D. 仔细检查流程，并注意与低压系统的绝对隔离

10. 现代使用的灭火器有许多类型，包括泡沫、卤代烷、二氧化碳、(C)等。
A. 水　B. 蒸汽　C. 干粉　D. 1211
11. 正常生产装置防毒面具配备台数 (A)。
A. 一人一台　B. 两人一台　C. 三人一台　D. 每班一台
12. 硫磺装置的伴热蒸汽压力为(D)MPa。
A. 3.5　B. 1.0　C. 0.8　D. 0.3
13. 蒸汽试压时要注意低点(A)。
A. 排凝　B. 放气　C. 关闭　D. 保护
14. 管网来1.0MPa过热蒸汽，一般温度在(C)℃。
A. 100　B. 180　C. 250　D. 300
15. 净化风与非净化风的主要区别是(B)。
A. 温度　B. 脱水　C. 比重　D. 使用量
16. 装置气密压力最终要(A)。
A. 达到设计操作压力　B. 安全阀定压
C. 低于设计操作压力　D. 设备实验压力
17. "水击"最简单的判断方法是(C)。
A. 管线拉断　B. 压力升高
C. 管线抖动，发出巨大的声响　D. 管线保温脱落
18. 硫磺在(B)℃时流动性最好。
A. 100~130　B. 130~160　C. 160~180　D. 180~200
19. 硫磺气化后，在900℃时为(D)气体。
A. 橙黄　B. 草黄色　C. 暗棕　D. 无色
20. 以下哪项不是酸性气中的液相组分(C)。
A. 氨　B. 胺液　C. 碱液　D. 水
21. 以下哪项不是硫封罐的作用(D)。
A. 防止气体从液硫线进硫池　B. 保护风机
C. 不使上游装置憋压　D. 提高操作压力
22. 以下哪项不是酸性气分析项目(B)。
A. H_2S　B. SO_2　C. CO_2　D. 水
23. 采样分析气体中硫化氢．二氧化硫采用(B)方法来分析。
A. 奥式仪　B. 色谱法　C. 检测管法　D. 吸收法
24. 新装置开车水冲洗使用(A)。
A. 新鲜水　B. 循环水　C. 除盐水　D. 除氧水
25. 硫化氢在装置内允许浓度为≤(C)mg/m^3。
A. 1　B. 5　C. 10　D. 20
26. 硫化氢属毒性很大的气体，按GB5044—85职业性接触毒物分级属于(B)。
A. Ⅰ级　B. Ⅱ级　C. Ⅲ级　D. Ⅳ级
27. 硫磺催化剂装填时应在反应器内先装(D)。
A. 催化剂　B. 瓷球　C. 格栅　D. 不锈钢丝网

28. 硫磺克劳斯反应器投用前升温的作用以下哪项不正确(B)。

A. 检查系统是否通畅　　B. 催化剂硫化

C. 烘反应器衬里　　D. 防止生产时积硫

29. 翻板式液位计属于(B)。

A. 玻璃液位计　　B. 浮力液位计　　C. 差压液位计　　D. 电式液位计

30. 蒸汽再沸器在投用时，为了防止出现“水锤”，(A)进行预热。

A. 略微开启进口阀门　　B. 开足进口阀门

C. 略微开启排凝阀门　　D. 开足排凝阀门

31. 在开车过程中，蒸汽再沸器在投用时，引物料的速度(D)比较好。

A. 越快越好　　B. 先快后慢　　C. 越慢越好　　D. 先慢后快

32. 反应炉点火失败后常用(B)进行吹扫，是为了防止反应炉点火时发生爆炸。

A. 动力风　　B. 氮气　　C. 净化风　　D. 鼓风机空气

33. 瓦斯进炉前需做含氧量分析，含氧量(A)为合格。

A. ≤1.0%　　B. ≤0.3%　　C. ≤0.5%　　D. ≤0.1%

34. 加热炉火嘴点不着的原因是(A)。

A. 火嘴堵塞　　B. 炉膛抽力太小

C. 瓦斯含量低于90%　　D. 瓦斯压力低

35. 酸性气主要成分是(C)。

A. 硫化氢、氨　　B. 硫化氢、二氧化硫

C. 硫化氢、二氧化碳　　D. 硫化氢、烃

36. 氨在空气中最高允许浓度为(C)mg/m^3。

A. 10　　B. 20　　C. 30　　D. 50

37. 以下哪项不属于SCOT系统补氨可以采用的方式(A)。

A. 氨槽车　　B. 酸性水的液氨　　C. 氨水　　D. 氨瓶

38. 蒸汽发生器投用前，应先进行(D)工作。

A. 锅炉化学清洗　　B. 加水置换空气

C. 炉子点火升温　　D. 吹扫气密

39. 蒸汽发生器按压力属于(A)设备，从其作用原理上说则属于(A)设备。

A. 低压，换热　　B. 中压，换热　　C. 低压，容器　　D. 中压，容器

40. 凝结水的来源不正确的是(D)。

A. 系统伴热　　B. 管网凝结水

C. 酸性水汽提装置　　D. 机泵设备

41. 开工氮气置换空气的一般安全标准是含氧量不大于(D)(体积分数)。

A. 5%　　B. 2%　　C. 1%　　D. 0.5%

42. 电打火器点火时应(A)。

A. 先点燃火花塞，再开瓦斯阀

B. 先点燃火花塞，再开进风阀

C. 先开瓦斯阀，再点燃火花塞

D. 先开好进风阀和开瓦斯阀点，再点燃火花塞

43. 电打火器点火失败后，应(D)。

A. 立即重新点火　　B. 加大风量吹扫 5min

C. 加大风量吹扫 10min　　D. 加大风量吹扫 15min 以上

44. 硫磺酸性气原料来自上游(A)装置。

A. 溶剂再生、酸性水汽提　　B. 酸性水汽提、加氢裂化

C. 酸性水汽提、气体分馏　　D. 催化裂化、加氢裂化

45. 酸性气汽提的酸性气原料中(B)对硫磺回收生产影响较大。

A. 二氧化碳　　B. 氨　　C. 胺　　D. 烃

46. 硫磺回收装置的作用是(B)。

A. 降低产品消耗　　B. 清洁生产

C. 提高经济效益　　D. 无法比较

47. 酸性气燃烧炉的进炉空气用 1.0MPa 蒸汽加热的目的是(B)。

A. 降低炉子压力　　B. 提高燃烧炉炉膛温度

C. 加快反应速度　　D. 减少管道中的液相

48. 酸性气进炉带液的原因，以下不正确的是(D)。

A. 分液罐液面指示不准造成　　B. 上游溶剂再生装置操作波动造成

C. 酸性气伴热未开引起　　D. 外装置酸性水窜入分液罐引起

49. 急冷水温度高的原因，以下不正确的是(C)。

A. 急冷水量大　　B. 急冷水冷却器冷却效果差

C. 急冷水过滤效果差　　D. 循环水量小

50. 硫磺装置需要进行排污的场合，不正确的是(D)。

A. 刚开工　　B. 停工时

C. 原料发生变化时　　D. 每班都需要

51. 硫磺装置最常用的伴热方式是(D)。

A. 内伴热管伴热　　B. 外伴热管伴热

C. 电伴热　　D. 夹套伴热

52. 控制阀改副线应该先开(C)阀门，然后一边逐渐关小控制阀手阀，一边逐步开大副线阀门直至关闭控制阀前后手阀。

A. 制阀前手阀　　B. 制阀后手阀　　C. 副线　　D. 控制阀

53. 交接班“五不接”的内容中，工具用具不全不接，要求外操在班前预检时必须对扳手、可燃气体报警仪、测温仪、测振仪、对讲机、(C)等工具用具进行逐项检查核对。

A. 交接班本　　B. 桌椅　　C. 防毒面具　　D. 记录纸

54. 现场玻璃板液面与仪表显示液位一致是因为仪表液位与现场液位(B)。

A. 手阀位置相同　　B. 同一根引出管

C. 材质相同　　D. 介质密度相同

55. 现场玻璃板液面引出管低于仪表液位引出管，仪表液位(B)现场液位。

A. 高于　　B. 低于　　C. 等高　　D. 不能确定

56. 控制阀在投用、在打开上下游手阀前，最好先用调节器遥控调节阀的(A)，使它等于某一中间数值或已有的经验数值，这样可以防止流量剧烈波动。

A. 气压　　B. 水压　　C. 电压　　D. 电流

57. 以下哪项不是控制阀信号输出无反应的原因(D)。

A. 风压不足　　B. 控制阀卡

C. 阀门定位器坏　　D. 控制阀作用形式选错

58. 调节阀是通过改变(A)来改变阀的阻力系数，达到调节流量的目的。

A. 阀芯行程　　B. 信号压力的大小

C. 电信号的大小　　D. 以上全部

59. 调节阀在输送黏性很大的介质时，可能造成阀(D)。

A. 可调比变小　　B. 无信号

C. 单方向动作时迟钝　　D. 往复动作时迟钝

60. 风开阀仪表风接口一般在阀盖(A)。

A. 上　　B. 下　　C. 左　　D. 右

61. 硫磺装置常设有反吹风的位置是(D)。

A. 酸性气燃烧炉风机出口压力表　　B. 酸性气管道上的压力表

C. 尾气吸收定塔顶压力表　　D. 一级冷却器出口压力表

62. 急冷塔酸性水呈酸性的主要成分是(A)。

A. H_2S　　B. NH_3　　C. CO_2　　D. CO

63. 利用电阻体发热来补充工艺管道的散热损失的伴热方式，这种伴热方式称为(B)伴热。

A. 夹套　　B. 电　　C. 内伴热管　　D. 外伴热管

64. 当你在瓦斯分液罐脱液结束后，发现脱液放空阀关不死，一般可以(D)处理。

A. 马上通知维修部门修理　　B. 马上通知班长处理

C. 用水皮带保护

D. 多开关几次，冲掉垃圾，若仍不行，需用蒸汽保护，通知维修部门

65. 瓦斯分液罐脱液时，操作工应站在(A)。

A. 上风口　　B. 下风口　　C. 无所谓　　D. 脱水阀门上

66. 液硫脱气的目的以下哪项不正确(A)。

A. 去除 NH_3　　B. 去除 H_2S　　C. 去除 H_2O　　D. 去除 SO_2

67. 以下哪项不属于锅炉水垢的去除方法(D)。

A. 酸洗法　　B. EDTA 除垢法　　C. 碱煮法　　D. 催化树脂除垢法

68. 新鲜 MDEA 溶剂加入溶剂配制罐，加水稀释后，溶剂浓度为(B)。

A. 15%　　B. 30%　　C. 45%　　D. 50%

69. 以下不是溶剂再生塔压力高的原因是(D)。

A. 塔底蒸汽大　　B. 酸性气回路不畅

C. 冷回流小　　D. 塔进料突然变大

70. 急冷水过滤器压降大，更换滤芯时可用(C)清洗。

A. 除氧水　　B. 除盐水　　C. 新鲜水　　D. 循环水

71. 下列属于塔的安全附件的是(C)。

A. 爬梯　　B. 塔板　　C. 人孔　　D. 吊耳

72. 酸性气体中硫化氢的含量在15%~50%之间时，硫磺回收装置会采用(B)工艺。
A. 部分燃烧法　B. 分流法　C. 直接氧化法　D. SCOT法

73. 在装置生产时，不得随地排放废液，同时要做好(B)工作。
A. 清污分馏　B. 清污分离　C. 清洁分离　D. 清洁分馏

74. 一般来说，硫磺回收装置排放的废水环保要求为污水含油不大于(B)mg/L。
A. 10　B. 50　C. 200　D. 250

75. 硫磺回收装置各设备排放的废水经脱水包脱出后，进入装置内的(D)管道，最终进入污水处理厂处理。
A. 雨水　B. 生活用水
C. 雨水和含油污水　D. 含油污水

76. 吹扫酸性气管道的时间要连续(C)h以上。
A. 2　B. 4　C. 8　D. 24

77. 蒸汽发生器停用后，应停止向管网送汽，汽包蒸汽(C)。
A. 备用　B. 保持压力　C. 排空　D. 增加压力

78. 蒸汽发生器停用彻底后，应(A)汽包存水。
A. 放净　B. 加满　C. 维持　D. 加一半

79. 酸性气燃烧炉到(D)℃，可以熄火闷炉。
A. 1000　B. 800　C. 600　D. 500

80. 酸性气燃烧炉与尾气焚烧炉停炉的顺序正确的是(A)。
A. 酸性气燃烧炉先停　B. 尾气焚烧炉先停
C. 需要同时停　D. 没有先后顺序

81. (A)需要停用蒸汽抽空器。
A. 引入克劳斯尾气后　B. 尾气处理部分开始停工时
C. 克劳斯部分开工后　D. 加氢催化剂硫化前

82. 正常生产时，尾气处理蒸汽抽空器处于(D)。
A. 连续使用　B. 间歇使用　C. 偶尔使用　D. 停用

83. 下列关于低压系统吹扫的说法不正确的是（ A ）。
A. 管线的吹扫原则是要顺流程走向，先副线，后主线，顺管线向下或水平吹扫，避免向上吹扫
B. 先对各塔、容器吹扫，再向外吹附属设备及管线
C. 从外往塔、容器内吹扫，则必须先对入塔、容器管线吹扫干净，并在入塔、容器处拆开法兰排污，吹扫干净后再将法兰复位
D. 吹扫流程中的调节阀、孔板及流量计等元件应拆除

84. 一般情况，硫磺瓦斯管道吹扫气密是使用(A)。
A. 蒸汽　B. 氮气　C. 新鲜水　D. 动力风

85. 停冷却器顺序应该是(A)。
A. 先停热流再停冷流　B. 先停冷流再停热流
C. 热流和冷流一起停　D. 随便先停哪个

86. 停冷却器吹扫时，冷却器(C)是“死角”，需要反复憋压吹扫。

A. 冷却器管束　　B. 冷却器副线
C. 出口至回流罐管线　　D. 塔至进口管线

87. 停重沸器时要注意(B)。
A. 可以快速停冷热源
B. 先停热源再停冷源，而且速度要缓慢
C. 热源快停，冷源慢停　　D. 随便先停哪个

88. 防腐涂层一般最高工作温度在(C)℃左右。
A. 50　　B. 100　　C. 180　　D. 300

89. 过高的温度会引起防腐涂层(A)。
A. 脱落　　B. 鼓泡　　C. 反应　　D. 分解

90. 停酸性气原料时，操作人员应采取最合适的措施是(B)。
A. 开大风机吹扫　　B. 改瓦斯完全燃烧
C. 立即停工　　D. 用氮气吹扫

91. 停工“三交四落实”实质是为了充分发挥(B)。
A. 班长　　B. 群众　　C. 党员　　D. 外操

92. 停工“三交四落实”中“三交”是指交形势、交任务、交(A)。
A. 措施　　B. 进程　　C. 工具　　D. 方案

93. 装置停车检修期间，边界管架上有其他正在运行装置的液化气管线，此时边界管架上用火必须使用(A)级用火单。
A. 一　　B. 二　　C. 三　　D. 特

94. 装置停车检修期间，装置内用火使用(B)级用火单。
A. 一　　B. 二　　C. 三　　D. 特

95. 停工“五净”内容是塔净、(反应器)容器净、管线净、地面地沟净、(B)净。
A. 下水道　　B. 死角　　C. 边角　　D. 管架

96. 停工“五净”要求主要是为了从(C)方面考虑。
A. 下周期开车安全　　B. 设备使用年限
C. 停车与检修安全　　D. 装置美观

97. (A)可在容器或者管道压力突然升高尚未引起爆炸前先行破裂，排出设备或者管道内高压介质，从而防止设备或者管道破裂的一种安全泄压装置。
A. 爆破片　　B. 安全阀　　C. 呼吸阀　　D. 减压阀

98. 蝶阀 D371 是(D)式的蝶阀。
A. 螺纹　　B. 法兰　　C. 单夹　　D. 对夹

99. 截止阀的闸板由(A)带动，沿阀座中心线做升降运动。
A. 阀杆　　B. 阀瓣　　C. 阀芯　　D. 阀心

100. 截止阀的阀瓣为(B)。
A. 圆锥形　　B. 盘形　　C. 圆形　　D. 方形

101. 截止阀是(B)阀门。
A. 向上闭合式　　B. 向下闭合式　　C. 升降式　　D. 旋启式

102. 带有传动装置的截止阀应(C)管路上。

A. 斜立安装在垂直　　B. 斜立安装在水平
C. 直立安装在水平　　D. 直立安装在垂直

103. 炼油生产中需要阀门在大流量时调节灵敏，则选用的气动阀是(B)。
A. 直线型　　B. 等百分比型　　C. 快开型　　D. 隔膜型

104. 离心泵在启动之前需要(C)，避免空运转。
A. 切泵　　B. 加润滑油　　C. 灌泵　　D. 盘车

105. 离心泵在没有灌泵的情况下启动可能造成(B)。
A. 流量过大　　B. 启动后不出液体
C. 轴承过热　　D. 密封泄漏

106. 离心泵轴承根据载荷方向分为(A)。
A. 径向和推动　　B. 滚动和推动　　C. 径向和滚动　　D. 滚动和滑动

107. 泵的入口管道设置有(D)是为了在机泵检修时，可以把泵体内物料排放干净。
A. 阀门　　B. 过滤器　　C. 排气阀门　　D. 排液阀门

108. 离心泵在切换使用时应(A)。
A. 先开备用泵、后停在用泵　　B. 先停在用泵 、再开备用泵
C. 一边开备用泵一边停在用泵　　D. 无所谓次序问题

109. 玻璃板液面计是依据(A)原理工作的。
A. 连通器　　B. 压力传递　　C. 流体压差　　D. 流体能量方程

110. 按国家规定的卫生标准，硫化氢在空气中最高允许浓度是(B)mg/m^3。
A. 1　　B. 10　　C. 20　　D. 50

111. 可燃气体报警仪预报警值是(B)。
A. 10%　　B. 20%　　C. 30%　　D. 40%

112. 可燃气体报警仪一旦报警，操作人员采取的措施不正确的是(D)。
A. 查看位号
B. 立即到位置点检查是否有可燃气体泄漏
C. 确定是气体泄漏还是报警仪故障
D. 不需处理

113. 蒸汽疏水器是利用(D)工作原理进行工作的。
A. 温度差　　B. 体积差　　C. 速度差　　D. 密度差

114. 安全阀投用在(C)中是不可以投用的。
A. 停车操作　　B. 正常生产　　C. 气密捉漏　　D. 事故处理

115. 一般情况下，设备上如果安装两个安全阀，使用时应(C)。
A. 常关　　B. 常开　　C. 开一备一　　D. 全开

116. 正常投用以后的安全阀前的截止阀开度为(D)，并进行铅封。
A. 全关　　B. 1/3　　C. 1/2　　D. 全开

117. 安全阀的入口压力达到了安全阀的(B)时，安全阀将启跳。
A. 泄放压力　　B. 开启压力　　C. 回座压力　　D. 背压

118. 一般工业用测量仪表精度等级有(A)。
A. 2. 5　　B. 3. 5　　C. 4. 5　　D. 5. 5

119. 下列关于压力表更换的说法不正确的是(B)。
A. 更换压力表时应与系统物料切断
B. 选压力表应选测量范围在 1/3 量程以内的压力表
C. 压力表应安装在操作人员易于观察的部位
D. 应根据被测介质的性质来选择压力表

120. 某冷却器的型号为 BES700-1.6-125-6/25-2，其中 125 指(C)。
A. 公称长度 B. 管程设计压力 C. 换热面积 D. 公称直径

121. 硫磺尾气处理冷却器使用的冷却水为(C)
A. 新鲜水 B. 除盐水 C. 循环水 D. 除氧水

122. 冷却器引物料时，应(C)。
A. 先引少量物料 B. 物料和水同时给
C. 先少量给水 D. 无所谓先后

123. 下列关于换热器投用前的准备工作错误的是(D)。
A. 换热器已吹扫干净 B. 换热器已进行过试压
C. 换热器安装已经验收 D. 换热器导凝已打开

124. 下列关于换热器的操作正确的是(A)。
A. 投用时先进冷态，后进热态
B. 投用时先进热态，后进冷态
C. 换热器不用时，需将换热器进出口手阀全关
D. 换热器不用时，需将换热器进出口手阀全开

125. 对焊法兰常用于(A)场合。
A. 高压大管道 B. 高压小管道 C. 低压大管道 D. 低压小管道

126. 以下不属于诱导通风型空气冷却器的特点的是(C)。
A. 噪音小 B. 可利用下部空间
C. 易产生湍流，对传热有利 D. 操作费用相对强制通风高

127. 空气冷却器的换热管安装翅片可以(B)换热管两侧的传热效果。
A. 降低 B. 提高 C. 没有影响 D. 无法确定

128. 空气冷却器的风机按照通风方式可分为(B)通风和诱导通风。
A. 强加 B. 强制 C. 机械 D. 自然

129. 离心式通风机的特点是介质沿着轴向进入，在叶轮后沿着(D)流动。
A. 纵向 B. 横向 C. 轴向 D. 径向

130. Z41Y 型号的闸阀“Y”代表(A)。
A. 阀座材质为硬质合金 B. 阀座材质为合金钢
C. 阀体材质为合金钢 D. 阀体材质为硬质合金

131. 旋启式止回阀阀瓣的形状一般是(B)。
A. 椭圆状 B. 圆盘状 C. 正方形 D. 蝶状

132. (B)用于防止管道内的流体逆向流动。
A. 节流阀 B. 止回阀 C. 安全阀 D. 减压阀

133. (B)是一种安装于管端或靠近管端的管道中，阻止火焰以垂直传播和扩散，能有

效地保证气体管道及气体使作点的安全运行。

A. 安全阀　　B. 阻火器　　C. 爆破片　　D. 以上都不是

134. 快速切断阀的手动切自动前，先观察是否有足够气源，要求风压不小于(D)MPa。若无风，则打开进口针形阀。

A. 0.02　　B. 0.04　　C. 0.2　　D. 0.4

135. 快速切断阀改手动时候，应有(C)现象。

A. 阀自动全开　　B. 阀自动全关

C. 发出气缸泄压声音　　D. 阀体剧烈抖动

136. 孔板流量计属于(B)流量计。

A. 速度式　　B. 差压式　　C. 容积式　　D. 质量式

137. 高温计是指测量(C)℃以上的测温仪表。

A. 400　　B. 500　　C. 600　　D. 700

138. 板式塔塔盘的种类中泡罩塔，筛板塔，浮阀塔，穿流栅孔板塔，塔塔板效率最高的是(C)。

A. 泡罩塔　　B. 筛板塔　　C. 浮阀塔　　D. 穿流栅孔板塔

139. 离心式压缩机常应用在(A)的场合。

A. 低压大流量　　B. 低压小流量　　C. 高压大流量　　D. 高压小流量

140. 以下不属于回转式压缩机的是(D)。

A. 螺杆式　　B. 滑片式　　C. 液环式　　D. 混流式

141. 对蒸汽管疏水，一般都是在管道(C)接疏水阀。

A. 顶部　　B. 中部　　C. 底部　　D. 任意部位

142. 以下不是设备和管道进行保温的作用的是(D)。

A. 减少热量和冷量损失　　B. 防止设备表面结露

C. 降低工作环境温度　　D. 防止设备表面腐蚀

143. 当管道 *DN* 小于(A)时管道保温或防烫都采用保温绳或扎带。

A. 20　　B. 50　　C. 80　　D. 100

144. 选用压力表时，压力表量程一般为所属压力容器最高工作压力的倍数是(B)。

A. 1 倍　　B. 1.5~3 倍

C. 3 倍以上　　D. 只要大于容器的最高工作压力就行

145. 由于氨对(B)有腐蚀作用，所以对氨介质不能采用一般压力表。

A. 铁　　B. 铜　　C. 铝　　D. 铅

146. 离心泵的叶轮效率较高的是(A)。

A. 闭式　　B. 开式　　C. 半开式　　D. 都一样

147. 设备在开工升温后进行热紧的作用是(A)。

A. 防止泄漏　　B. 消除热应力

C. 原本没有拧紧，现在才拧紧　　D. 没有作用

148. 离心泵润滑油“五定”中定量为油杯液位的(C)。

A. >1/2　　B. >2/3　　C. 1/2~2/3　　D. >3/4

149. 润滑油的 3 级过滤都必须经过(A)来过滤的。

A. 滤网　　B. 漏斗　　C. 过滤机　　D. 过滤器

150. 润滑油“三级过滤”中第二级过滤是指(B)。

A. 从领油桶到岗位储油桶　　B. 岗位储油桶到油壶

C. 油壶到加油点　　D. 油壶到漏斗

151. 按照润滑剂在润滑表面之间的不同情况，润滑可分为(B)种。

A. 1　　B. 2　　C. 3　　D. 4

152. 一般离心泵使用液压润滑油牌号为(B)。

A. L-HL32　　B. L-HL46　　C. L-HL68　　D. L-HL150

153. 抗震压力表在表盘内灌有(A)，可以对压力表指针起到减震作用，延长压力表寿命。

A. 封油　　B. 水　　C. 氮气　　D. 氢气

154. 在日常检查中，安全阀上铅封应该有(A)个。

A. 2　　B. 3　　C. 4　　D. 5

155. 以下不属于“三不动火”的内容的是(B)。

A. 没有经批准的火票不动火　　B. 没有经过风险识别不动火

C. 防火措施不落实不动火　　D. 防火监护人不在场不动火

156. 对动火人不执行(A)又不听劝阻的，监火人有权收回用火票。

A. 三不动火　　B. 四不动火　　C. 五不动火　　D. 六不动火

157. 进入设备容器作业时，设备内含氧量应达(C)以上。

A. 15%　　B. 18%　　C. 20%　　D. 21.5%

158. 进入设备容器作业时，需分析设备内含氧量，其分析频次为每(B)h 一次。

A. 2　　B. 4　　C. 8　　D. 24

159. 机泵冷却水是为了保护(B)。

A. 填料密封　　B. 机械密封　　C. 静密封　　D. 动密封

160. 机械密封冷却的(C)是将低压的冷却水直接与摩擦副内径接触的一种冷却方法。

A. 间冷法　　B. 冲洗法　　C. 急冷法　　D. 循环冷却法

161. 泵的密封分(B)和动密封。

A. 填料密封　　B. 静密封　　C. 机械密封　　D. 软填料密封

162. 一般水泵采用较多的密封方式是(A)。

A. 填料密封　　B. 机械密封　　C. AB 混合　　D. 不用密封

163. 机械密封结构中动静环材质硬度要求(B)。

A. 硬对硬　　B. 硬对软　　C. 软对硬　　D. 软对软

164. 设备技术状况是指设备的技术性能、负荷能力、传动机构、(C)和运行状况等方面的实际情况。

A. 控制步骤　　B. 控制手段　　C. 控制系统　　D. 控制方法

165. 引起泵的振动原因的是(D)。

A. 介质黏度大　　B. 介质压力大　　C. 介质温度高　　D. 介质流量不稳

166. 机泵轴承振动值每分钟 3000 转应不大于(B)mm。

A. 0.05　　B. 0.06　　C. 0.07　　D. 0.08

167. 安全阀可起泄压作用，当压力容器超过正常工作压力时，它即自动起跳，将容器内的介质排出一部分，直至容器内压力下降到正常工作压力时，它又自动关闭，以达到保护容器不致超压而发生爆炸事故，此外，安全阀(B)时的气流声也起到自动报警作用。

A. 进气　B. 排气　C. 关闭　D. 损坏

168. 安全阀(B)校验一次。

A. 半年　B. 1 年　C. 2 年　D. 装置运行周期

169. 瓦斯带水的工艺现象没有(B)。

A. 炉膛火焰发红　B. 炉膛压力上升

C. 炉膛出口温度急剧下降　D. 如带水过多火焰熄灭

170. 下面不是燃料气停的现象是(D)。

A. 瓦斯压力下降　B. 瓦斯流量下降

C. 炉子各部分温度下降　D. 燃料气控制阀全开

171. 以下不是急冷塔底液面低的原因的是(C)。

A. 急冷水循环量太大　B. 过程气量太大

C. 加氢反应过于剧烈　D. 除盐水补水阀门开度太小

172.(C)是仪表风停的现象。

A. 控制阀可以控制　B. 风关阀全关

C. 风开阀全关　D. 风开阀全开

173. 循环水停的工艺现象中以下正确的是(B)。

A. 循环水温度下降　B. 各塔顶系统温度升高

C. 各机泵轴承温度下降、停机　D. 循环水流量上升

174. 安全阀泄漏，则安全阀温度(A)。

A. 升高　B. 不变　C. 降低　D. 无影响

175. 泵抽空时出口压力变化正确的是(B)。

A. 上升　B. 下降　C. 出口压力为 0　D. 压力不变化

176. 正常生产时，判断瓦斯分液罐界面液面计上引出管是否堵塞，可以先关闭下引出阀门，再打开上引出阀门与放空阀门。看是否有(A)出来，若没有，则说明堵塞。

A. 气相　B. 水　C. 空气　D. 氮气

177. 以下不属于“三违”的是(B)。

A. 违章作业　B. 违章操作　C. 违反劳动纪律　D. 违章指挥

178. 发生重大火灾、爆炸事故时，应成立以(B)为首，组成现场指挥部，统一指挥处理。

A. 车间领导　B. 企业领导　C. 地方领导　D. 国家领导

179. 一次事故造成重伤(C)人及以上属于重大事故。

A. 3　B. 5　C. 10　D. 15

180. 硫磺的自燃点为(D)℃。

A. 123　B. 207　C. 220　D. 248

181. 若发生液氨泄漏，首先应做的工作是(B)。

A. 切断泄漏源的相关阀门　B. 配戴好防护用品

C. 组织人员疏散　D. 停工附近的施工

182. 氨的分子式为(D)。

A. CO　B. CO_2　C. NH_4　D. NH_3

183. 如果在一定的范围内有毒气体浓度大于(C)，滤毒罐是不可以使用的。

A. 4%　B. 3%　C. 2%　D. 1%

184. 机泵由于抽空泵体发热，此时可以(B)处理。

A. 多加润滑油　B. 停泵再开

C. 停泵，用水浇淋冷却　D. 开大出口阀

185. 机泵发生半抽空，此时可以(D)处理。

A. 多加润滑油　B. 多开停几次

C. 停泵，用水浇淋冷却　D. 缓慢关小出口阀

186. 硫磺装置 1.0MPa 蒸汽停，可能对装置(C)部分正常生产造成影响。

A. 克劳斯　B. 尾气处理　C. 溶剂再生　D. 硫磺成型

187. 单人心肺复苏，按压胸口与口对口呼吸的比例是(C)。

A. 1∶1　B. 2∶1　C. 5∶1　D. 15∶2

188. 对由于防爆、防氧化不能采取通风换气措施或不易通风换气的场所，作业人员必须佩戴(A)。

A. 空气呼吸器　B. 防毒面具　C. 过滤式面具　D. 防尘口罩

189. 滤毒罐使用前用手捂住滤毒罐底的空气入口，然后吸气检查(D)。

A. 是否有气味　B. 是否呼吸畅通　C. 有效期　D. 系统的气密性

190. 干粉灭火剂适用于扑救可燃液体，可燃(B)，以及带电设备的火灾。

A. 固体　B. 气体　C. 化学品　D. 金属

191. 干粉灭火机灭火时靠加压的(D)将干粉从喷嘴射出，形成雾状粉流，射向燃烧物。

A. 氧气　B. 氦气　C. 空气　D. 二氧化碳

192. 手提式干粉灭火器喷射距离短，操作人员应尽量靠近(C)，并迅速摇摆喷嘴左右横扫，不让火焰窜回。

A. 灭火器　B. 火焰　C. 火源　D. 操作

193. 灭火的方法有(B)法、隔离法、窒息法、中断化学反应法。

A. 蒸汽　B. 冷却　C. 水雾　D. 埋土

194. 蒸汽灭火时站立位置正确的操作是(B)。

A. 下风向　B. 上风向　C. 火源中心　D. 四周走动

195. 下面(D)不是导致法兰部位漏油的常见因素。

A. 垫片使用时间过长　B. 材质缺陷

C. 骤热产生的热效应张开　D. 保温不好

196. 事故处理的原则是(B)。

A. 三不放过　B. 四不放过　C. 五不放过　D. 全不放过

197. 事故责任者和(C)没有受到教育不放过。

A. 领导　B. 员工　C. 群众　D. 工艺员

198. 关于人身中毒急救方法的说法中，错误的是(C)。

A. 把中毒者抬至空气清新处　　B. 做人工呼吸

C. 用奶、水和弱碱稀释灌肠　　D. 立即请医生治疗

199. 火灾报警电话号码是(B)。

A. 114　　B. 119　　C. 120　　D. 911

200. 装置内发生氨泄漏后操作人员应(A)进行操作处理。

A. 在上风头　　B. 在下风头

C. 脱去污染衣物　　D. 用流动水冲洗

201. 在工艺及自控流程图中“L”表示(D)。

A. 温度　　B. 压力　　C. 流量　　D. 液面

202. 在工艺及自控流程图中“A”表示(C)。

A. 指示　　B. 记录　　C. 报警　　D. 调节

203. 换热器示意图正确的是(D)。

A. 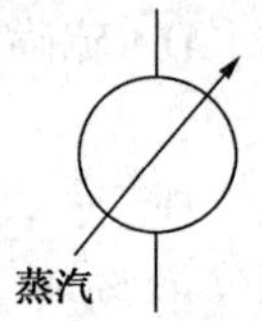

B. 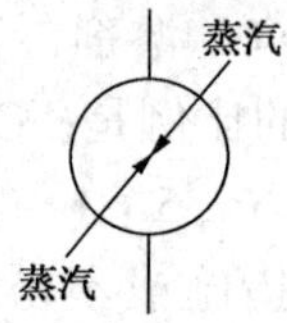

C. 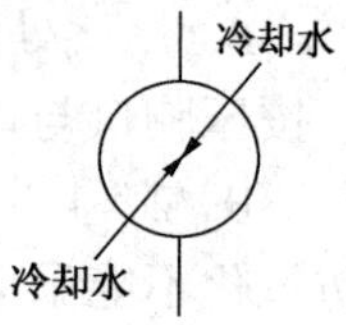

D. 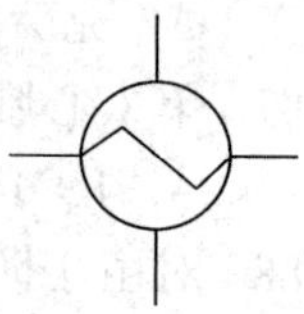

204. 冷却器示意图正确的是(B)

A. 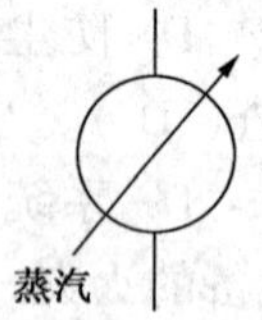

B. 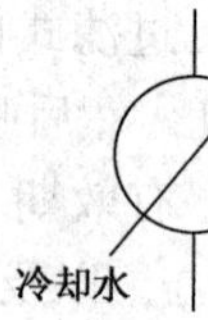

C. 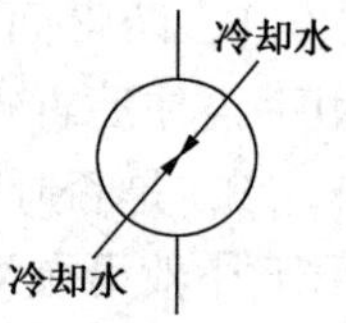

D. 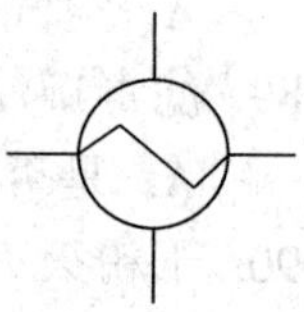

205. 含氨介质管道的颜色为(C)。

A. 黑色　　B. 深绿　　C. 中黄　　D. 海蓝

206. 不属于常用绘图工具的(D)。

A. HB 铅笔　　B. 圆规　　C. 直尺　　D. 圆珠笔

207. kg/m^3 与 g/L 单位换算系数是(A)。

A. 1　　B. 10　　C. 100　　D. 500

208. kg 与 g 单位换算系数是(D)。

A. 10　　B. 100　　C. 500　　D. 1000

209. 下列质量单位不属于国际标准的是(C)。

A. kg　　B. g　　C. 斤　　D. mg

210. 下列长度单位不属于国际标准的是(A)。

A. 尺　　B. m　　C. mm　　D. μm

211. 0. 3MPa 相当于(C)mmHg。

A. 760　　B. 1520　　C. 2280　　D. 3000

212. 圆柱体体积公式正确的是(B)。(R—圆半径，D—圆直径，h—圆柱高)

A. $0.5\pi R^2 h$　　B. $\pi R^2 h$　　C. $0.5\pi D^2 h$　　D. $\pi D^2 h$

213. 圆锥体体积公式正确的是(C)。(R—圆半径，D—圆直径，h—圆柱高)

A. $1/6\pi R^2 h$　　B. $\pi R^2 h$　　C. $1/12\pi D^2 h$　　D. $1/2\pi D^2 h$

四、技能操作鉴定要素细目表

鉴定范围						鉴定点	
一级		二级		三级		代码	名称
代码	名称	代码	名称	代码	名称		
A	技能要求	A	工艺操作	A	开车准备	001	根据指令对简单开车流程改通
						002	装置引循环水操作
						003	装置引蒸汽操作
						004	消防水炮使用
				B	开车操作	001	酸性气脱液操作
						002	硫封建立检查操作
						003	现场玻璃板液面计投用校对
						004	引酸性气操作
						005	引氢气操作
						006	自产蒸汽并入管网操作
						007	凝结水并入管网操作
						008	引瓦斯操作
				C	正常操作	001	酸性气采样操作
						002	管线伴热检查
						003	急冷塔注氨操作步骤
						004	控制阀改副线操作
						005	硫磺排污操作
						006	日常巡检
				D	停车操作	001	酸性气管线吹扫操作
						002	硫磺成型机停车操作
						003	离心泵停运操作
						004	停用蒸汽抽空器操作
		B	设备使用与维护	A	使用设备	001	离心泵开车操作
						002	离心泵切换操作
						003	液位计投用操作
						004	带手轮的快速切断阀手、自动切换操作
						005	安全阀投用操作
				B	维护设备	001	机泵加润滑油、脂操作
						002	润滑油、润滑脂更换操作
						003	压力表更换操作
						004	泵防冻防凝操作

续表

鉴定范围						鉴定点	
一级		二级		三级		代码	名称
代码	名称	代码	名称	代码	名称		
		C	事故判断与处理	A	判断事故	001	机泵电机温度高判断
						002	现场机泵(法兰)等泄漏判断
						003	瓦斯带油判断
						004	急冷塔底液面低分析
				B	处理事故	001	瓦斯带液处理
						002	酸性气带液处理
						003	心肺复苏操作
						004	正压式空气呼吸器使用
						005	过滤式防毒面具使用
						006	停循环水处理
						007	消防火警报警演习
						008	硫化氢中毒事故处理
		D	绘图与计算	A	绘图	001	克劳斯系统原则流程图绘制
						002	本岗位工艺流程图绘制

五、技能操作试题

试题1：根据指令对简单开车流程改通

（考核时间：20min）

序号	考核内容	考核要点	配分	评分标准	检测结果	扣分	得分	备注
1	准备工作	穿戴劳保用品	3	未穿戴整齐扣3分				
		工具、用具准备	2	工具选择不正确扣2分				
2	操作前提	改开车流程的目的	20	任务未明确扣10分				
		开车流程的确认		未确认管线是否有盲板每一处扣10分				
				未检查流程扣5分				
3	操作过程	操作步骤正确，顺序无误	20	未按先后次序扣10分				
				阀门开关顺序错者扣10分				
4	操作方法	工作联系及时到位	5	未及时联系扣5分				
		操作顺序正确无误	10	阀门每开错一个扣10分				
		放空阀的检查		未检查各处放空每漏一个扣5分				
		调节方法和操作质量	20	未注意观察系统压力、温度、液位、流量变化者扣10分				
				操作时引起质量波动扣10分				

续表

序号	考核内容	考核要点	配分	评分标准	检测结果	扣分	得分	备注
5	操作结果	流程确认	15	流程改好后未确认扣5分				
				误操作引起环境污染扣10分				
6	使用工具	正确使用工具	2	工具使用不正确扣2分				
		正确维护工具	3	工具乱摆乱放扣3分				
7	安全及其他	按国家法规或企业规定		违规一次总分扣5分；严重违规停止操作			—	
		在规定时间内完成操作		每超时1min总分扣5分，超时3min停止操作			—	
		合　计	100					

否定项说明：违章操作或发生事故须停止操作，成绩计零分。

试题2：装置引循环水操作

（考核时间：20min）

序号	考核内容	考核要点	配分	评分标准	检测结果	扣分	得分	备注
1	准备工作	穿戴劳保用品	3	未穿戴整齐扣3分				
		工具、用具准备	2	工具选择不正确扣2分				
2	操作前提	边界条件检查	20	边界压力表未检查扣5分				
				边界金属温度计未检查扣5分				
				边界盲板未检查扣5分				
				边界流量计未检查扣5分				
				边界阀门未确认扣5分				
3	操作过程	工作联系及时到位，操作步骤无遗漏	30	未及时联系扣10分				
				未检查流程扣10分				
				未按先后次序扣10分				
		操作注意事项符合操作规程，遵守安全规定	30	未检查各处放空每漏一个扣5分				
				开阀门速度过快造成影响扣10分				
				未分段冲洗循环水管线扣10分				
				投用后未校对流量、压力者扣10分				
4	操作结果	循环水投用后流程检查	10	循环水投用流程未检查扣5分				
				循环水投用后未气密检查扣5分				
5	使用工具	正确使用工具	2	工具使用不正确扣2分				
		正确维护工具	3	工具乱摆乱放扣3分				
6	安全及其他	按国家法规或企业规定		违规一次总分扣5分；严重违规停止操作			—	
		在规定时间内完成操作		每超时1min总分扣5分，超时3min停止操作			—	
		合　计	100					

试题 3：装置引蒸汽操作

（考核时间：20min）

序号	考核内容	考核要点	配分	评分标准	检测结果	扣分	得分	备注
1	准备工作	穿戴劳保用品	3	未穿戴整齐扣 3 分				
		工具、用具准备	2	工具选择不正确扣 2 分				
2	操作前提	蒸汽流程的检查	5	管线未检查扣 5 分				
		边界条件确认	15	边界压力表未检查扣 5 分				
				边界流量计未检查扣 5 分				
				边界阀门未确认扣 5 分				
3	操作过程	工作联系及时到位，操作步骤无遗漏	30	未及时联系扣 10 分				
				未检查凝结水是否放尽扣 10 分				
				未检查管线保温情况扣 5 分				
				蒸汽进装置未排凝就引汽扣 10 分				
				未按先后次序扣 10 分				
		操作注意事项符合操作规程，遵守安全规定	20	未检查各处放空每漏一个扣 5 分				
				开阀门速度过快造成影响扣 10 分				
				操作人员站位不对扣 5 分				
				漏项或操作不当扣 5 分				
				未对蒸汽管线试压扣 5 分				
		仪表设备的校对	10	投用后未校对流量、压力者扣 10 分				
4	操作结果	蒸汽管线投用后流程检查	10	蒸汽管线投用流程未检查扣 5 分				
				蒸汽管线投用后未气密检查扣 5 分				
5	使用工具	正确使用工具	2	工具使用不正确扣 2 分				
		正确维护工具	3	工具乱摆乱放扣 3 分				
6	安全及其他	按国家法规或企业规定		违规一次总分扣 5 分；严重违规停止操作			—	
		在规定时间内完成操作		每超时 1min 总分扣 5 分，超时 3min 停止操作			—	
		合　计	100					

试题 4：酸性气脱液操作

（考核时间：20min）

序号	考核内容	考核要点	配分	评分标准	检测结果	扣分	得分	备注
1	准备工作	穿戴劳保用品	3	未穿戴整齐扣 3 分				
		工具、用具准备	2	工具选择不正确扣 2 分				

续表

序号	考核内容	考核要点	配分	评分标准	检测结果	扣分	得分	备注
2	操作前提	脱液的目的清楚	5	脱液目的不清楚扣5分				
		脱液的指标范围	10	脱液的指标范围不清楚扣10分				
		操作前流程检查	10	未检查液位者扣5分				
				流程管线错者扣5分				
3	操作过程	工作联系及时	5	脱液时未按要求联系者扣5分				
		操作步骤正确，开关阀门先后顺序正确	30	未关连通阀者扣10分				
				关阀顺序错者扣10分				
				未关气相阀者扣10分				
				阀门开关未按要求者扣5分				
		操作时注意事项	10	未注意观察液位变化，造成后果者扣10分				
				未注意压液罐压力者扣5分				
4	操作结果	操作时注意安全，流程操作规范正确	20	脱液现场缺人扣5分				
				误操作造成环境污染者扣10分				
				脱液后未恢复流程扣10分				
5	使用工具	正确使用工具	2	工具使用不正确扣2分				
		正确维护工具	3	工具乱摆乱放扣3分				
6	安全及其他	按国家法规或企业规定		违规一次总分扣5分；严重违规停止操作			—	
		在规定时间内完成操作		每超时1min总分扣5分，超时3min停止操作			—	
		合　计	100					

否定项说明：违章操作或发生事故须停止操作，成绩计零分。

试题5：硫封建立检查操作

（考核时间：20min）

序号	考核内容	考核要点	配分	评分标准	检测结果	扣分	得分	备注
1	准备工作	穿戴劳保用品	3	未穿戴整齐扣3分				
		工具、用具准备	2	工具选择不正确扣2分				
2	操作前提	硫封的作用清楚	5	硫封作用不清楚扣5分				
		流程检查	10	流程管线错者扣5分				
				未检查液位者扣5分				
3	操作程序	工作联系及时	5	未按要求联系者扣5分				
		伴热情况检查	15	未对管线伴热情况者扣10分				
				伴热检查方法不正确扣5分				
		操作步骤正确，按操作法实施	30	阀门开关未按要求者扣10分				
				未站在上风向者扣10分				
				漏项或操作不当扣10分				

续表

序号	考核内容	考核要点	配分	评分标准	检测结果	扣分	得分	备注
		硫封检查判断正确	10	判断错误扣10分				
4	操作结果	操作后对现场的保养	15	现场有垃圾未清扫者扣5分				
				误操作造成环境污染者扣10分				
5	使用工具	正确使用工具	2	工具使用不正确扣2分				
		正确维护工具	3	工具乱摆乱放扣3分				
6	安全及其他	按国家法规或企业规定		违规一次总分扣5分；严重违规停止操作			—	
		在规定时间内完成操作		每超时1min总分扣5分，超时3min停止操作			—	
		合　计	100					

否定项说明：违章操作或发生事故须停止操作，成绩计零分。

试题6：引酸性气操作

（考核时间：20min）

序号	考核内容	考核要点	配分	评分标准	检测结果	扣分	得分	备注
1	准备工作	穿戴劳保用品	3	未穿戴整齐扣3分				
		工具、用具准备	2	工具选择不正确扣2分				
2	操作前提	边界条件确认	10	未检查盲板扣5分				
				未检查压力表扣5分				
		酸性气管线情况的检查	10	未检查放空扣5分				
				未检查伴热情况扣5分				
3	操作过程	工作及时联系	5	未及时联系扣5分				
		操作步骤正确	15	漏项或操作不当扣5分				
				未进行氮气置换扣5分				
				未按先后顺序扣10分				
		阀门操作情况	20	开错阀门扣10分				
				开阀门速度过快扣5分				
				阀门开度不当扣10分				
		操作遵守安全规定	10	未遵守安全规定扣10分				
4	操作结果	设备管线检查	5	未检查管线泄漏情况扣10分				
		生产操作情况	15	引酸性气造成上游装置较大操作波动扣10分				
				未检查压力扣5分				
5	使用工具	正确使用工具	2	工具使用不正确扣2分				
		正确维护工具	3	工具乱摆乱放扣3分				

续表

序号	考核内容	考核要点	配分	评分标准	检测结果	扣分	得分	备注
6	安全及其他	按国家法规或企业规定		违规一次总分扣5分；严重违规停止操作			—	
		在规定时间内完成操作		每超时1min总分扣5分，超时3min停止操作			—	
		合　计	100					

否定项说明：违章操作或发生事故须停止操作，成绩计零分。

试题7：引氢气操作

（考核时间：20min）

序号	考核内容	考核要点	配分	评分标准	检测结果	扣分	得分	备注
1	准备工作	穿戴劳保用品	3	未穿戴整齐扣3分				
		工具、用具准备	2	工具选择不正确扣2分				
2	操作前提	边界条件确认	10	未检查盲板扣5分				
				未检查压力表扣5分				
		氢气管线情况的检查	10	未检查放空扣5分				
				未检查管线情况扣5分				
3	操作过程	工作及时联系	5	未及时联系扣5分				
		操作步骤正确	15	漏项或操作不当扣5分				
				未进行氮气置换扣5分				
				未按先后顺序扣10分				
		阀门操作情况	20	开错阀门扣10分				
				开阀门速度过快扣5分				
				阀门开度不当扣10分				
		操作遵守安全规定	10	未遵守安全规定扣10分				
4	操作结果	设备管线检查	5	未检查管线泄漏情况扣5分				
		生产操作情况	15	引氢气造成较大操作波动扣10分				
				未检查压力扣5分				
5	使用工具	正确使用工具	2	工具使用不正确扣2分				
		正确维护工具	3	工具乱摆乱放扣3分				
6	安全及其他	按国家法规或企业规定		违规一次总分扣5分；严重违规停止操作			—	
		在规定时间内完成操作		每超时1min总分扣5分，超时3min停止操作			—	
		合　计	100					

否定项说明：违章操作或发生事故须停止操作，成绩计零分。

试题8：自产蒸汽并入管网操作

（考核时间：30min）

序号	考核内容	考核要点	配分	评分标准	检测结果	扣分	得分	备注
1	准备工作	穿戴劳保用品	3	未穿戴整齐扣3分				
		工具、用具准备	2	工具选择不正确扣2分				
2	操作前提	边界情况检查	10	未检查放空扣5分				
				未检查压力表扣5分				
		蒸汽管线情况的检查	10	未进行管线排凝扣10分				
				未检查蒸汽管线情况扣5分				
3	操作过程	工作联系及时到位	5	未及时与调度联系扣5分				
		并网前的检查	15	未检查并网前后管线情况扣5分				
				并网前未检查管网蒸汽压力扣10分				
		操作步骤正确，符合操作规程的要求	30	漏项或操作不当扣5分				
				未按先后顺序扣10分				
				开错阀门扣10分				
				开阀门速度过快扣10分				
				未先开放空阀扣10分				
		操作时注意事项	20	操作人员站位不对扣5分				
				并网时造成严重水击扣10分				
				引起生产较大波动扣10分				
4	使用工具	正确使用工具	2	工具使用不正确扣2分				
		正确维护工具	3	工具乱摆乱放扣3分				
5	安全及其他	按国家法规或企业规定		违规一次总分扣5分；严重违规停止操作			—	
		在规定时间内完成操作		每超时1min总分扣5分，超时3min停止操作			—	
		合　计	100					

否定项说明：违章操作或发生事故须停止操作，成绩计零分。

试题9：引瓦斯操作

（考核时间：20min）

序号	考核内容	考核要点	配分	评分标准	检测结果	扣分	得分	备注
1	准备工作	穿戴劳保用品	3	未穿戴整齐扣3分				
		工具、用具准备	2	工具选择不正确扣2分				
2	操作前提	边界条件确认	10	未检查盲板扣5分				
				未检查压力表扣5分				
		管线情况的检查	10	未检查放空扣5分				
				未检查伴热情况扣5分				

续表

序号	考核内容	考核要点	配分	评分标准	检测结果	扣分	得分	备注
3	操作过程	工作及时联系	5	未及时联系扣5分				
		操作步骤正确	20	漏项或操作不当扣5分				
				未进行赶氧操作扣5分				
				未按先后顺序扣10分				
		阀门操作情况	25	开错阀门扣10分				
				开阀门速度过快扣5分				
				阀门开度不当扣10分				
		操作遵守安全规定	10	未遵守安全规定扣10分				
4	操作结果	设备管线检查	5	未检查管线泄漏情况扣5分				
		生产操作情况	5	未检查压力扣5分				
5	使用工具	正确使用工具	2	工具使用不正确扣2分				
		正确维护工具	3	工具乱摆乱放扣3分				
6	安全及其他	按国家法规或企业规定		违规一次总分扣5分；严重违规停止操作			—	
		在规定时间内完成操作		每超时1min总分扣5分，超时3min停止操作			—	
		合　计	100					

否定项说明：违章操作或发生事故须停止操作，成绩计零分。

试题10：酸性气采样操作

（考核时间：15min）

序号	考核内容	考核要点	配分	评分标准	检测结果	扣分	得分	备注
1	准备工作	穿戴劳保用品	3	未穿戴整齐扣3分				
		工具、用具准备	2	工具选择不正确扣2分				
2	操作前提	采样器具的检查	5	采样器具未检查扣5分				
		采样管的检查	10	未检查采样管扣10分				
		采样阀的检查	5	采样阀状态未检查扣5分				
		中和液的使用情况	10	未检查余气中和液扣10分				
3	操作过程	采样前的置换情况	20	采样器具未置换扣10分				
				采样管线内酸性气未置换扣10分				
		操作步骤按顺序无遗漏，符合操作规程的要求	20	阀门开得过大扣10分				
				采样方法不正确扣10分				
				未站在上风向者扣10分				
4	操作结果	采样操作的影响	20	造成环境污染的扣10分				
		采样的结果		采样钢瓶内酸性气过少扣10分				

续表

序号	考核内容	考核要点	配分	评分标准	检测结果	扣分	得分	备注
5	使用工具	正确使用工具	2	工具使用不正确扣2分				
		正确维护工具	3	工具乱摆乱放扣3分				
6	安全及其他	按国家法规或企业规定		违规一次总分扣5分；严重违规停止操作			—	
		在规定时间内完成操作		每超时1min总分扣5分，超时3min停止操作			—	
		合　计	100					

试题11：管线伴热检查

（考核时间：20min）

序号	考核内容	考核要点	配分	评分标准	检测结果	扣分	得分	备注
1	准备工作	穿戴劳保用品	3	未穿戴整齐扣3分				
		工具、用具准备	2	工具选择不正确扣2分				
2	操作前提	硫磺管线伴热的基本知识	10	不知硫磺管线伴热扣10分				
		伴热流程的检查	10	未检查流程者扣10分				
3	操作过程	操作顺序正确	10	未按先后顺序进行扣10分				
		操作方法正确，检查伴热蒸汽的情况	35	未检查管线温度扣10分				
				未检查蒸汽压力者扣10分				
				未检查发汽点的情况扣5分				
				操作时站位不当扣5分				
				漏项或操作不当扣5分				
		判断方法正确，检查到位	20	未检查疏水器扣10分				
				判断不正确扣10分				
4	操作结果	检查结果的汇报	5	未汇报结果扣5分				
5	使用工具	正确使用工具	2	工具使用不正确扣2分				
		正确维护工具	3	工具乱摆乱放扣3分				
6	安全及其他	按国家法规或企业规定		违规一次总分扣5分；严重违规停止操作			—	
		在规定时间内完成操作		每超时1min总分扣5分，超时3min停止操作			—	
		合　计	100					

试题12：硫磺排污操作

（考核时间：20min）

序号	考核内容	考核要点	配分	评分标准	检测结果	扣分	得分	备注
1	准备工作	穿戴劳保用品	3	未穿戴整齐扣3分				
		工具、用具准备	2	工具选择不正确扣2分				

续表

序号	考核内容	考核要点	配分	评分标准	检测结果	扣分	得分	备注
2	操作前提	排污的作用清楚	10	排污作用不清楚扣10分				
		流程检查	5	流程管线错者扣5分				
		排污口冷却水的准备	5	未冷却水者扣5分				
3	操作程序	工作联系及时	5	未按要求联系者扣5分				
		伴热情况检查	10	未对管线伴热情况者扣10分				
				伴热检查方法不正确扣5分				
		操作步骤正确，按操作法实施	35	阀门开关未按要求者扣10分				
				未站在上风向者扣10分				
				阀门开度太大扣10分				
				漏项或操作不当扣10分				
4	操作结果	操作后对现场的保养	20	现场有垃圾未清扫者扣10分				
				误操作造成环境污染者扣10分				
5	使用工具	正确使用工具	2	工具使用不正确扣2分				
		正确维护工具	3	工具乱摆乱放扣3分				
6	安全及其他	按国家法规或企业规定		违规一次总分扣5分；严重违规停止操作			—	
		在规定时间内完成操作		每超时1min总分扣5分，超时3min停止操作			—	
		合　计	100					

否定项说明：违章操作或发生事故须停止操作，成绩计零分。

试题13：日常巡检

（考核时间：25min）

序号	考核内容	考核要点	配分	评分标准	检测结果	扣分	得分	备注
1	准备工作	穿戴劳保用品	3	未穿戴整齐扣3分				
		工具、用具准备	2	工具选择不正确扣2分				
2	巡检前的准备	巡检目的清楚	5	不清楚巡检目的扣5分				
		巡检时间在要求范围内	5	不清楚巡检时间扣5分				
				不清楚巡检频次扣5分				
3	巡检路线	巡检路线正确无误	5	巡检路线错扣5分				
				不清楚巡检路线扣5分				
		清楚巡检点位置并按时到巡检点位置	10	不清楚巡检点位置扣5分				
				未按时到巡检位置扣5分				
		巡检内容无一缺漏	10	巡检内容缺一扣5分				
4	巡检过程处理	巡检过程能够发现泄漏点等其他异常现象	15	发现泄漏点未挂牌扣5分				
				有异常现象未发现扣10分				

续表

序号	考核内容	考核要点	配分	评分标准	检测结果	扣分	得分	备注
		及时处理和记录巡检过程异常情况	15	发现异常未记录扣5分				
				发现异常未用对讲机联系扣5分				
				发现异常未处理扣5分				
5	现场的日常维护	设备维护保养符合规范	15	未检查设备状况扣10分				
				机泵盘车错误者扣5分				
				设备加润滑油错误扣5分				
				设备维护保养差扣5分				
		区域内卫生状况良好	10	现场脏乱差扣10分				
				发现现场有杂物未处理扣5分				
6	使用工具	正确使用工具	2	工具使用不正确扣2分				
		正确维护工具	3	工具乱摆乱放扣3分				
7	安全及其他	按国家法规或企业规定		违规一次总分扣5分；严重违规停止操作		—		
		在规定时间内完成操作		每超时1min总分扣5分，超时3min停止操作		—		
		合　　计	100					

试题14：酸性气管线吹扫操作

（考核时间：30min）

序号	考核内容	考核要点	配分	评分标准	检测结果	扣分	得分	备注
1	准备工作	穿戴劳保用品	3	未穿戴整齐扣3分				
		工具、用具准备	2	工具选择不正确扣2分				
2	操作程序	操作前检查项目	5	未检查流程者扣5分				
		吹扫介质的选用	10	选用吹扫介质错者扣10分				
				未检查吹扫介质者扣5分				
3	操作过程	工作联系及时到位	5	未按要求联系者扣5分				
		操作步骤符合操作规程，顺序正确无误	20	未按先后顺序进行扣10分				
				漏项或操作不当者扣10分				
				未切断相关流程扣10分				
				开错阀门者扣10分				
		吹扫时注意事项	25	未注意观察管线及系统压力温度者扣10分				
				阀门开度太大，冲击管线者扣5分				
				吹扫时间不够者扣10分				
				开放空吹扫者扣20分				

续表

序号	考核内容	考核要点	配分	评分标准	检测结果	扣分	得分	备注
4	操作结果	操作后的完善工作	5	未放净管线内凝结水者扣5分				
		操作中的环境保护工作	10	造成污染环境者扣10分				
		吹扫质量	10	未达到吹扫要求扣10分				
5	使用工具	正确使用工具	2	工具使用不正确扣2分				
		正确维护工具	3	工具乱摆乱放扣3分				
6	安全及其他	按国家法规或企业规定		违规一次总分扣5分；严重违规停止操作			—	
		在规定时间内完成操作		每超时1min总分扣5分，超时3min停止操作			—	
	合　计		100					

试题15：离心泵停运操作

（考核时间：20min）

序号	考核内容	考核要点	配分	评分标准	检测结果	扣分	得分	备注
1	准备工作	穿戴劳保用品	3	未穿戴整齐扣3分				
		工具、用具准备	2	工具选择不正确扣2分				
2	操作前提	操作前检查	5	未检查管路状况者扣5分				
		离心泵工作状态的检查	10	未检查离心泵状态者扣10分				
3	操作过程	工作联系及时到位	5	未及时联系扣5分				
		操作步骤正确，符合操作规程的要求	20	漏项或操作不当者扣5分				
				未按先后顺序进行者扣10分				
				操作时引起泵倒转者扣5分				
		进出口阀门操作正确	20	开错阀门者扣5分				
				进出口阀门开关顺序错扣15分				
		操作中的注意事项	15	未注意观察管线及系统压力温度者扣5分				
				停泵时机不当扣10分				
4	操作结果	操作对环境的影响	15	误操作造成环境污染扣10分				
		操作过程的汇报		未汇报结果扣5分				
5	使用工具	正确使用工具	2	工具使用不正确扣2分				
		正确维护工具	3	工具乱摆乱放扣3分				
6	安全及其他	按国家法规或企业规定		违规一次总分扣5分；严重违规停止操作			—	
		在规定时间内完成操作		每超时1min总分扣5分，超时3min停止操作			—	
	合　计		100					

试题16：离心泵开车操作

（考核时间：20min）

序号	考核内容	考核要点	配分	评分标准	检测结果	扣分	得分	备注
1	准备工作	穿戴劳保用品	3	未穿戴整齐扣3分				
		工具、用具准备	2	工具选择不正确扣2分				
2	操作前提	备用泵启动前的检查	10	未检查备用泵是否符合启动要求者扣10分				
		流程的检查	5	未检查管路状况者扣5分				
3	操作过程	工作联系及时到位	5	未及时联系扣5分				
		操作步骤正确，符合操作规程的要求	20	漏项或操作不当者扣5分				
				未按先后顺序进行者扣10分				
				开泵前未盘车扣10分				
				操作时引起泵倒转者扣5分				
		进出口阀门操作正确	20	开错阀门者扣5分				
				阀门开关速度过快扣10分				
				进出口阀门开关顺序错扣15分				
		操作时的注意事项	20	未注意观察电流、出口压力扣10分				
				未灌泵扣10分				
4	操作结果	泵投用后检查、汇报工作	15	未检查泵运行情况扣10分				
				未汇报结果扣5分				
5	使用工具	正确使用工具	2	工具使用不正确扣2分				
		正确维护工具	3	工具乱摆乱放扣3分				
6	安全及其他	按国家法规或企业规定		违规一次总分扣5分；严重违规停止操作			—	
		在规定时间内完成操作		每超时1min总分扣5分，超时3min停止操作			—	
		合　计	100					

试题17：带手轮的快速切断阀手、自动切换操作

（考核时间：15min）

序号	考核内容	考核要点	配分	评分标准	检测结果	扣分	得分	备注
1	准备工作	穿戴劳保用品	3	未穿戴整齐扣3分				
		工具、用具准备	2	工具选择不正确扣2分				
2	操作前提	切断阀工作状态的检查	20	未检查切断阀状态者扣10分				
				未按要求检查者扣10分				
				检查时判断错误者扣10分				

续表

序号	考核内容	考核要点	配分	评分标准	检测结果	扣分	得分	备注
3	操作过程	工作联系及时	10	未按要求联系者扣10分				
		操作步骤正确，按操作法实施	35	未按先后顺序操作错者扣20分				
				操作不正确者扣10分				
				阀门开错者扣10分				
		切换时的注意事项	25	未打开平衡阀扣10分				
				未改至手动端扣10分				
				未及时联系扣5分				
4	使用工具	正确使用工具	2	工具使用不正确扣2分				
		正确维护工具	3	工具乱摆乱放扣3分				
5	安全及其他	按国家法规或企业规定		违规一次总分扣5分；严重违规停止操作			—	
		在规定时间内完成操作		每超时1min总分扣5分，超时3min停止操作			—	
		合　　计	100					

试题18：安全阀投用操作

（考核时间：15min）

序号	考核内容	考核要点	配分	评分标准	检测结果	扣分	得分	备注
1	准备工作	穿戴劳保用品	3	未穿戴整齐扣3分				
		工具、用具准备	2	工具选择不正确扣2分				
2	操作前提	投用前的检查	15	未按要求检查扣5分				
				未检查就操作者扣10分				
3	操作过程	操作步骤正确	25	操作不当扣20分				
				操作错误者扣10分				
				操作步骤错误者扣10分				
		操作注意事项	30	安全阀铅封损坏者扣15分				
				未检查安全阀定压值扣15分				
4	操作结果	投用后的注意事项	20	投用后阀门未加铅封，扣10分				
				投用后未检查安全阀状态扣10分				
5	使用工具	正确使用工具	2	工具使用不正确扣2分				
		正确维护工具	3	工具乱摆乱放扣3分				
6	安全及其他	按国家法规或企业规定		违规一次总分扣5分；严重违规停止操作			—	
		在规定时间内完成操作		每超时1min总分扣5分，超时3min停止操作			—	
		合　　计	100					

试题19：机泵加润滑油、脂操作

（考核时间：15min）

序号	考核内容	考核要点	配分	评分标准	检测结果	扣分	得分	备注
1	准备工作	穿戴劳保用品	3	未穿戴整齐扣3分				
		工具、用具准备	2	工具选择不正确扣2分				
2	操作前提	检查项目	10	未检查机泵内润滑油、脂质量者扣5分				
				未检查油站内润滑油、脂质量者扣5分				
3	操作过程	操作步骤正确，操作方法合理	30	操作不当者扣10分				
				添加方法错误者扣10分				
				操作方法错误扣10分				
		润滑油、脂的使用情况	30	使用未经过三级过滤的润滑油者扣10分				
				润滑用具使用错误者扣10分				
				使用错误润滑油、脂扣10分				
				润滑油、脂添加不合格扣10分				
4	操作结果	环保操作	15	废油、脂未按要求回收者扣10分				
				造成环境污染扣5分				
		操作记录	5	加润滑油、脂操作未记录扣5分				
5	使用工具	正确使用工具	2	工具使用不正确扣2分				
		正确维护工具	3	工具乱摆乱放扣3分				
6	安全及其他	按国家法规或企业规定		违规一次总分扣5分；严重违规停止操作			—	
		在规定时间内完成操作		每超时1min总分扣5分，超时3min停止操作			—	
		合　　计	100					

试题20：润滑油、润滑脂更换操作

（考核时间：15min）

序号	考核内容	考核要点	配分	评分标准	检测结果	扣分	得分	备注
1	准备工作	穿戴劳保用品	3	未穿戴整齐扣3分				
		工具、用具准备	2	工具选择不正确扣2分				
2	操作前提	检查项目	10	未检查机泵内润滑油、脂质量者扣5分				
				未检查油站内润滑油、脂质量者扣5分				
3	操作过程	操作步骤正确，操作方法合理	35	操作不当者扣10分				
				润滑用具使用错误者扣10分				
				添加方法错误者扣10分				
				使用了破损过滤网者扣5分				
				润滑油添加时超刻度线扣5分				

续表

序号	考核内容	考核要点	配分	评分标准	检测结果	扣分	得分	备注
4	操作结果	润滑油、脂的使用情况	30	使用未经过三级过滤的润滑油者扣10分				
				使用错误润滑油、脂扣10分				
				润滑油、脂添加不合格扣10分				
		环保操作	10	废油、脂未按要求回收者扣10分				
		操作记录	5	更换润滑油、脂操作未记录扣5分				
5	使用工具	正确使用工具	2	工具使用不正确扣2分				
		正确维护工具	3	工具乱摆乱放扣3分				
6	安全及其他	按国家法规或企业规定		违规一次总分扣5分；严重违规停止操作			—	
		在规定时间内完成操作		每超时1min总分扣5分，超时3min停止操作			—	
		合　计	100					

试题21：泵防冻防凝操作

（考核时间：20min）

序号	考核内容	考核要点	配分	评分标准	检测结果	扣分	得分	备注
1	准备工作	穿戴劳保用品	3	未穿戴整齐扣3分				
		工具、用具准备	2	工具选择不正确扣2分				
2	操作程序	操作前检查项目	10	未按要求检查者扣5分				
				检查过程判断错误者扣5分				
3	操作过程	操作步骤符合操作规程的要求	20	操作不当者扣10分				
				操作顺序错误者扣10分				
		阀门操作的要求	15	放空阀开度过大者扣5分				
				放空阀开度未开者扣10分				
		泵体内部的处理	15	泵体内介质未按要求排放者扣10分				
				对泵体扫线时造成憋压泄漏者扣10分				
4	操作结果	环保生产的要求	10	操作不当造成介质外溢者扣5分				
				误操作造成环境污染扣5分				
		操作方法不当的危害	20	操作不当引起泵冻结者扣20分				
5	使用工具	正确使用工具	2	工具使用不正确扣2分				
		正确维护工具	3	工具乱摆乱放扣3分				
6	安全及其他	按国家法规或企业规定		违规一次总分扣5分；严重违规停止操作			—	
		在规定时间内完成操作		每超时1min总分扣5分，超时3min停止操作			—	
		合　计	100					

试题22：机泵电机温度高判断

（考核时间：15min）

序号	考核内容	考核要点	配分	评分标准	检测结果	扣分	得分	备注
1	准备工作	穿戴劳保用品	3	未穿戴整齐扣3分				
		工具、用具准备	2	工具选择不正确扣2分				
2	事故现象表述	引发事故因素表述清晰完整	10	事故因素表述不完整扣5分，表述不清晰扣5分				
		事故现象信息充分、无遗漏	10	事故现象信息缺一项扣5分				
			10	事故现象信息表述不充分扣10分				
			20	事故关键现象信息缺扣20分				
3	事故原因分析	事故原因分析透彻有深度，完整无遗漏	20	事故原因分析不完整扣10分，分析无深度扣10分				
			20	事故关键原因缺扣20分				
4	使用工具	正确使用工具	2	工具使用不正确扣2分				
		正确维护工具	3	工具乱摆乱放扣3分				
5	安全及其他	按国家法规或企业规定		违规一次总分扣5分；严重违规停止操作			—	
		在规定时间内完成操作		每超时1min总分扣5分，超时3min停止操作			—	
	合计		100					

试题23：现场机泵(法兰)等泄漏判断

（考核时间：15min）

序号	考核内容	考核要点	配分	评分标准	检测结果	扣分	得分	备注
1	准备工作	穿戴劳保用品	3	未穿戴整齐扣3分				
		工具、用具准备	2	工具选择不正确扣2分				
2	事故现象表述	引发事故因素表述清晰完整	10	事故因素表述不完整扣5分，表述不清晰扣5分				
		事故现象信息充分、无遗漏	10	事故现象信息缺一项扣5分				
			10	事故现象信息表述不充分扣10分				
			20	事故关键现象信息缺扣20分				
3	事故原因分析	事故原因分析透彻有深度，完整无遗漏	20	事故原因分析不完整扣10分，分析无深度扣10分				
			20	事故关键原因缺扣20分				
4	使用工具	正确使用工具	2	工具使用不正确扣2分				
		正确维护工具	3	工具乱摆乱放扣3分				
5	安全及其他	按国家法规或企业规定		违规一次总分扣5分；严重违规停止操作			—	
		在规定时间内完成操作		每超时1min总分扣5分，超时3min停止操作			—	
	合计		100					

试题 24：急冷塔底液面低分析

（考核时间：15min）

序号	考核内容	考核要点	配分	评分标准	检测结果	扣分	得分	备注
1	准备工作	穿戴劳保用品	3	未穿戴整齐扣 3 分				
		工具、用具准备	2	工具选择不正确扣 2 分				
2	事故现象表述	引发事故因素表述清晰完整	10	事故因素表述不完整扣 5 分，表述不清晰扣 5 分				
		事故现象信息充分、无遗漏	10	事故现象信息缺一项扣 5 分				
			10	事故现象信息表述不充分扣 10 分				
			20	事故关键现象信息缺扣 20 分				
3	事故原因分析	事故原因分析透彻有深度，完整无遗漏	20	事故原因分析不完整扣 10 分，分析无深度扣 5 分				
			20	事故关键原因缺扣 20 分				
4	使用工具	正确使用工具	2	工具使用不正确扣 2 分				
		正确维护工具	3	工具乱摆乱放扣 3 分				
5	安全及其他	按国家法规或企业规定		违规一次总分扣 5 分；严重违规停止操作			—	
		在规定时间内完成操作		每超时 1min 总分扣 5 分，超时 3min 停止操作			—	
		合　　计	100					

试题 25：酸性气带液处理

（考核时间：30min）

序号	考核内容	考核要点	配分	评分标准	检测结果	扣分	得分	备注
1	准备工作	穿戴劳保用品	3	未穿戴整齐扣 3 分				
		工具、用具准备	2	工具选择不正确扣 2 分				
2	事故现象判断	引发事故因素表述清晰完整	5	引发事故因素表述不完整扣 3 分，表述不清晰扣 2 分				
		事故现象信息充分、无遗漏	10	事故现象信息缺一扣 5 分				
				事故现象信息表述不完整扣 5 分				
		关键事故现象	5	事故关键现象描述不清楚扣 5 分				
3	事故原因分析	事故原因分析完整无遗漏，分析透彻有深度	5	事故原因分析不完整扣 3 分，分析无深度扣 2 分				
		事故关键原因分析准确	5	事故关键原因不准确扣 5 分				
4	事故处理操作	联系工作及时到位	5	未及时联系扣 5 分				
		处理原则表述完整	10	处理原则表述不完整扣 10 分				
		处理步骤先后顺序正确，并无遗漏、操作不当	20	处理步骤顺序不对扣 10 分				
				漏项或操作不当扣 10 分				
		处理注意事项符合事故处理预案规范	10	未考虑操作对上下游带来的影响扣 10 分				

续表

序号	考核内容	考核要点	配分	评分标准	检测结果	扣分	得分	备注
5	事故处理操作质量	事故处理调节熟练，迅速，过程平稳波动小，并无调节错误	15	处理事故过程引起生产波动大扣10分				
				调节滞后扣5分，调节错误扣20分				
6	使用工具	正确使用工具	2	工具使用不正确扣2分				
		正确维护工具	3	工具乱摆乱放扣3分				
7	安全及其他	按国家法规或企业规定		违规一次总分扣5分；严重违规停止操作			—	
		在规定时间内完成操作		每超时1min总分扣5分，超时3min停止操作			—	
		合　计	100					

否定项说明：违章操作或发生事故须停止操作，成绩计零分。

试题26：心肺复苏操作

（考核时间：20min）

序号	考核内容	考核要点	配分	评分标准	检测结果	扣分	得分	备注
1	准备工作	穿戴劳保用品	3	未穿戴整齐扣3分				
		工具、用具准备	2	工具选择不正确扣2分				
2	操作准备	对被操作人员的检查	20	未检查被救人身体状况扣10分				
		心肺复苏内容的知识		不清楚心肺内容扣10分				
3	操作过程	操作步骤符合操作要求，正确无误	35	操作不熟练扣10分				
				操作步骤先后顺序不对扣20分				
				操作步骤不全扣10分				
				未按先后顺序扣10分				
		操作位置合理	10	被救人体位放置不对扣10分				
		按压操作的内容	25	按压、吹气次数比例不对扣10分				
				按压位置不对扣10分				
				按压救护结果不好扣10分				
4	使用工具	正确使用工具	2	工具使用不正确扣2分				
		正确维护工具	3	工具乱摆乱放扣3分				
5	安全及其他	按国家法规或企业规定		违规一次总分扣5分；严重违规停止操作			—	
		在规定时间内完成操作		每超时1min总分扣5分，超时3min停止操作			—	
		合　计	100					

试题 27：正压式空气呼吸器使用

（考核时间：5min）

序号	考核内容	考核要点	配分	评分标准	检测结果	扣分	得分	备注
1	准备工作	穿戴劳保用品	3	未穿戴整齐扣3分				
		工具、用具准备	2	工具选择不正确扣2分				
2	操作准备	呼吸器钢瓶的检查	20	未检查压力扣10分				
				未检查气阀密封性扣10分				
		呼吸器面罩等的检查	5	未检查呼吸器扣5分				
3	操作过程	操作顺序正确快速	25	未按先后顺序进行扣20分				
				未穿戴整齐扣10分				
				未打开阀门扣10分				
		操作中的注意事项	30	未扣紧面罩扣10分				
				未固定导气管扣10分				
				未做气密扣20分				
		使用后呼吸器的检查	10	使用后未检查钢瓶压力扣10分				
4	使用工具	正确使用工具	2	工具使用不正确扣2分				
		正确维护工具	3	工具乱摆乱放扣3分				
5	安全及其他	按国家法规或企业规定		违规一次总分扣5分；严重违规停止操作			—	
		在规定时间内完成操作		每超时1min总分扣5分，超时3min停止操作			—	
		合　计	100					

否定项说明：若出现气瓶压力不检查情况，该题为零分。

试题 28：过滤式防毒面具使用

（考核时间：5min）

序号	考核内容	考核要点	配分	评分标准	检测结果	扣分	得分	备注
1	准备工作	穿戴劳保用品	3	未穿戴整齐扣3分				
		工具、用具准备	2	工具选择不正确扣2分				
2	操作准备	防毒面具的基本知识	10	不清楚防毒面具的基本知识扣10分				
		防毒面具的检查	10	未检查防毒面具扣5分				
				未检查滤罐扣5分				
3	操作过程	操作顺序正确快速	30	未按先后顺序进行扣20分				
				未穿戴整齐扣10分				
				未将滤罐放入背包内扣10分				
		操作中的注意事项	30	未扣紧面罩扣10分				
				未做气密扣20分				
		使用后的检查	10	用后未称重登记扣10分				

续表

序号	考核内容	考核要点	配分	评分标准	检测结果	扣分	得分	备注
4	使用工具	正确使用工具	2	工具使用不正确扣2分				
		正确维护工具	3	工具乱摆乱放扣3分				
5	安全及其他	按国家法规或企业规定		违规一次总分扣5分；严重违规停止操作			—	
		在规定时间内完成操作		每超时1min总分扣5分，超时3min停止操作			—	
		合　计	100					

否定项说明：若出现气瓶压力不检查情况，该题为零分。

试题29：消防火警报警演习

（考核时间：10min）

序号	考核内容	考核要点	配分	评分标准	检测结果	扣分	得分	备注
1	准备工作	穿戴劳保用品	3	未穿戴整齐扣3分				
		工具、用具准备	2	工具选择不正确扣2分				
2	事故现象判断	引发事故因素清楚完整	10	引发事故因素不清楚完整扣10分				
		事故现象信息充分、无遗漏	10	事故现象信息缺一扣5分				
				事故现象信息表述不完整扣5分				
3	事故汇报	报警电话清楚	10	不清楚报警电话扣10分				
		汇报的内容正确	50	未汇报火警发生地点扣10分				
				未汇报火警发生时间扣10分				
				未汇报火警发生的部门扣10分				
				未汇报火警发生扣10分				
				汇报时表述不清晰扣10分				
		联系工作及时到位	10	未及时联系扣10分				
4	使用工具	正确使用工具	2	工具使用不正确扣2分				
		正确维护工具	3	工具乱摆乱放扣3分				
5	安全及其他	按国家法规或企业规定		违规一次总分扣5分；严重违规停止操作			—	
		在规定时间内完成操作		每超时1min总分扣5分，超时3min停止操作			—	
		合　计	100					

否定项说明：违章操作或发生事故须停止操作，成绩计零分。

试题30：硫化氢中毒事故处理

（考核时间：20min）

序号	考核内容	考核要点	配分	评分标准	检测结果	扣分	得分	备注
1	准备工作	穿戴劳保用品	3	未穿戴整齐扣3分				
		工具、用具准备	2	工具选择不正确扣2分				

续表

序号	考核内容	考核要点	配分	评分标准	检测结果	扣分	得分	备注
2	事故现象判断	引发事故因素表述清晰完整	5	引发事故因素表述不完整扣3分，表述不清晰扣2分				
		事故现象信息充分、无遗漏	10	事故现象信息缺一扣5分				
				事故现象信息表述不完整扣5分				
		关键事故现象	5	事故关键现象描述不清楚扣5分				
3	事故原因分析	事故原因分析完整无遗漏，分析透彻有深度	5	事故原因分析不完整扣3分，分析无深度扣2分				
		事故关键原因分析准确	5	事故关键原因不准确扣5分				
4	事故处理操作	联系工作及时到位	5	未及时联系扣5分				
		处理原则表述完整	10	处理原则表述不完整扣10分				
		处理步骤先后顺序正确，并无遗漏、操作不当	20	处理步骤顺序不对扣10分				
				漏项或操作不当扣10分				
		处理注意事项符合事故处理预案规范	10	未考虑操作对周围装置带来的影响扣10分				
5	事故处理质量	事故处理调节熟练，迅速，过程无错误	15	造成自身伤害扣15分				
6	使用工具	正确使用工具	2	工具使用不正确扣2分				
		正确维护工具	3	工具乱摆乱放扣3分				
7	安全及其他	按国家法规或企业规定		违规一次总分扣5分；严重违规停止操作			—	
		在规定时间内完成操作		每超时1min总分扣5分，超时3min停止操作			—	
合计			100					

否定项说明：违章操作或发生事故须停止操作，成绩计零分。

试题31：本岗位工艺流程图绘制

（考核时间：60min）

序号	考核内容	考核要点	配分	评分标准	检测结果	扣分	得分	备注
1	准备工作	穿戴劳保用品	3	未穿戴整齐扣3分				
		工具、用具准备	2	工具选择不正确扣2分				
2	图形绘制	工艺流程走向正确，排布合理	30	工艺流程画错一处扣5分				
				工艺流程走向画错一处扣5分				
				工艺流程排列不整齐扣10分				
		流程图内设备位置正确，无遗漏，排列整齐	30	流程图内设备画错一处扣5分				
				流程图内设备漏画一处扣5分				
				流程图内设备排列不整齐扣10分				

续表

序号	考核内容	考核要点	配分	评分标准	检测结果	扣分	得分	备注
3	绘图标注	标注符合要求	30	设备名称、位号标注错一处扣5分				
				介质名称、来源、去向标注错一处扣5分				
				标注位置错误扣10分				
4	卷面情况	绘图卷面清晰，整洁	5	卷面不整洁扣5分				
5	安全及其他	按国家法规或企业规定		违规一次总分扣5分；严重违规停止操作			—	
		在规定时间内完成操作		每超时1min总分扣5分，超时3min停止操作			—	
合　计			100					

第二部分

中 级 工

一、国家职业标准（中级工工作要求）

职业功能	工作内容	技 能 要 求	相 关 知 识
工艺操作	（一）开车准备	1. 能引水、汽、风等介质进装置 2. 能改开车流程 3. 能做好系统隔离操作 4. 能完成加热炉点火操作 5. 能配合仪表工对联锁、控制阀阀位进行确认 6. 能看懂化验单内容 7. 能投用空气预热器，开、停鼓风机、引风机	1. 全装置工艺流程 2. 开车方案 3. 系统隔离注意事项 4. 一般工艺、设备联锁知识 5. 空气预热器投用方法
	（二）开车操作	1. 能完成反应炉、焚烧炉点火操作 2. 能按升温曲线进行升温操作 3. 能完成液硫脱气操作 4. 能完成锅炉加水、煮炉操作 5. 能完成氧化铝催化剂热浸泡、再生操作	1. 反应炉、焚烧炉点火、升温步骤 2. 液硫脱气操作法 3. 锅炉煮炉操作法 4. 氧化铝催化剂热浸泡、再生操作法
	（三）正常操作	1. 能配制与加入常用助剂 2. 能完成产品质量的调节 3. 能运用常规仪表、DCS 操作站对工艺参数进行常规调节	1. 常规仪表知识 2. DCS 操作一般知识 3. 常用助剂的性质与作用
	（四）停车操作	1. 能完成降温降量操作 2. 能停用大型机泵 3. 能停用加热炉 4. 能配合完成炉管烧焦的配风、配汽操作 5. 能置换、退净设备、管道内的物料并完成吹扫工作	1. 炉管烧焦原理及方案 2. 停车方案
设备使用与维护	（一）使用设备	1. 能开、停、切换常用机泵等设备 2. 能使用测速、测振、测温等仪器 3. 能完成重油、热油泵的预热及相关操作 4. 能投用塔、罐、反应器、加热炉等设备 5. 能操作往复式压缩机 6. 能完成大型机组润滑油泵的切换操作 7. 能操作反应炉、焚烧炉 8. 能投用减温减压器 9. 能操作硫冷凝器 10. 能操作硫磺捕集器	1. 机泵的操作方法 2. 机泵预热要点 3. 测速、测振、测温等仪器使用方法 4. 加热炉操作法 5. 大型机组润滑油泵切换注意事项 6. 往复式压缩机开停步骤 7. 反应炉、焚烧炉操作法 8. 减温减压器工作原理 9. 硫磺捕集器操作要点 10. 硫冷凝器操作要点
	（二）维护设备	1. 能完成一般的更换垫片、堵漏、拆装盲板等操作 2. 能完成机组检修前后的氮气置换操作 3. 能判断机泵运行故障并作相应的处理 4. 能做好设备的润滑工作 5. 能对机泵、加热炉、阀门等进行常规的维护保养	1. 设备完好标准 2. 设备密封知识 3. 润滑油管理制度

续表

职业功能	工作内容	技能要求	相关知识
事故判断与处理	（一）判断事故	1. 能现场判断阀门、机泵、加热炉等运行常见故障 2. 能判断反应器、罐、冷换设备等压力容器的泄漏事故 3. 能判断冲塔、窜油等常见故障 4. 能判断一般性着火事故的原因 5. 能判断一般产品质量事故	1. 冷换设备等压力容器的结构及使用条件 2. 阀门、机泵常见故障判断方法
	（二）处理事故	1. 能按指令处理装置停原料、水、电、气、风、蒸汽、燃料等突发事故 2. 能处理加热炉、机泵等常见设备故障 3. 能完成紧急停机、停炉操作 4. 能处理冲塔、窜油等事故 5. 能处理装置一般性着火事故 6. 能处理 CO、H_2S 等中毒事故 7. 能协助处理仪表、电气事故 8. 能处理一般产品质量事故	1. CO、H_2S 中毒机理及救护知识 2. 仪表、电气一般知识 3. 紧急停车方案
绘图与计算	（一）绘图	1. 能绘制装置工艺流程图 2. 能识读设备结构简图	设备简图知识
	（二）计算	1. 能计算转化率、收率、空速、回流比等 2. 能完成班组经济核算 3. 能完成简单物料平衡计算	1. 转化率、收率、空速、回流比等的基本概念、意义 2. 班组经济核算方法 3. 物料平衡计算方法

二、理论知识鉴定要素细目表

行业通用理论知识鉴定要素细目表

鉴定范围						鉴定点		
一级		二级		三级		代码	名称	重要程度
代码	名称	代码	名称	代码	名称			
A	基本要求	B	基础知识	A	记录填写基础知识	001	岗位交接班记录的填写要求	X
						002	关键设备巡检记录的填写要求	X
				B	识图基础知识	001	正投影的特点	X
						002	三视图的特点	X
						003	三视图的作图方法	X
						004	零件图的作用	X
				C	安全环保基础知识	001	石化行业安全检查的内容	X
						002	尘毒物质危害人体的主要因素	X
						003	化工污染的控制方法	X
						004	清洁生产的理论基础	X
						005	清洁生产审计的目的	X

续表

鉴定范围						鉴定点		
一级		二级		三级		代码	名称	重要程度
代码	名称	代码	名称	代码	名称			
						006	灭火的机理	X
						007	ISO 14001 标准的特点	X
						008	ISO 14001 环境因素识别的状态、时态和类型	X
						009	ISO 14001 环境因素识别的步骤	X
						010	ISO 14001 识别环境因素的方法	X
						011	HSE 审核的概念	X
						012	HSE 审核的目的	X
						013	HSE 危害的概念	X
						014	废水治理的常识	X
						015	废气治理的常识	X
						016	废渣处理的常识	X
						017	防冻防凝的知识	X
						018	夏季四防的知识	X
						019	职业病的概念	X
						020	职业病的种类	X
						021	石化行业事故的分类	X
						022	石化行业事故分级的规定	X
						023	HSE 不符合的概念	X
						024	HSE 事故的定义	X
				D	质量基础知识	001	标准化的意义	X
						002	质量认证的概念	X
						003	全面质量管理的特点	X
						004	ISO 9000 质量管理体系基础的内容	X
						005	质量管理 PDCA 动态循环的意义	X
						006	ISO 9000 族标准的核心标准	X
						007	ISO 9000 族标准“质量”的意义	X
						008	ISO 9001 标准的八项管理原则	X
				E	计算机基础知识	001	Word 文字处理软件基础知识	X
						002	Word 表格处理知识	X
						003	Excel 工作表的建立	X
						004	Excel 的排版	X
				F	法律常识	001	合同的形式	X
						002	合同法关于无效合同的规定	X

职业通用理论知识鉴定要素细目表(《燃料油生产工》)

鉴定范围						鉴定点		
一级		二级		三级		代码	名称	重要程度
代码	名称	代码	名称	代码	名称			
A	基本要求	B	基础知识	G	化学基础知识	001	气体溶解度的影响因素	Y
						002	理想气体状态方程的简单计算	Y
						003	质量分数的概念	Y
						004	可逆反应的基本概念	Y
						005	化学平衡的影响因素	Y
						006	溶液质量摩尔浓度的概念	Y
						007	溶液摩尔分数的概念	Y
						008	化学平衡常数的概念	Y
						009	化学反应速率的表示方法	X
						010	临界温度的概念	Z
						011	临界压力的概念	X
						012	化学平衡的特征	X
						013	电离平衡的概念	Y
						014	炔烃的物化性质	Y
						015	芳烃的物化性质	Y
						016	氧化剂的概念	Y
						017	还原剂的概念	Y
				H	石油及油品基础知识	001	石油中微量元素	Y
						002	石油中的含氮化合物	X
						003	石油中的含氧化合物	X
						004	油品的混合黏度	X
						005	油品黏度与化学组成的关系	X
						006	烃类的热容	X
						007	油品的气化热	X
						008	油品的特性因子	X
				I	化工基础知识	001	定态常流动流体的物料衡算	Z
						002	简单管路的计算	Y
						003	动力学基本方程的应用	X
						004	热负荷的基本概念	X
						005	强化传热的途径	X
						006	蒸馏塔的物料衡算概念	Z
						007	理论板的概念	Y
						008	进料热状况对精馏操作的影响	X
						009	液泛的概念	X

续表

鉴定范围						鉴定点		
一级		二级		三级		代码	名称	重要程度
代码	名称	代码	名称	代码	名称			
						010	雾沫夹带的概念	X
						011	漏液产生的原因	X
						012	实现精馏的必要条件	X
						013	影响精馏操作的主要因素	X
						014	传质的基本方式	X
						015	雷诺数的物理意义	X
						016	流体的流动类型的判断	X
				J	计量基础知识	001	石化企业计量方式的种类	X
						002	A 级计量设备的种类	Y
						003	B 级计量设备的种类	Y
						004	C 级计量设备的种类	Y
						005	物料计量表配备的精度要求	X
						006	新物料计量表投用的步骤	X
				K	炼油机械与设备	001	离心泵的基本结构	X
						002	离心泵零部件的作用	Y
						003	机械密封结构	X
						004	机械密封工作原理	X
						005	机泵机械密封的冲洗形式	Z
						006	板式塔的特点	Y
						007	填料塔的特点	X
						008	填料塔常用填料的种类	X
						009	管壳式换热器的结构形式	X
						010	加热炉的结构	Y
						011	闸阀的基本结构	X
						012	润滑管理常识	X
						013	化学腐蚀的概念	Y
						014	压力容器的概念	X
						015	压力管道的概念	Y
						016	压力试验的作用	X
						017	密封试验的作用	Z
						018	离心泵汽蚀的概念	Y

续表

鉴定范围						鉴定点		
一级		二级		三级		代码	名称	重要程度
代码	名称	代码	名称	代码	名称			
				L	电工基础知识	001	现场控制开关的使用常识	X
						002	正弦交流电的概念	X
						003	并联电路电阻简化计算方法	Y
						004	串联电路电阻简化计算方法	Y
						005	用电设备维修安全常识	Y
						006	装置设备接地线的常识	Z
						007	防雷防静电的常识	X
						008	常用电机的类型	X
						009	常用电机型号含义	X
						010	跨步电的概念	Y
						011	炼油厂动力电的种类	Y
				M	仪表基础知识	001	简单回路 PID 参数的概念	X
						002	串级控制的概念	X
						003	分程控制的概念	Y
						004	联锁的基本概念	X
						005	控制阀的附件种类	X
						006	在线仪表的种类	X
						007	压力仪表的测量原理	X
						008	温度仪表的测量原理	X
						009	流量仪表的测量原理	X
						010	物位仪表的测量原理	X

工种理论知识鉴定要素细目表

鉴定范围						鉴定点		
一级		二级		三级		代码	名称	重要程度
代码	名称	代码	名称	代码	名称			
B	相关知识	A	工艺操作	A	开车准备	001	引瓦斯注意事项	X
						002	公用工程规格	Y
						003	防毒面具的种类	Y
						004	开车时单机试运注意事项	Y
						005	克劳斯催化剂性质	X
						006	加氢催化剂性质	X
						007	消防水炮的使用方法	Y
						008	推车式干粉灭火器灭火的使用方法	X
						009	正压式空气呼吸器使用方法	X
						010	开工时工艺流程检查的注意点	X

续表

鉴定范围						鉴定点		
一级		二级		三级		代码	名称	重要程度
代码	名称	代码	名称	代码	名称			
				B	开车操作	001	反应器床层升温操作要点	X
						002	酸性液压液方法	X
						003	液硫脱气原理	X
						004	烘炉的作用	X
						005	废热锅炉操作注意事项	X
						006	克劳斯反应原理	X
						007	催化剂硫化结束标准	X
						008	硫冷凝器投用方法	X
						009	自产蒸汽并入管网操作要点	X
						010	凝结水并入管网操作要点	Y
						011	酸性气燃烧炉升温操作要点	X
						012	尾气焚烧炉升温操作要点	X
						013	引氢气操作要点	X
						014	急冷塔循环建立步骤	X
						015	在线仪表的投用注意点	X
						016	尾气吸收塔循环建立步骤	X
						017	酸性气带烃的危害	X
						018	斯科特系统氮气置换要点	Y
				C	正常操作	001	蒸汽发生器液位高的原因	X
						002	蒸汽发生器液位低的原因	X
						003	蒸汽发生器压力高的原因	X
						004	蒸汽发生器压力低的原因	X
						005	装置设置联锁的目的	X
						006	交接班的“十交”内容	X
						007	装置巡回检查的内容	Y
						008	防冻防凝操作注意事项	Y
						009	吸收的原理	X
						010	吸收单向传质过程的特点	X
						011	仪表出现异常的影响因素	X
						012	溶剂再生塔液位低的原因	X
						013	溶剂再生塔液位低的调节方法	X
						014	酸性气燃烧炉炉膛温度影响因素	X
						015	克劳斯反应器温度影响因素	X
						016	过程气中 COS 含量高的调节方法	X

续表

鉴定范围						鉴定点		
一级		二级		三级		代码	名称	重要程度
代码	名称	代码	名称	代码	名称			
						017	急冷塔液位的控制方案	X
						018	尾气吸收塔液位的控制方案	X
						019	溶剂再生塔压力的控制方案	X
						020	尾气焚烧炉膛温度影响因素	X
						021	急冷塔塔顶温度高的原因	X
						022	温度对尾气吸收塔的影响因素	X
						023	急冷水 pH 值下降的原因	X
						024	硫磺回收装置的类型	Z
						025	贫液中 H_2S 含量高的原因	X
						026	溶剂发泡产生的现象	X
				D	停车操作	001	克劳斯催化剂热浸泡操作要点	X
						002	急冷塔停工步骤	X
						003	尾气吸收塔停用步骤	X
						004	管道吹扫的方式	Y
						005	设备吹扫的方式	Y
						006	管道吹扫介质类型	Z
						007	吹扫介质选择的依据	Y
						008	停贫液进 SCOT 步骤	X
						009	停工操作注意事项	X
						010	停工过程中产生的环境污染种类	X
						011	盲板安装的要求	X
						012	降量操作方法	X
						013	降量操作注意点	X
						014	设备氮封的作用	Y
		B	设备使用与维护	A	使用设备	001	阀门故障处理方法	X
						002	U 形管换热器的结构特点	X
						003	浮头式换热器的结构特点	X
						004	阻火器修理前的处理方法	X
						005	设备保温的作用	Y
						006	设备保温材料的类型	X
						007	离心泵紧急切换注意事项	X
						008	离心泵密封冲洗的意义	X
						009	离心泵流量调节方法	X
						010	离心泵抽空的因素	X

续表

鉴定范围						鉴定点		
一级		二级		三级		代码	名称	重要程度
代码	名称	代码	名称	代码	名称			
						011	压力管道的使用要求	Y
						012	快速切断阀操作要点	X
						013	压力容器安全附件的分类	X
						014	压力表校验的作用	Y
						015	强检压力表的概念	Y
						016	空气冷却器使用注意事项	X
						017	管路热补偿的方法	X
						018	硫磺成型机正常启动注意事项	X
						019	硫磺成型机正常停运注意事项	X
						020	离心泵比转数的概念	X
						021	高速泵正常启动注意事项	Z
						022	高速泵正常停运注意事项	Z
						023	缠绕垫的适用范围	X
						024	磁力泵正常启动注意事项	Z
						025	磁力泵正常停运注意事项	Z
						026	压缩机喘振的概念	X
				B	维护设备	001	快速切断阀加油的操作	Y
						002	离心泵巡检注意事项	X
						003	工业管道外部检查要点	X
						004	阀门加油注意事项	Y
						005	停泵检修注意事项	X
						006	硫磺成型机的巡检注意事项	X
						007	配合仪表灌封油处理步骤	X
						008	空气冷却器的检修注意事项	X
						009	离心泵轴承超温的因素	X
						010	离心泵盘车不动的因素	X
						011	高速泵巡检注意事项	Z
						012	磁力泵巡检注意事项	Z
		C	事故判断与处理	A	判断事故	001	产生黑硫磺的原因	X
						002	系统压力升高的原因	X
						003	判断换热器泄漏方法	X
						004	电机温度过高的原因	X
						005	压力表故障的种类	Y
						006	烟囱冒黑烟的原因	X
						007	尾气吸收塔液面低的原因	X
						008	溶剂储罐液面下降的原因	X

续表

鉴定范围						鉴定点		
一级		二级		三级		代码	名称	重要程度
代码	名称	代码	名称	代码	名称			
				B	处理事故	001	硫磺成型机坏的处理	Y
						002	贫富液过滤器堵塞的处理	X
						003	锅炉给水泵故障的处理方法	X
						004	停酸性气原料处理要点	X
						005	停除氧水处理要点	X
						006	急冷水泵故障处理要点	X
						007	富液泵故障处理要点	X
						008	触电的防护方法	X
						009	触电的急救方法	X
						010	阻火器堵塞故障的处理	X
						011	停贫液处理要点	X
						012	瓦斯带油处理要点	X
						013	贫液空冷坏的处理方法	Y
						014	溶剂再生塔压力高的处理	X
						015	烟道进口杂质多的处理方法	X
						016	硫化氢泄漏的处理	X
						017	停燃料气处理要点	X
		D	绘图与计算	A	绘图	001	识别机泵结构简图	Y
						002	设备结构简图的识别	X
						003	尺寸公差的概念	X
				B	计算	001	平均相对分子质量的计算	X
						002	溶剂配制的计算方法	X
						003	克劳斯催化剂空速的计算方法	X
						004	加氢催化剂空速的计算方法	X

三、理论知识试题

行业通用理论知识试题

判断题

1. 交接班记录需要领导审阅签字。 (√)
2. 设备巡检包括设备停机过程中的检查。 (√)
3. 投影线都相互平行的投影称为中心投影。 (×)

正确答案：投影线都相互平行的投影称为平行投影。

4. 在三视图中，能够反映物体上下、左右位置关系的视图为俯视图。 (×)

正确答案：在三视图中，能够反映物体上下、左右位置关系的视图为主视图。

5. 画三视图时，左视图和俯视图的关系是长对正。 (×)

正确答案：画三视图时，左视图和俯视图的关系是宽相等。

6. 零件图的作用是读零件图与装配图关系。 (×)

正确答案：零件图的作用是直接指导制造零件和检验零件的图样。

7. 零件图是直接指导制造零件和检验零件的图样。 (√)

8. 综合性季度检查中，安全生产不仅是重要内容，还实行一票否决权。 (√)

9. 尘毒物质对人体的危害与个人体质因素无关。 (×)

正确答案：尘毒物质对人体的危害与个人年龄、身体健康状况等因素有关。

10. 因为环境有自净能力，所以轻度污染物可以直接排放。 (×)

正确答案：虽然环境有自净能力，轻度污染物也不可以直接排放。

11. 目前清洁生产审计中应用的理论主要是物料平衡和能量守恒原理。 (√)

12. 清洁生产审计的目的是：通过清洁生产审计判定生产过程中不合理的废物流和物、能耗部位，进而分析其原因，提出削减它的可行方案并组织实施，从而减少废弃物的产生和排放，达到实现本轮清洁生产目标。 (√)

13. 根据燃烧三要素，采取除掉可燃物、隔绝氧气(助燃物)、将可燃物冷却至燃点以下等措施均可灭火。 (√)

14. 在 HSE 管理体系中，评审是高层管理者对安全、环境与健康管理体系的适应性及其执行情况进行正式评审。 (√)

15. 第二方审核是直属企业作为受审方，由取得相应资格的单位进行 HSE 体系审核。 (×)

正确答案：第三方审核是直属企业作为受审方，由取得相应资格的单位进行 HSE 体系审核。

16. 含汞、铬、铅等的工业废水不能用化学沉淀法治理。 (×)

正确答案：含汞、铬、铅等的工业废水可以用化学沉淀法治理。

17. 一级除尘又叫机械除尘。 (√)

18. 废渣处理首先考虑综合利用的途径。 (√)

19. 陆地填筑法可避免造成火灾或爆炸。 (×)

正确答案：陆地填筑法有可能造成火灾或爆炸。

20. 在防冻防凝工作中，严禁用高压蒸汽取暖、严防高压蒸汽窜入低压系统。 (√)

21. 对已冻结的铸铁管线、阀门等可以用高温蒸汽迅速解冻。 (×)

正确答案：对已冻结的铸铁管线、阀门等不得急剧加热，只允许温水或少量蒸汽缓慢解冻，以防骤然受热损坏。

22. 进入夏季，工业园区应对所有地沟、排水设施进行检查，清除排水障碍。备足防汛物资，遇到险情时能满足需求。 (√)

23. 从事办公室工作的人员不会形成职业病。 (×)

正确答案：从事办公室工作的人员也会形成相应的职业病。

24. 职业中毒不属于职业病。 (×)

正确答案：职业中毒属于职业病之一。

25. 急慢性中毒皆属于人身事故。 (×)

正确答案：急性中毒属于人身事故。

26. 在 HSE 管理体系中，一般不符合项是指能使体系运行出现系统性失效或区域性失效的问题。（×）

正确答案：在 HSE 管理体系中，一般不符合项是指个别的、偶然的、孤立的、性质轻微的问题或者是不影响体系有效性的局部问题。

27. HSE 管理体系规定，公司应建立事故报告、调查和处理管理程序，所制定的管理程序应保证能及时地调查、确认事故(未遂事故)发生的根本原因。（√）

28. 标准化的重要意义是提高产品、过程或服务的质量，防止贸易壁垒，并促进技术合作。（×）

正确答案：标准化的重要意义是改进产品、过程或服务的适用性，防止贸易壁垒，并促进技术合作。

29. 企业应当具备法人的资格或是法人的一部分，才可以申请质量体系认证。（√）

30. 全面质量管理的核心是强调提高产品质量。（×）

正确答案：全面质量管理的核心是强调提高工作质量。

31. 生产制造过程的质量管理是全面质量管理的中心环节。（√）

32. 质量管理体系是指在质量方面指挥和控制组织的管理体系，它是组织若干管理体系的一个。（√）

33. PDCA 循环是全面质量管理的科学方法，可用于企业各个方面、各个环节的质量管理活动。（√）

34. ISO 9004:2000 标准是“指南”，可供组织作为内部审核的依据，也可用于认证和合同目的。（×）

正确答案：ISO 9004:2000 标准提供了超出 ISO 9001 要求的指南和建议，不用于认证或合同的目的。

35. ISO 9000 族标准中，质量仅指产品质量。（√）

36. ISO 9000 族标准质量管理八项原则是一个组织在质量管理方面的总体原则。（√）

37. 计算机应用软件 Word 字处理软件不仅可以进行文字处理，还可以插入图片、声音等，但不能输入数学公式。（×）

正确答案：Word 字处理软件不仅可以进行文字处理，还可以插入图片、声音等，也能输入数学公式。

38. 在应用软件 Word 表格操作中选定整个表格后，按格式工具栏上的左、右、居中对齐等按钮则单元格中的文字内容进行左、右、居中对齐。（×）

正确答案：选定整个表格后，按格式工具栏上的左、右、居中对齐等按钮则单元格中的文字内容不会进行左、右、居中对齐，整个工作表整体在页面中进行左、右、居中对齐。

39. 在应用软件 Word 表格操作中利用表格工作栏还可对表格内容进行垂直对齐。（√）

40. 在计算机应用软件 Excel 中选中不连续单元格的功能键是 Alt。（×）

正确答案：在计算机应用软件 Excel 中选中不连续单元格的功能键是 Ctrl。

41. 在计算机应用软件 Excel 中清除合并居中的格式可以通过键盘的删除(Delete)键来实现。（×）

正确答案：在计算机应用软件 Excel 中清除合并居中的格式可以通过编辑菜单中的清除格式来实现。

42. 在计算机应用软件 Excel 中的打印可实现放大或缩小比例打印。（√）

43. 不动产的买卖合同一般采用登记形式。（√）

44. 在实践中，口头形式是当事人最为普遍采用的一种合同约定形式。（×）

正确答案：在实践中，书面形式是当事人最为普遍采用的一种合同约定形式。

单选题

1. 不允许在岗位交接班记录中出现（ C ）。

A. 凭旧换新　B. 划改内容　C. 撕页重写　D. 双方签字

2. 投影线都通过中心的投影称为（ A ）投影法。

A. 中心　B. 平行　C. 斜　D. 正

3. 在工程制图中应用较多的投影法是（ D ）投影法。

A. 中心　B. 平行　C. 斜　D. 正

4. 剖视图的剖切符号为断开的（ D ）线。

A. 细实　B. 点划　C. 虚　D. 粗实

5. 在三视图中，反映物体前后、左右位置关系的视图为（ B ）。

A. 主视图　B. 俯视图

C. 左视图　D. 在三个视图中都有可能

6. 在三视图中，反映物体前后、上下位置关系的视图为（ C ）。

A. 主视图　B. 俯视图

C. 左视图　D. 在三个视图中都有可能

7. 画三视图时，主视图和俯视图的关系是（ A ）。

A. 长对正　B. 高平齐　C. 宽相等　D. 无关系

8. 零件图的主要作用之一是（ B ）。

A. 指导读零件的结构　B. 直接指导制造零件

C. 读零件图与装配图关系　D. 读零件之间的配合情况

9. 毒物的沸点是（ C ）。

A. 越低毒性越小　B. 越高毒性越大　C. 越低毒性越大　D. 与毒性无关

10. 污染物的回收方法包括（ D ）。

A. 蒸发　B. 干燥　C. 排放　D. 吸收

11. 清洁生产涵盖有深厚的理论基础，但其实质是（ A ）。

A. 最优化理论　B. 测量学基本理论

C. 环境经济学基本理论　D. 资源经济学基本理论

12. 液体有机物的燃烧可以采用（ C ）灭火。

A. 水　B. 沙土　C. 泡沫　D. 以上均可

13. ISO 14001 标准其主要特点有强调（ D ），强调法律，法规的符合性，强调系统化管理，强调文件化，强调相关方的观点。

A. 污染预防　B. 持续改进　C. 末端治理　D. 污染预防、持续改进

14. 在 ISO 14001 标准体系中，为了确保环境因素评价的准确性，在识别环境因素时应考虑的三种状态是(C)。

A. 开车、停机和检修状态　　B. 连续、间歇和半连续状态

C. 正常、异常和紧急状态　　D. 上升、下降和停止状态

15. 公司 HSE 管理体系的审核分为内部审核、(C)。

A. 第一方审核　B. 第二方审核　C. 第三方审核　D. 第四方审核

16. HSE 评审的目的是检验 HSE 管理体系的适宜性、(B)和有效性。

A. 充分性　B. 公平性　C. 权威性　D. 必要性

17. 废水治理的方法有物理法、(A)法和生物化学法等。

A. 化学　B. 过滤　C. 沉淀　D. 结晶

18. 可直接用碱液吸收处理的废气是(A)。

A. 二氧化硫　B. 甲烷　C. 氨气　D. 一氧化氮

19. 废渣的处理大致采用(D)、固化、陆地填筑等方法。

A. 溶解　B. 吸收　C. 粉碎　D. 焚烧

20. 为了作好防冻防凝工作，停用的设备、管线与生产系统连接处要加好(B)，并把积水排放吹扫干净。

A. 阀门　B. 盲板　C. 法兰　D. 保温层

21. “夏季四防”包括防暑降温、防汛、(A)、防倒塌。

A. 防雷电　B. 防霉变　C. 防跌滑　D. 防干旱

22. 属于石化行业职业病的是(B)。

A. 近视　B. 尘肺病　C. 肩周炎　D. 哮喘

23. 与化工生产密切相关的职业病是(B)。

A. 耳聋　B. 职业性皮肤病　C. 关节炎　D. 眼炎

24. 在 HSE 管理体系中，(A)是指组织在职业健康安全绩效方面所达到的目的。

A. 目标　B. 事件　C. 不合格　D. 不符合

25. 在 HSE 管理体系中，(B)是指与组织的职业健康安全绩效有关的或受其职业健康安全绩效影响的个人或团体。

A. 目标　B. 相关方　C. 事件　D. 不符合

26. 在 HSE 管理体系中，造成死亡、职业病、伤害、财产损失或环境破坏的事件称为(C)。

A. 灾害　B. 毁坏　C. 事故　D. 不符合

27. 标准化的重要意义是改进产品、过程或服务的(C)，防止贸易壁垒，并促进技术合作。

A. 品质　B. 性能　C. 适用性　D. 功能性

28. 产品质量认证活动是(D)开展的活动。

A. 生产方　　B. 购买方

C. 生产和购买双方　　D. 独立于生产方和购买方之外的第三方机构

29. 全面质量管理强调以(B)质量为重点的观点。

A. 产品　B. 工作　C. 服务　D. 工程

30. 质量管理体系要求企业除应有(A)上的保证能力以外，还应有资源上的保证能力。

A. 管理　　B. 质量计划　　C. 质量政策与程序　D. 质量文件

31. 企业的质量方针是由(D)决策的。

A. 全体员工　　B. 基层管理人员　　C. 中层管理人员　　D. 最高管理层人员

32. PDCA 循环的四个阶段八个步骤的第四个步骤是(B)。

A. 总结　　B. 拟订对策并实施

C. 分析问题原因　　D. 效果的确认

33. ISO 9001 和 ISO 9004 的区别在于(D)。

A. 采用以过程为基础的质量管理体系模式

B. 建立在质量管理八项原则的基础之上

C. 强调与其他管理标准的相容性

D. 用于审核和认证

34. 下列各项中属于产品固有特性的是(B)。

A. 价格　　B. 噪音　　C. 保修期　　D. 礼貌

35. PDCA 循环是实施 ISO 9000 族标准(B)原则的方法。

A. 系统管理　　B. 持续改进　　C. 过程方法　　D. 以事实为决策依据

36. 在计算机应用软件 Word 中，不能进行的字体格式设置是(C)。

A. 文字的缩放　　B. 文字的下划线　　C. 文字的旋转　　D. 文字的颜色

37. 计算机应用软件 Word 的菜单中，经常有一些命令是灰色的，这表示(B)。

A. 应用程序本身有故障　　B. 这些命令在当前状态不起作用

C. 系统运行故障　　D. 这些命令在当前状态下有特殊的效果

38. 在计算机应用软件 Word 中，可用于计算表格中某一数值列平均值的函数是(C)。

A. Abs( )　　B. Count( )　　C. Average( )　　D. Total( )

39. 在计算机应用软件 Excel 工作表中，可按需拆分窗口，一张工作表最多拆分为(B)个窗口。

A. 3　　B. 4　　C. 5　　D. 任意多

40. 在计算机应用软件 Excel 中如图所示页面中的斜杠是通过(B)菜单中单元格里的边框来实现。

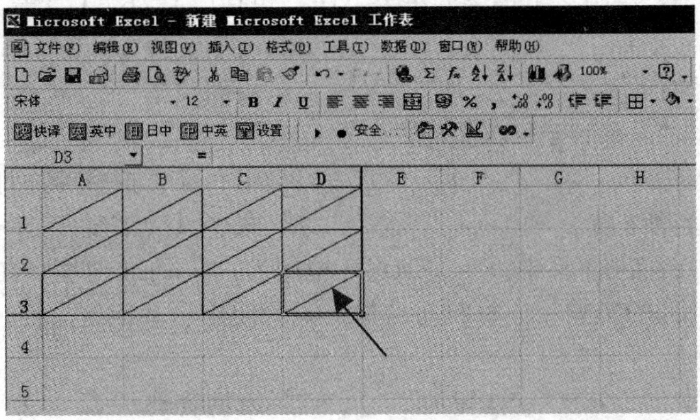

A. 编辑　　B. 格式　　C. 工具　　D. 窗口

41. 当事人采用合同书形式订立合同的，自双方当事人(C)时合同成立。

A. 制作合同书　　B. 表示受合同约束

C. 签字或者盖章　　D. 达成一致意见

42. 下列各种合同中，必须采取书面形式的是(D)合同。

A. 保管　　B. 买卖　　C. 租赁　　D. 技术转让

多选题

1. 设备巡检时域分为(A，B，C，D)等检查。

A. 设备运行期间　　B. 设备停机过程中

C. 设备停运期间　　D. 设备开机过程中

2. 在三视图中，能够反映物体前后位置关系的视图为(B，C)。

A. 主视图　　B. 俯视图

C. 左视图　　D. 在三个视图中都有可能

3. 在三视图中，能够反映物体上下位置关系的视图为(A，C)。

A. 主视图　　B. 俯视图

C. 左视图　　D. 在三个视图中都有可能

4. 在三视图中，与高度有关的视图是(A，C)。

A. 主视图　　B. 俯视图　　C. 左视图　　D. 三个视图都有关系

5. 在三视图中，与宽度有关的视图是(B，C)。

A. 主视图　　B. 俯视图　　C. 左视图　　D. 三个视图都有关系

6. 零件图的主要作用是(A，C)。

A. 直接指导制造零件　　B. 指导读零件的结构

C. 检验零件的图样　　D. 读零件图与装配图关系

7. 安全检查中的“月查”由车间领导组织职能人员进行月安全检查，查领导、查思想、(A，B，D)。

A. 查隐患　　B. 查纪律　　C. 查产量　　D. 查制度

8. 尘毒物质对人体的危害与工作环境的(A，B，C)等条件有关。

A. 温度　　B. 湿度　　C. 气压　　D. 高度

9. 改革生产工艺是控制化工污染的主要方法，包括(A，B，C)等。

A. 改革工艺　　B. 改变流程

C. 选用新型催化剂　　D. 更新设备

10. 着火点较大时，有利于灭火措施的是(A，C，D)。

A. 抑制反应量　　B. 用衣服、扫帚等扑打着火点

C. 减少可燃物浓度　　D. 减少氧气浓度

11. 在 ISO 14001 标准体系中，为了确保环境因素评价的准确性，在识别环境因素时应考虑土地污染、对社区的影响、原材料与自然资源的使用、其他地方性环境问题外，还应考虑(A，B，C)问题。

A. 大气排放　　B. 水体排放　　C. 废物管理　　D. 材料的利用

12. 在 ISO 14001 标准体系中，环境因素识别的步骤包括(A，B，D)。

A. 划分和选择组织过程　　B. 确定选定过程中存在的环境因素

C. 初始环境评审　　　　　　　　D. 明确每一环境因素对应的环境影响

13. 在 ISO 14001 标准体系中，识别环境因素的方法除问卷调查、专家咨询、现场观察和面谈、头脑风暴、查阅文件及记录、测量、水平对比、纵向对比等方法外，还有(A，B，C)方法。

A. 过程分析法　　　　　　　　B. 物料衡算

C. 产品生命周期　　　　　　　D. 最优化理论

14. 在 HSE 管理体系中，审核是判别管理活动和有关的过程(A，B)，并系统地验证企业实施安全、环境与健康方针和战略目标的过程。

A. 是否符合计划安排　　　　　B. 是否得到有效实施

C. 是否已经完成　　　　　　　D. 是否符合标准

15. HSE 管理体系中，危害主要包括(A，B，C，D)等方面。

A. 物的不安全状态　　　　　　B. 人的不安全行为

C. 有害的作业环境　　　　　　D. 安全管理缺陷

16. 工业废水的生物处理法包括(B，D)法。

A. 过滤　　B. 好氧　　C. 结晶　　D. 厌氧

17. 对气态污染物的治理主要采取(B，C)法。

A. 蒸馏　　B. 吸附　　C. 吸收　　D. 过滤

18. 可用于废渣处理方法的是(A，B，C)。

A. 陆地填筑　　B. 固化　　C. 焚烧　　D. 粉碎

19. 为了做好防冻防凝工作，应注意(A，B，C)。

A. 加强报告制度　　　　　　　B. 加强巡检力度

C. 有情况向上级或领导汇报　　D. 独立解决问题

20. 不属于夏季四防范畴的是(A，B，D)。

A. 防滑　　B. 防冰雹　　C. 防雷电　　D. 防干旱

21. HSE 管理体系规定，事故的报告、(A，B，C)、事故的调查、责任划分、处理等程序应按国家的有关规定执行。

A. 事故的分类　　B. 事故的等级　　C. 损失计算　　D. 事故的赔偿

22. 标准化的重要意义可概括为(A，B，C，D)。

A. 改进产品、过程或服务的适用性　　B. 防止贸易壁垒，促进技术合作

C. 在一定范围内获得最佳秩序　　D. 有一个或多个特定目的，以适应某种需要

23. 企业质量体系认证(A，C，D)。

A. 是一种独立的认证制度

B. 依据的标准是产品标准

C. 依据的标准是质量管理标准

D. 是第三方对企业的质量保证和质量管理能力依据标准所做的综合评价

24. 产品的质量特性包括(A，B，C，D)。

A. 性能　　B. 寿命　　C. 可靠性　　D. 安全性

25. PDCA 循环中，处置阶段的主要任务是(B，D)。

A. 明确目标并制订实现目标的行动方案

B. 总结成功经验

C. 对计划实施过程进行各种检查

D. 对质量问题进行原因分析，采取措施予以纠正

26. 下列哪些标准应用了以过程为基础的质量管理体系模式的结构(B，C)。

A. ISO 9000：2000《质量管理体系基础和术语》

B. ISO 9001：2000《质量管理体系要求》

C. ISO 9004：2000《质量管理体系业绩改进指南》

D. ISO 19011：2002《质量和环境管理体系审核指南》

27. ISO 9000 族标准中，质量具有(B，C)性等性质。

A. 适用　B. 广义　C. 相对　D. 标准

28. 在计算机应用软件 Word 的"页面设置"对话框中，可以设置的选项为(B，C，D)。

A. 字体　B. 位置　C. 纸型　D. 纸张大小

29. 在计算机应用软件 Word 表格中，关于数据排序的叙述，不正确的是(A，B，C)。

A. 表格中数据的排序只能按升序进行　B. 表格中数据的排序只能按降序进行

C. 表格中数据的排序依据只能是行　D. 表格中数据的排序依据可以是列。

30. 在计算机应用软件 Excel 工作表中，选定某单元格，单击"编辑"菜单下的"删除"选项，可能完成的操作是(A，B，C)。

A. 删除该行　B. 右侧单元格左移

C. 删除该列　D. 左侧单元格右移

31. 在 Excel 工作簿中，对工作表可以进行的打印设置是(A，B，D)。

A. 打印区域　B. 打印标题　C. 打印讲义　D. 打印顺序

32. 合同可以以(A，B，C，D)形式存在。

A. 口头　B. 批准　C. 登记　D. 公正

33. 下列说法中属于无效合同特征的有(A，B，C，D)。

A. 无效合同自合同被确认无效时起无效

B. 对无效合同要进行国家干预

C. 无效合同具有不得履行性

D. 无效合同的违法性

职业通用理论知识试题(《燃料油生产工》)

判断题

1. 气体溶解度通常指的是该气体(其压强为 1 标准大气压)在一定温度下溶解在 100g 水里的克数。(×)

正确答案： 气体溶解度通常指的是该气体(其压强为 1 标准大气压)在一定温度下溶解在 1 体积水里的体积数。

2. 在标准状况下，2.2g 二氧化碳气体的体积和 1.6g 氧气的体积相等。(√)

3. 溶液中溶质的质量分数是用溶质质量占溶液质量的百分比来表示的。(√)

4. 化学平衡向某一方向移动时，该方向上的产物在混合物中的百分含量必然增大。 （×）

正确答案：化学平衡向某一方向移动时，该方向上的产物在混合物中的百分含量不一定增大。

5. 1mL 0.1mol/L 硫酸溶液比 100mL 的 0.1mol/L 硫酸溶液的浓度小。 （×）

正确答案：1mL 0.1mol/L 硫酸溶液与 100mL 的 0.1mol/L 硫酸溶液的浓度相同。

6. 用溶液中任一物质的量与该溶液中所有物质的量之和的比来表示的溶液组成的方法叫摩尔分数。 （√）

7. 化学平衡常数是在一定温度下可逆反应达到平衡时生成物浓度幂的乘积与反应物浓度幂的乘积的比值。 （√）

8. 物质处于临界状态时的温度，对于纯组分来说，也就是气体加压液化时所允许的最低温度。 （×）

正确答案：物质处于临界状态时的温度，对于纯组分来说，也就是气体加压液化时所允许的最高温度。

9. 临界压力是气体可以被液化的最低压力。 （×）

正确答案：临界压力是气体可以被液化的最高压力。

10. 芳烃的工业来源：目前主要是从煤焦油分馏提取。 （×）

正确答案：芳烃的工业来源：目前主要由石油芳构制得。

11. 卤原子具有很强的得电子特性，所以在化学反应中卤素单质一律是氧化剂。 （×）

正确答案：卤原子具有很强的得电子特性，但在与水的反应中，除氟只做氧化剂外，其余卤素既做氧化剂又做还原剂。

12. 在反应 $C+H_2O(气) = CO\uparrow + H_2\uparrow$ 中，C 是还原剂。 （√）

13. 一般说来，在含硫及相对密度较高的海相成油的石油中含镍较多，而在低硫、高氮及陆相成油的石油中钒含量较高。 （×）

正确答案：一般说来，在含硫及相对密度较高的海相成油的石油中含钒较多，而在低硫、高氮及陆相成油的石油中镍含量较高。

14. 卟啉化合物是石油中比较常见的碱性含氮化合物。 （×）

正确答案：卟啉化合物是石油含氮化合物中重要的非碱性含氮化合物。

15. 石油中的脂类主要集中在 350℃以上的馏分中。 （√）

16. 实践证明，油品的黏度具有可加性。 （×）

正确答案：实践证明，油品的黏度并没有可加性。

17. 单位质量物质温度升高 1℃所吸收的热量称为该物质的质量热容，其单位是 kJ/(kg · ℃)，由此可见，物质的质量热容与其所处的温度无关。 （×）

正确答案：单位质量物质温度升高 1℃所吸收的热量称为该物质的质量热容，其单位是 kJ/(kg · ℃)，但是，物质的质量热容与其所处的温度有关。

18. 烃类的气化热比水的大些。 （×）

正确答案：烃类的气化热比水的小许多。

19. 对于定态流动系统，单位时间进入各截面的流体质量相等。 （√）

20. 流体输送管路的直径可根据流量和流速的大小来选定。 （√）

21. 体积流量一定时，流速与管径成反比。 （×）

正确答案：体积流量一定时，流速与管径的平方成反比。

22. 热负荷是单位时间内两流体间传热的传热量。（√）

23. 增加管壳式换热器的管程数可得到较大的平均温差，从而可强化传热。（×）

正确答案：增加管壳式换热器的壳程数可得到较大的平均温差，从而可强化传热。

24. 对于有侧线产品的蒸馏塔，塔顶产品和塔底产品之和等于进入塔的原料量。（×）

正确答案：对于有侧线产品的蒸馏塔，塔顶产品、侧线产品及塔底产品之和等于进入塔的原料量。

25. 理论板层数就是实际板层数。（×）

正确答案：理论板层数用塔板效率予以校正即可得实际板层数。

26. 精馏塔饱和蒸汽进料，则精馏段回流液流量与提馏段下降液体流量相等。（√）

27. 液泛时的气速为塔操作的极限速度。（√）

28. 过量的雾沫夹带造成液相在塔板间的返混，塔板效率下降。（√）

29. 造成漏液的主要原因是气速太大和板面上液面落差所引起的气流的分布不均匀。（×）

正确答案：造成漏液的主要原因是气速太小和板面上液面落差所引起的气流的分布不均匀。

30. 回流是保证精馏过程连续稳定操作的必不可少的条件之一。（√）

31. 回流比大，分离效果好，因此回流比越大越好。（×）

正确答案：回流比大，分离效果好，但要根据塔内气液相负荷来选择适宜的回流比。

32. 在化工分离过程中，当运动着的流体与壁面之间或两个有限互溶的运动流体之间发生传质时，统称为对流传质。（√）

33. 雷诺数是一个无因次数群，无论采用何种单位制，只要数群中各物理量的单位一致，算出的雷诺数相等。（√）

34. 流体在直管内流动时，当雷诺数大于4000时，流动类型属于层流。（×）

正确答案：流体在直管内流动时，当雷诺数大于4000时，流动类型属于湍流。

35. 目前，我国不能使用流量计的计量方式作石油及其产品计量。（×）

正确答案：流量计计量是我国石油及其产品计量方式之一。

36. 用于环境监测方面属于强制管理的计量器具，属于B级计量器具的范围。（×）

正确答案：用于环境监测方面属于强制管理的计量器具，属于A级计量器具的范围。

37. 精密测试中精度较高的计量器具、使用频繁量值易变的计量器具，属于A级计量器具的范围。（×）

正确答案：精密测试中精度较高的计量器具、使用频繁量值易变的计量器具，属于B级计量器具的范围。

38. 对有旁路阀的新物料计量表的投用步骤：先开旁路阀，流体先从旁路管流动一段时间；缓慢开启下游阀；缓慢开启上游阀；缓慢关闭旁路阀。（×）

正确答案：对有旁路阀的新物料计量表的投用步骤：先开旁路阀，流体先从旁路管流动一段时间；缓慢开启上游阀；缓慢开启下游阀；缓慢关闭旁路阀。

39. 单级离心泵主要由叶轮、轴、吸液室、泵体、泵盖、机械密封、压出室、轴套、耐磨环、轴承、联轴器组成。（√）

40. 离心泵的压出室有螺旋形蜗室和径向导叶两种形式，其作用是将叶轮中的高速液体

的一部分动能转化为压力能。(√)

41. 介质泄漏方向与离心力方向相反的机械密封为内流型机械密封，介质泄漏方向与离心力方向相同的机械密封为外流型机械密封。(√)

42. 接触式机械密封是依靠密封室中液体压力和压紧元件的压力压紧在静环端面上，并在两环形端面上产生适当的压力和保持一层极薄的液体膜，而达到密封的目的。(√)

43. 机械密封的冲洗目的是隔离介质、冷却和改善润滑。(√)

44. 板式塔的主要部件包括：塔体、封头、塔裙、接管、人孔、塔盘等。(√)

45. 在填料塔中，塔内装填一定高度的填料层，液体沿填料表面呈膜状向下流动，作为连续相的气体自下而上流动，与液体逆流传质。两相的组分浓度沿塔高呈阶梯变化。(×)

正确答案：在填料塔中，塔内装填一定高度的填料层，液体沿填料表面呈膜状向下流动，作为连续相的气体自下而上流动，与液体逆流传质。两相的组分浓度沿塔高呈连续变化。

46. 颗粒型填料的结构形状及堆砌方式将影响流体在床层内的流动和分布以及气液接触状态，从而决定了塔设备通过能力的大小和效率的高低。(√)

47. 固定管板式换热器的两端管板，采用焊接方式与壳体连接固定，其结构简单，制造成本低，清洗容易，适用于壳体与管子温差大的场合。(×)

正确答案：固定管板式换热器的两端管板，采用焊接方式与壳体连接固定，其结构简单，制造成本低，清洗容易，适用于壳体与管子温差小的场合。

48. 管式加热炉的最大特点是炉内安设有一定数量的管子，被加热的流体如原油等可连续通过，靠着炉管壁吸收燃料在炉内燃烧所产生的热量，以加热到规定的温度。(√)

49. 对于大口径或高压闸阀，不可在阀门邻近的进出口管上并联旁通阀。(×)

正确答案：对于大口径或高压闸阀，可在阀门邻近的进出口管上并联旁通阀。

50. 电化学腐蚀是指金属和外部介质发生了电化学反应，在反应区有隔离的阳极区和阴极区，电子由阴极区流向阳极区。(×)

正确答案：电化学腐蚀是指金属和外部介质发生了电化学反应，在反应区有隔离的阳极区和阴极区，电子由阳极区流向阴极区。

51. 根据压力容器的压力高低、介质的危害程度及在生产过程中的重要作用，将容器分为一类容器、二类容器和三类容器三种。(√)

52. 输送可燃流体介质、有毒流体介质，设计压力<1.0MPa，并且设计温度<400℃的GC2级工业管道属于GC2级工业管道。(×)

正确答案：输送可燃流体介质、有毒流体介质，设计压力<1.0MPa，并且设计温度<400℃的GC2级工业管道属于GC3级工业管道。

53. 耐压试验是用水或其他适宜的液体作为加压介质(极少数情况用气体作加压介质)，对容器进行强度和密封性的综合检验。(√)

54. 耐压试验的主要目的是检验容器受压部件的结构强度，验证其是否具有在设计压力下安全运行所需的承载能力。(√)

55. 密封性试验包括气密试验、氨气试验和煤油试验三种。(√)

56. 若叶轮入口处的液体压力小于它的饱和蒸汽压时则形成气泡，这些气泡在叶轮内高压区液化，形成空穴，周围液体对空穴进行冲击，打击在叶片上，使叶片产生剥蚀。这种现

象称为气蚀。(√)

57. 带指示灯的现场操作柱，红色信号灯亮时，说明电机正在运行。(√)

58. 正弦电流 $i=220\sqrt{2}I_m\sin(100\pi t+120°)$，该电流的初相角为 $\phi=120°$。(√)

59. 已知 $R_1=R_2=R_3=3\Omega$，这三个电阻并联后的总电阻也是 3Ω。(×)

正确答案：并联后的总电阻是 1Ω。

60. 已知 $R_1=R_2=R_3$，这三个电阻串联接入 220Ω 的电源，则这三个电阻上的分压是 $U_1=U_2=U_3=\frac{220}{3}V$。(√)

61. 装置电动机脏了，可以用水冲洗干净。(×)

正确答案：装置电动机脏了，不可以用水冲洗干净。

62. 电气设备外壳接地一般通过接地支线连接到接地干线，再通过接地干线连接到接地体。(√)

63. 对于管线、机泵等产生的静电，可通过安装防静电接地装置加以消除。(√)

64. 不管何种类型的电动机都有转子和定子这两大部件。(√)

65. 型号为 YB 的电动机属于增安型防爆电动机。(×)

正确答案：型号为 YB 的电动机属于隔爆型防爆电动机。

66. 打雷时，人可以赤脚站在接地装置附近。(×)

正确答案：打雷时，人不可以赤脚站在接地装置附近。

67. 炼油厂总电源一般由 220kV 或 110kV 变成 6kV 或 10kV 供装置变电所使用。(√)

68. 调节器的比例度 δ 越大，则放大倍数 K_c 越小，比例调节作用就越弱，过渡过程曲线越平稳，但余差也越大。(√)

69. 在串级控制中，一般情况下主回路常选择 PI 或 PID 调节器，副回路常选择 P 或 PI 调节器。(√)

70. 分程控制中所有调节阀的风开风关必须一致。(×)

正确答案：分程控制中所有调节阀的风开风关不一定一致。

71. 当压力开关的被测压力超过额定值时，弹性元件的自由端产生位移直接或经过比较后推动开关元件，改变开关元件的通断状态。(√)

72. 大转矩蝶阀应选用气动长行程执行机构。(√)

73. 氧化锆氧含量分析仪属于热学式分析仪。(×)

正确答案：氧化锆氧含量分析仪不属于热学式分析仪。

74. 使用 U 形管压力计测得的表压值与玻璃管断面面积大小有关。(×)

正确答案：使用 U 形管压力计测得的表压值与玻璃管断面面积大小无关。

75. 压力式温度计是利用感温液体受热膨胀原理工作的。(×)

正确答案：压力式温度计是利用气体、液体或蒸汽的体积或压力随温度变化性质设计制成。

76. 涡轮流量变送器输出信号的频率与流量成正比。(√)

77. 在用差压变送器测量液体的液面时，差压计的安装高度可不作规定，只要维护方便就行。(×)

正确答案：在用差压变送器测量液体的液面时，差压计的安装高度不可高于下面的取压口。

单选题

1. 下面关于气体溶解度的说法不正确的是(C)。

A. 气体在水里的溶解度，与该气体的性质有关

B. 气体在水里的溶解度，与该气体压强的大小有关

C. 气体在水里的溶解度，与该气体压强的大小无关

D. 温度对气体的溶解度有很大影响

2. 在20℃、1大气压时，氧气在水中的溶解度为A，在50℃、1大气压时，氧气在水中的溶解度为B，那A和B的数值关系为(B)。

A. $A=B$　　B. $A>B$　　C. $A<B$　　D. $A \leqslant B$

3. 现有两种氧单质O_2和O_m的混合气体，从其中取出体积相同的两份，往一份中加松节油，O_m完全被吸收，结果气体的体积减少了VmL，加热另一份，使其中O_m全部分解成氧气，则气体的体积增加0.5VmL，(以上各气体的体积都是在相同温度和压强下测定的)。根据上述数据推断m的数值为(B)。

A. $m=2$　　B. $m=3$　　C. $m=4$　　D. $m=5$

4. 在室温下，把2.3g钠块溶于97.7g水里，所得溶液的质量分数是(D)。

A. 2.3%　　B. 4%　　C. 小于4%　　D. 大于4%

5. 对于可逆反应$N_2+3H_2 \rightleftharpoons 2NH_3$+热，达到化学平衡时，若升高温度，(A)则化学平衡左移。

A. 正、逆反应速度加快，$V_{逆}>V_{正}$　　B. 正、逆反应速度降低，$V_{逆}>V_{正}$

C. 正、逆反应速度加快，$V_{正}>V_{逆}$　　D. 正、逆反应速度降低，$V_{正}>V_{逆}$

6. 在500℃时，$N_2+3H_2 \rightleftharpoons 2NH_3$+热，达到化学平衡时，若保持其他条件不变，只降低温度，化学平衡右移，以下说法正确的是(B)。

A. 正、逆反应速度加快　　B. 正、逆反应速度降低

C. 正反应速度加快，逆反应速度变慢　　D. 正反应速度变慢，逆反应速度加快

7. 有化学反应：$N_2O_4 \rightleftharpoons 2NO_2-56.9kJ$，该反应达到平衡后，增加$N_2O_4$的浓度，下列说法正确的是(B)。

A. 向生成N_2O_4的方向移动　　B. 向生成NO_2的方向移动

C. 不移动

D. 先向生成N_2O_4的方向移动，后向生成NO_2的方向移动

8. 对于密闭容器中的反应$N_2+3H_2 \rightleftharpoons 2NH_3$+热，达到化学平衡后，充入惰性气体，下列说法正确的是(C)。

A. 向正反应方向移动　　B. 向逆反应方向移动

C. 不移动

D. 先向正反应方向移动，后向逆反应方向移动

9. 同摩尔浓度、同体积的下列溶液中，所含溶质的离子数最多的是(D)。

A. 氯化钠溶液　　B. 氯化钙溶液　　C. 硫酸钠溶液　　D. 硫酸铝溶液

10. 1mol某种液体混合物，其组分的摩尔分数(x)为：x(A)=0.8，x(B)=0.2；组分A的相对分子质量为18，组分B的相对分子质量为40，则该混合物具有的质量为(A)g。

A. 22.4　　B. 29　　C. 18　　D. 40

11. 在 A+B $\rightleftharpoons$ C+D 平衡体系中，增温则平衡常数 K 变小，则下列选项正确的是(A)。

A. 正反应是放热反应，逆反应是吸热反应

B. 正逆反应都是吸热反应

C. 正逆反应都是放热反应

D. 正反应是吸热反应，逆反应是放热反应

12. 写出 $CaCO_3 \rightleftharpoons CaO+CO_2$ 平衡体系(在密闭容器内)平衡常数 K 的正确表达式(B)。

A. $K=1$　　B. $K=[CO_2]$

C. $K=\frac{[CaO][CO_2]}{[CaCO_3]}$　　D. $K=\frac{[CaCO_3]}{[CaO][CO_2]}$

13. 下面关于化学反应速度的单位正确的是(A)。

A. mol/(L·min)　　B. mol/min　　C. mol/L　　D. mol/(g·min)

14. 下列叙述中正确的是(B)。

A. 在反应中使用催化剂不能改变化学反应速度

B. 在反应中使用催化剂能加大化学反应速度

C. 在反应中降低压强能加大化学反应速度

D. 在反应中改变压强对化学反应速度没有影响

15. 下面的说法正确的是(C)。

A. 汽油没有临界温度

B. 对于混合物，在高于其临界温度时，没有液相存在

C. 对于混合物，在高于其临界温度时，仍可能有液相存在

D. 只有纯物质有临界温度

16. 下面选项不是化学平衡特征的是(A)。

A. 化学平衡研究的对象——可逆反应进行的程度

B. 化学平衡是动态平衡，即处于化学平衡状态时，化学反应并没有停止，而是正逆反应速率相等罢了

C. 由于达到化学平衡状态时的正逆反应速率相等，所以，该状态下反应混合物中各组分的质量分数保持一定，不再改变

D. 当改变影响化学平衡的某一个条件(如温度、压强、浓度)时，原有的化学平衡状态会被破坏，直至在新的条件下建立新的平衡状态

17. 在一定温度下 H_2(气)+I_2(气)$\rightleftharpoons$2HI(气)达到平衡的标志是(C)。

A. 单位时间内生成 n mol H_2，同时生成 n mol I_2

B. 容器内总压强不随时间而变化

C. 单位时间内生成 $2n$ mol HI，同时生成 n mol H_2

D. 单位时间内生成 $2n$ mol HI，同时生成 $2n$ mol H_2

18. 在常温常压下，下列物质呈液态的是(B)。

A. 乙炔　　B. 1-戊炔　　C. 丙炔　　D. 1-十八碳炔

19. 下面关于乙炔的说法不正确的是(B)。

A. 乙炔能发生聚合反应　　B. 乙炔聚合后，一般生成高聚物

C. 乙炔是一种重要的有机合成原料　　D. 乙炔可用作高温氧炔焰的燃料

20. 分子式为 C_8H_{10} 的苯的同系物可能的结构式种类有(C)。

A. 2 种　　B. 3 种　　C. 4 种　　D. 5 种

21. 下列关于芳烃物化性质的说法不正确的是(D)。

A. 芳烃可分为单环芳烃、多环芳烃、稠环芳烃

B. 芳烃不溶于水，易溶于乙醚等有机溶剂

C. 芳烃具有毒性

D. 蒽是由两个苯环共用相邻的碳原子而成的芳烃

22. 下列物质与氧化剂发生反应的结果是(D)。

A. $SO_3 \longrightarrow H_2SO_4$　　B. $MnO_2 \longrightarrow MnSO_4$

C. $FeCl_3 \longrightarrow FeCl_2$　　D. $Na_2S \longrightarrow S$

23. 实现下列变化，需要加入氧化剂的有(A)。

A. $HCl \longrightarrow Cl_2$　　B. $NaCl \longrightarrow HCl$　　C. $HCl \longrightarrow H_2$　　D. $CaCO_3 \longrightarrow CO_2$

24. 在 $3Fe+4H_2O = Fe_3O_4+4H_2\uparrow$ 反应中，铁是(B)。

A. 氧化剂　　B. 还原剂　　C. 催化剂　　D. 脱水剂

25. 下列卤单质中不能作还原剂的是(A)。

A. F_2　　B. Cl_2　　C. Br_2　　D. I_2

26. 石油中微量元素主要集中在(D)馏分。

A. 汽油　　B. 煤油　　C. 柴油　　D. 渣油

27. 一般来说，原油中的碱性氮的含量占总氮的比例为(B)。

A. 5%～20%　　B. 25%～30%　　C. 35%～45%　　D. 40%～50%

28. 在石油酸性含氧化合物中，脂肪酸和酚类含量通常不超过酸性含氧化合物总量的(D)。

A. 10%　　B. 5%　　C. 1%　　D. 0.5%

29. 当相对分子质量接近时，(D)的气化热最大。

A. 正构烷烃　　B. 异构烷烃　　C. 环烷烃　　D. 芳香烃

30. 石油馏分的常压气化热可以根据(C)、平均相对分子质量和相对密度三个参数中的两个查有关图表确定。

A. 体积平均沸点　　B. 质量平均沸点

C. 中平均沸点　　D. 立方平均沸点

31. 油品的特性因数 K 值是油品的平均沸点和(D)的函数。

A. 黏度　　B. 质量平均沸点　　C. 气化热　　D. 相对密度

32. 当油品的(C)相近时，油品的特性因数 K 值大小的顺序为芳香烃<环烷烃<烷烃。

A. 混合黏度　　B. 临界温度　　C. 相对分子质量　　D. 气化热

33. 不可压缩流体在管路中流动，下列物料衡算表达式错误的是(D)。

A. 质量流量 $w_{s1}=w_{s2}$　　B. 质量流量 $w_s=u_1A_1\rho_1=u_2A_2\rho_2$

C. 体积流量 $V_s=u_1A_1=u_2A_2$　　D. 体积流量 $V_s=u_1A_1=u_2A_2$ 而 $w_{s1}\neq w_{s2}$

34. 欲输送 $25m^3/h$ 的水，水的流速取 1.8m/s，则应选择输送管的管径为(A)。

A. ϕ80mm×4mm　　B. ϕ108mm×4mm　　C. ϕ50mm×3mm　　D. ϕ150mm×4mm

35. 在定态流动系统中，水连续地从粗管流入细管。粗管内径为细管的两倍，那么细管内水的流速是粗管的(B)倍。

A. 2　　B. 4　　C. 6　　D. 8

36. 下列方法可以强化传热的是(D)。

A. 减小流体流速　　B. 采用大直径管

C. 采用平板面　　D. 采用翅片面

37. 关于蒸馏塔的物料平衡正确的说法是(B)。

A. 进入塔的物料体积与离开的物料体积相等

B. 进入塔的物料质量与离开的物料质量相等

C. 进入塔的物料质量与塔底出来的物料质量相等

D. 进入塔的物料质量与塔顶出来的物料质量相等

38. 引入理论板的作用是(A)。

A. 作为实际板分离效率的依据和标准　　B. 计算塔径

C. 确定产品组成　　D. 计算冷凝器、再沸器的热负荷

39. 对于冷液进料(原料液的温度低于泡点)，提馏段下降液体流量 L' 与精馏段回流液流量 L、原料液 F 的关系为(C)。

A. $L'=L$　　B. $L'=L+F$　　C. $L'>L+F$　　D. $L'<L+F$

40. 发生液泛时的现象是(D)。

A. 降液管液面低　　B. 塔压降不变

C. 塔压降下降　　D. 塔压降上升

41. 造成漏液的主要原因是(D)。

A. 塔压降大　　B. 液体量大　　C. 气速高　　D. 气速低

42. 回流比大对精馏塔操作的影响，下列错误的是(B)。

A. 塔负荷高　　B. 分离效果变差

C. 操作费用高　　D. 传质推动力增加

43. 由于分子的无规则热运动而形成的物质传递现象为(D)。

A. 热传质　　B. 涡流扩散　　C. 对流传质　　D. 扩散传质

44. 关于雷诺数，下列说法错误的是(B)。

A. 雷诺数是一个无因次数群

B. 雷诺数可以由测量得到

C. 雷诺数与管径、流体的流速、密度、黏度有关

D. 雷诺数用来判断流体的流动类型

45. 流体在直管内流动时，当雷诺数(A)时，流体的流动属于湍流。

A. $Re \geqslant 4000$　　B. $Re \leqslant 2000$

C. $Re \geqslant 3000$　　D. $2000 \leqslant Re \leqslant 4000$

46. 油罐交接计量、铁路油罐车、油船、油驳的装卸油计量，一般采用(A)计量方法。

A. 人工检尺　　B. 衡器计量　　C. 流量计　　D. 液位计

47. 企业用于量值传递的最高标准计量器具，属于(A)级计量器具的范围。

A. A　　B. B　　C. C　　D. D

48. 用于企业内部经济核算的能源、物料计量器具，属于(B)级计量器具的范围。

A. A　　B. B　　C. C　　D. D

49. 用于生产过程中带控制回路的计量器具，属于(B)级计量器具的范围。

A. A　　B. B　　C. C　　D. D

50. 对计量数据无准确度要求的指示用计量器具，属于(C)级计量器具的范围。

A. A　　B. B　　C. C　　D. D

51. 与设备配套不能拆卸的指示仪表，盘装表等计量器具，属于(C)级计量器具的范围。

A. A　　B. B　　C. C　　D. D

52. 用于国内贸易计量，石油及其液体产品计量表配备的精度最低要求为(B)。

A. ±0.2%(体积分数)　　B. ±0.35%(体积分数)

C. ±1.0%(体积分数)　　D. 1.5%(体积分数)

53. 用于进出厂计量，气体(天然气、瓦斯等)计量表配备的精度最低要求为(A)。

A. ±2.5%(体积分数)　　B. ±0.35%(体积分数)

C. ±1.0%(体积分数)　　D. 1.5%(体积分数)

54. 对有旁路阀的新物料计量表的投用步骤：先开旁路阀，流体先从旁路管流动一段时间；缓慢开启上游阀；缓慢(C)；缓慢关闭旁路阀。

A. 开启上游阀　　B. 关闭上游阀　　C. 开启下游阀　　D. 关闭下游阀

55. 一台泵的级数越多，流量(C)。

A. 越大　　B. 越小　　C. 不变　　D. 成正比增大

56. 介质压力对平衡型机械密封影响较小，故平衡型机械密封特别适用于(A)离心泵。

A. 高扬程　　B. 低扬程　　C. 各种扬程　　D. 中扬程

57. 常用的接触式机械密封的主要摩擦形式为(D)。

A. 干摩擦　　B. 液体摩擦　　C. 边界摩擦　　D. 混合摩擦

58. 设计机械密封摩擦副的 PV 值应(B)它的许用[PV]值。

A. 等于　　B. 小于　　C. 大于　　D. 小于或大于

59. 离心泵输送干净的常温介质时，其机械密封一般选择(A)形式。

A. 自冲洗　　B. 外冲洗　　C. 循环冲洗　　D. 其他冲洗

60. 利用压力差来实现对机械密封进行冲洗，且冲洗液能循环使用的称为(C)。

A. 自冲洗　　B. 外冲洗　　C. 循环冲洗　　D. 其他冲洗

61. 在板式塔中，塔内装有一定数量的塔盘，气体以鼓泡或喷射的形式穿过塔盘上的液层使(B)密切接触，进行传质。

A. 一相　　B. 两相　　C. 三相　　D. 四相

62. 在填料塔中，塔内装有一定高度的填料，液体沿着填料表面呈(A)向下流动，作为连续相的气体自下而上流动，与液体逆流传质。

A. 膜状　　B. 汽状　　C. 汽泡状　　D. 鼓泡状

63. 弧鞍填料为对称的开式弧状结构，一般用陶瓷制造，它属于(B)。

A. 环形填料　　B. 鞍形填料　　C. 鞍环填料　　D. 其他填料

64. 一端管板与壳体固定，而另一端的管板可以在壳体内自由浮动，这种换热器是(B)。

A. 固定管板式换热器　　B. 浮头式换热器
C. U形管式换热器　　D. 填料函式换热器

65. 闸阀的主体是(A)。

A. 阀体　　B. 阀杆　　C. 传动装置　　D. 闸板

66. 能传递力矩起着启闭闸板作用的是(B)。

A. 阀体　　B. 阀杆　　C. 传动装置　　D. 闸板

67. 常用阀门丝杆与螺母之间处，应定期加注润滑脂，而不常用阀门丝杆与螺母处，应(D)。

A. 不需要加注润滑脂　　B. 定期加注润滑脂
C. 长期保持轴见光　　D. 用润滑脂封死

68. 金属在完全没有湿气凝结在其表面的情况下所发生的腐蚀叫做(A)。

A. 气体腐蚀　　B. 非电解液的腐蚀
C. 电解液的腐蚀　　D. 应力腐蚀

69. 炼油设备的壁温高于(B)℃时，任何处于含硫环境下的金属都会受到高温硫化氢不同程度的腐蚀。

A. 200　　B. 250　　C. 300　　D. 350

70. 最高工作压力大于等于0.1MPa小于1.6MPa的压力容器属于(A)。

A. 低压容器　　B. 中压容器　　C. 高压容器　　D. 超高压容器

71. 输送可燃流体介质、有毒流体介质，设计压力≥4.0MPa，并且设计温度≥400℃的工业管道属于(A)级工业管道。

A. GC1　　B. GC2　　C. GC3　　D. GC4

72. 钢制固定式压力容器的液压试验压力为设计压力的(C)倍。

A. 1.0　　B. 1.15　　C. 1.25　　D. 1.50

73. 对于储存剧毒介质和设计要求不允许有微量泄漏的容器必须做(C)。

A. 耐压试验　　B. 气压试验　　C. 密封性试验　　D. 水压试验

74. 若离心泵要正常连续工作，吸入液面上的压力要(A)叶轮入口处的压力。叶轮入口处的压力越低，吸入能力越大。

A. 大于　　B. 小于　　C. 等于　　D. 小于或等于

75. 离心泵的有效气蚀余量$(NPSH)_s$与吸入系统有关，而与泵本身无关。而离心泵的必须气蚀余量$(NPSH)_r$与吸入系统无关，而与泵本身(B)。

A. 设计无关　　B. 设计有关　　C. 安装位置有关　　D. 制造无关

76. 在燃料油生产装置中的现场照明线路控制通常使用的开关是(D)。

A. 拉线开关　　B. 空气开关　　C. 胶盒开关　　D. 防爆开关

77. 正弦交流电的三要素指的是(C)。

A. 频率、有效值、相位角　　B. 幅值、有效值、初相角
C. 幅值、角频率、初相角　　D. 有效值、幅值、相位角

78. 已知$R_1=10\Omega$，$R_2=10\Omega$，把两个电阻并联起来，其总电阻为(D)。

A. $R=10\Omega$　　B. $R=20\Omega$　　C. $R=15\Omega$　　D. $R=5\Omega$

79. 已知 $R_1=28\Omega$，$R_2=30\Omega$，如果把这两个电阻串联起来，其总电阻为(D)。
A. $R=28\Omega$　B. $R=30\Omega$　C. $R=2\Omega$　D. $R=58\Omega$

80. 机泵和电机要进行检修时，必须要按照(D)程序。
A. 停机后，立即对机泵进行检修
B. 停机后，拆开对轮后，对电动机进行检修
C. 停机后，拆开电机线头，然后检修机泵
D. 对于需要检修的机泵，要先填写有关检修作业票，由运行电工停电机动力电源，并在开关处挂上“严禁合闸，有人工作”标志牌，方允许对故障机泵或电机进行检修

81. 电气设备的接地线采用铝导线时，其截面积一般不得小于(D)mm^2。
A. 1.5　B. 2.5　C. 4　D. 6

82. 防雷装置的接地电阻，一般要求为(C)Ω 以下。
A. 1　B. 4　C. 10　D. 100

83. 在燃料油生产装置，通常使用的电动机类型是(D)。
A. 直流电动机　B. 普通非防爆电动机
C. 单相交流密闭型电动机　D. 三相防爆交流异步或同步电动机

84. 电动机的型号主要表示电机的(D)特性。
A. 电机的容量　B. 电机的电压
C. 电机的电流　D. 电机的类型、用途和技术结构特征

85. 人体能承受的跨步电压约为(D)。
A. 110~220V　B. 6~10kV　C. 20~35kV　D. 90~110kV

86. 燃料油生产装置与泵配套使用的低压电机常用的电压等级是(D)。
A. 110V　B. 220V　C. 36V　D. 380V/660V

87. 在由炉温与燃料油流量构成的串级调节系统中，下列说法正确的是(A)。
A. 炉温是主变量　B. 燃料油流量是主变量
C. 炉温和燃料油流量都是主变量　D. 炉温和燃料油流量都是副变量

88. 下列选项中，不是串级调节系统选择依据的是(D)。
A. 工艺要求　B. 对象特性　C. 干扰性质　D. 安全要求

89. 下列选项中，可以满足开停车时小流量和正常生产时的大流量的要求，使之都能有较好的调节质量的控制方案是(C)。
A. 简单　B. 串级　C. 分程　D. 比值

90. 当继电器的线圈得电时，将会产生(C)。
A. 常开触点和常闭触点都闭合　B. 常开触点和常闭触点都断开
C. 常开触点闭合，常闭触点断开　D. 常开触点断开，常闭触点闭合

91. 下列选项中，调节阀不需要进行流向选择的是(A)。
A. 球阀　B. 单座阀　C. 高压阀　D. 套筒阀

92. 测量有腐蚀性、易冻结、易析出固体或是高黏度时，应装(D)。
A. 过滤器　B. 伴热管线
C. 冷凝管或冷凝器　D. 隔离器或隔离液

93. 关于取压点说法不正确的是(A)。

A. 为避免导压管堵塞，取压点要求在垂直管道上

B. 测量液体压力时，取压点应在管道下部，使导压管内不积存气体

C. 测量气体压力时，取压点应在管道上部，使导压管内不积存液体

D. 取压点不能处于流速紊乱的地方

94. 热电偶或补偿导线短路时，显示仪表的示值约为(A)。

A. 短路处的温度值　B. 室温　C. 最大　D. 零

95. 热电偶产生热电势的条件是(C)。

A. 两热电极材料相同，两接点温度相同

B. 两热电极粗细不同，两接点温度相异

C. 两热电极材料相异，两接点温度相异

D. 两热电极长短不同，两接点温度相异

96. 转子流量计中转子上下的压差由(C)决定。

A. 流体的流速　B. 流体的压力　C. 转子的重量　D. 流体的方向

97. 用于测量流量的导压管线，阀门组回路中，平衡阀泄漏时，仪表指示(A)。

A. 偏低　B. 偏高　C. 超量程　D. 跑零下

98. 下列选项中，根据变浮力原理测量的液位计是(B)。

A. 浮标　B. 浮筒　C. 浮球　D. 玻璃

99. 用双法兰液面计测量容器内的液位，其零点和量程均已校正好，后因需要仪表的安装位置上移了一段距离，则液面计(D)。

A. 零点上升，量程不变　B. 零点下降，量程不变

C. 零点不变，量程增大　D. 零点和量程都不变

多选题

1. 理想气体状态方程在化学计算中占有重要地位，其数学表达式正确的是(A，B)。

A. $\frac{P_1V_1}{T_1}=\frac{P_2V_2}{T_2}\cdots\cdots$　B. $PV=nRT$

C. $\frac{P_1T_1}{V_1}=\frac{P_2T_2}{V_2}\cdots\cdots$　D. $nV=PRT$

2. 对于某饱和溶液，其质量百分比浓度及溶解度的表达式正确的是(A，B，C)。

A. 饱和溶液的质量百分比浓度$=\frac{\text{溶解度}}{100+\text{溶解度}}\times100\%$

B. 饱和溶液的质量百分比浓度$=\frac{\text{饱和溶液中溶质质量}}{\text{饱和溶液的质量}}\times100\%$

C. $\frac{\text{溶解度}}{100+\text{溶解度}}=\frac{\text{饱和溶液中溶质质量}}{\text{饱和溶液的质量}}$

D. 饱和溶液的质量百分比浓度=溶解度

3. 关于可逆反应说法正确的是(A，C，D)。

A. 在同一条件下，既能向正反应方向进行，同时又能向逆反应方向进行的反应，叫可逆反应

B. 所有的反应都是可逆的

C. 有气体参加的反应或有气体生成的反应，一定要在密闭体系的条件下才能是可逆

反应

D. 可逆反应中正反应和逆反应是相对的

4. 摩尔浓度为 1mol/L 的硫酸钠溶液的含义是(C，D)。

A. 溶液中含有 1mol 的硫酸钠

B. 1mol 硫酸钠溶于 1L 水中

C. 1L 溶液中含有硫酸钠 142g

D. 将 322g 硫酸钠结晶水合物($Na_2SO_4 \cdot 10H_2O$)完全溶于水后加水稀释至 1L

5. 下面关于化学平衡常数说法正确的是(A，B，C)。

A. 平衡常数表示可逆反应的进行程度

B. 平衡常数的值越大说明正反应进行的程度大

C. 平衡常数只随温度变化而变化

D. 反应物或生成物浓度的改变对平衡常数有影响

6. 某一多相反应的化学反应速度的大小与下面因素有关的是(A，B，C，D)。

A. 该反应的本性

B. 反应温度及浓度

C. 催化剂

D. 相与相间的接触面积以及扩散速度

7. 在石油炼制工程中，获取石油馏分的临界温度不常用的方法是(A，D)。

A. 经实验测定石油馏分后获取

B. 借助石油馏分的其他物性用经验关联式求取

C. 借助石油馏分的有关图表求取

D. 借助相似油品的有关数据处理后获取

8. 下面有关临界压力的说法正确的是(A，C)。

A. 每种纯气体物质都有相应的临界压力

B. 氦气是没有临界压力的气体

C. 纯气体在临界状态时的压力称其为该气体的临界压力

D. 临界压力是气体可被液化的最低压力

9. 在一定温度下，可逆反应 $A(g)+3B(g) \rightleftharpoons 2C(g)$ 达到平衡的标志是(A，C)。

A. C 的生成速率与 C 的分解速度相等

B. 单位时间内生成 n mol A 同时生成 $3n$ mol B

C. A、B、C 浓度不再发生变化

D. A、B、C 的物质的量之比为 1∶3∶2

10. 工业上常用制取乙炔的方法是(A，B)。

A. 以煤炭为原料的电石法

B. 以天然气为原料的部分氧化法

C. 乙烯脱氢法

D. 乙烷脱氢法

11. 在石油中，一部分微量金属是以无机的水溶性盐类形式存在的，下列正确的是(B，C)。

A. 镍的卟啉络合物

B. 钾的氯化物

C. 钠的氯化物

D. 钒的卟啉络合物

12. 石油及其馏分中的弱碱性和非碱性含氮化合物主要有(B，D)。

A. 吡啶系　B. 吡咯系　C. 喹啉系　D. 吲哚系

13. 在石油含氧化合物中，(A，C，D)含量通常不超过含氧化合物总量的10%。

A. 脂肪酸　B. 环烷酸　C. 酚类　D. 中性含氧化合物

14. 油品的黏度增大，其(A，C)。

A. 相对密度增大　B. 平均沸点小

C. 特性因数 K 值变大　D. 相对分子质量变大

15. 与物质的质量热容大小有关的有(B，C，D)。

A. 物质的量　B. 温度高低　C. 压力高低　D. 体积变化

16. 不可压缩流体在管内流动，下列说法正确的是(A，C，D)。

A. 输入量等于输出量　B. 任两个截面的流速相等

C. 任两个截面的质量流量相等　D. 任两个截面的体积流量相等

17. 热负荷与下列(A，B，D)有关。

A. 流体的流量　B. 流体的平均比热容

C. 流体的流速　D. 流体传热前后的温差

18. 对于精馏塔的物料衡算(原料液流量 F、塔顶产品流量 D、塔底产品流量 W、组分摩尔分数 x)，下列式子正确的是(C，D)。

A. $F>D+W$　B. $Fx_F<Dx_D+Wx_W$

C. $F=D+W$　D. $Fx_F=Dx_D+Wx_W$

19. 下列关于理论板正确的说法是(A，B，C，D)。

A. 理论板并不存在　B. 理论板的液相组成均匀

C. 理论板上液相温度相等　D. 可根据理论板数确定实际板层数

20. 对于冷液进料(提馏段下降液体流量 L' 与精馏段回流液流量 L、原料液流量 F、精馏段的蒸汽流量 V 与提馏段蒸汽流量 V')，下列关系正确的是(B，C)。

A. $L'=L$　B. $V'>V$　C. $L'>L+F$　D. $L'<L+F$

21. 关于液泛，下列说法正确的是(A，B)。

A. 对一定的液体流量，气速过大，容易产生液泛

B. 液体流量过大时，降液管截面不足以使液体通过，容易产生液泛

C. 板间距小，可提高液泛速度

D. 板面气流分布不均匀，容易产生液泛

22. 下列因素中可导致雾沫夹带量大的是(B，D)。

A. 空塔气速低　B. 空塔气速高　C. 塔板间距大　D. 塔板间距小

23. 精馏操作过程，必须具备的条件有(A，B，C，D)。

A. 混合液各组分相对挥发度不同

B. 气液两相接触时必须存在浓度差和温度差

C. 塔内有气相回流和液相回流

D. 具有气液两相充分接触的场所

24. 影响精馏操作的因素有(A，B，C，D)。

A. 进料量　B. 回流比大小　C. 进料组成　D. 进料热状况

25. 传质的基本方式是(C，D)。

A. 热传质　B. 涡流扩散　C. 对流传质　D. 扩散传质

26. 雷诺数与下列参数有关的有(A，B，C，D)。

A. 管径　　B. 流体密度　　C. 流体黏度　　D. 流速

27. 下列流体在直管内流动，其雷诺数如下，属于层流的是(A，B)。

A. $Re=1500$　　B. $Re=2000$　　C. $Re=2500$　　D. $Re=3000$

28. 下列计量器具中，属于A级计量器具范围的有(A，B，C)。

A. 企业用于量值传递的最高标准计量器具

B. 用于贸易结算、安全防护、环境监测、医疗卫生方面，属于强制管理的计量器具

C. 经政府计量行政部门认证授权的社会公用计量标准器具

D. 有效期管理的标准物质

29. 下列计量器具中，属于B级计量器具范围的有(A，B，C)。

A. 用于企业内部经济核算的能源、物料计量器具

B. 用于产品质量检验其检验规范中所指定的计量器具

C. 用于生产过程中带控制回路的计量器具

D. 企业用于量值传递的最高标准计量器具

30. 下列计量器具中，属于C级计量器具范围的有(A，B，C)。

A. 生产过程中非关键部位用于监测的计量器具

B. 与设备配套不能拆卸的指示仪表，盘装表等计量器具

C. 对计量数据无准确度要求的指示用计量器具

D. 用于企业内部经济核算的能源、物料计量器具

31. 蜗壳离心泵径向合力的平衡方法是(A，B，D)。

A. 导叶加蜗室结构　　B. 双层蜗壳结构

C. 设置止推轴承　　D. 双蜗室结构

32. 离心泵叶轮与壳体的耐磨环的作用是(B，C，D)。

A. 平衡转子轴向力　　B. 节流、密封

C. 提高叶轮效率　　D. 减小高压液体损失

33. 单弹簧式机械密封在高速下使用弹簧容易变形，故适用于小轴径的机械密封。而多弹簧式机械密封在高速下使用弹簧不容易变形，适用于(A，D)的机械密封。

A. 大轴径　　B. 低速　　C. 小轴径　　D. 高速

34. 高温离心泵的机械密封采用自泵出口引回液体冲洗形式时，泵出口引回液体要(A，C，D)后，才能输入到机械密封进行冲洗。

A. 过滤　　B. 保温　　C. 减压　　D. 冷却

35. 离心泵输送干净的高温介质时，其机械密封一般选择(C，D)冷却冲洗形式。

A. 利用本身介质作自我　　B. 外输送常温液体

C. 自泵出口引入冷后液体　　D. 自泵高压端引入冷后液体

36. 作为主要用于传质过程的塔设备，无论其操作条件如何不同，但总的要求是(A，B，C，D)。

A. 气液两相在塔内能充分接触，以获得较高的传质效率

B. 处理量高，操作稳定，弹性大

C. 塔盘的压力降小，不易堵塞

D. 结构简单，节省材料，制造和安装容易，使用方便，易于操作、调节和检修

37. 填料塔常用的颗粒形填料可分为(A，B，C，D)。

A. 环形填料 B. 鞍形填料 C. 鞍环填料 D. 其他填料

38. 环形填料有(A，B，C，D)等。

A. 拉西环 B. 鲍尔环 C. 改进鲍尔环 D. 阶梯环

39. 浮头式换热器的结构复杂，主要零部件有(A，B，C，D)等。

A. 防冲板 B. 挡板 C. 浮头管板 D. 钩圈

40. 管式加热炉按结构可分为(A，B，C，D)。

A. 箱式炉 B. 立式炉 C. 圆筒炉 D. 无焰炉

41. 闸阀的主要特点有(A，B，C，D)。

A. 流体阻力小 B. 启闭力矩小 C. 密封性能好 D. 结构复杂

42. 新购入的润滑油品必须做到(A，B，C)。

A. 有合格证明 B. 有油品名称，牌号标记

C. 油桶密封完好 D. 不能使用废弃旧油桶盛装润滑油

43. 透平压缩机在用润滑油进行定期抽检的主要项目有(A，B，C)。

A. 黏度、闪点 B. 水分、杂质 C. 抗乳化性 D. 灰分、残炭

44. 在高温条件下，设备发生硫化氢腐蚀的类型是(A，B，C)。

A. 硫腐蚀 B. 氢腐蚀 C. 硫化氢腐蚀 D. 二氧化硫

45. 根据压力容器的压力高低、介质的危害程度及在生产过程中的重要作用，将容器分为(A，B，C)。

A. 一类容器 B. 二类容器 C. 三类容器 D. 四类容器

46. 在《在用工业管道定期检验规程》适用范围内的工业管道的级别分为(A，B，C)。

A. GC1 级 B. GC2 级 C. GC3 级 D. GC4 级

47. 合理设计泵前系统和安装位置来提高离心泵抗气蚀的措施有(A，C，D)。

A. 增大泵前压力 B. 减小泵前管路的流动损失

C. 增大吸上装置的安装高度 D. 增大地面上储罐安装高度

48. 下列电气元件通常可以装在防爆操作柱上的是(C，D)。

A. 热继电器 B. 接触器 C. 按钮或扳把开关 D. 电流表

49. 关于正弦交流电，下列说法中正确的是(B，C，D)。

A. 如果正弦电流的最大值为 5A，那么它的最小值为-5A

B. 用交流电流表或电压表测量正弦电流的电流和电压时，指针来回摆动

C. 我国正弦交流电频率为 50Hz，故电流变化的周期为 0.02s

D. 正弦交变电流的有效值为 220V，它的最大值是 311V

50. 已知 R_1 和 R_2 两电阻组成并联电路，其总电阻计算公式为(C，D)。

A. $R=\frac{R_1}{R_1+R_2}$ B. $R=\frac{R_1+R_2}{R_2}$ C. $\frac{1}{R}=\frac{1}{R_1}+\frac{1}{R_2}$ D. $R=\frac{R_1 \cdot R_2}{R_1+R_2}$

51. 已知 R_1 和 R_2 组成串联电路，并接入 220V 电源，下列公式可以正确计算 U_1 和 U_2 的是(C，D)。

A. $U_1=(R_1+R_2)\cdot 220$　　B. $U_2=\frac{R_1\cdot R_2}{R_1+R_2}\cdot 220$

C. $U_1=\frac{220R_1}{R_1+R_2}$　　D. $U_2=\frac{220R_2}{R_1+R_2}$

52. 通常可以用来判定电动机正常运行的是(A，B，D)。

A. 电机的声音和振动　　B. 电机各部位的温度

C. 电机的转向　　D. 电机电流表的指示

53. 关于设备接地线的说法，正确的是(A，C，D)。

A. 油罐的接地线主要用于防雷防静电保护

B. 电机的接地线主要用于防过电压保护

C. 管线的接地线主要用于防静电保护

D. 独立避雷针的接地线主要用于接闪器和接地体之间的连接

54. 关于静电产生的原因，以下说法正确的是(B，C)。

A. 直流发电机产生　　B. 摩擦产生

C. 感应产生　　D. 化学反应

55. 下列选项中，通常列入电机铭牌的有(A，B，C)。

A. 电机额定转速　　B. 电机额定电流

C. 电机噪音分贝数功率　　D. 电机效率

56. 某调节系统采用比例积分作用调节器，某人用先比例后加积分的试凑法来整定调节器的参数，若比例带的数值已基本合适，在加入积分作用的过程中，则(A，C)。

A. 适当减小比例带　　B. 适当增加比例带

C. 适当增加后再减小比例　　D. 无需改变比例带

57. 分程调节系统调节器的形式主要是依据(A，B，C)而定。

A. 工艺要求　　B. 对象特性　　C. 干扰性质　　D. 安全要求

58. 关于联锁的概念，下列说法正确的是(A，B，C，D)。

A. 电磁阀一般使用的是长期带电的电磁阀

B. 故障检测元件的接点一般采用常闭型，工艺正常时接点闭合，越限时断开

C. 不是所有的工艺参数越限都会引发联锁的动作

D. 重要设备的联锁应采用“三取二检测系统”

59. 气动调节阀的手轮机构的用途有(B，C，D)。

A. 改变阀门的正反作用　　B. 限定阀门开度

C. 有时可以省去调节阀的副线，如大口径及贵金属管路中

D. 开停车或事故状态下可以用手轮机构进行手动操作

60. 为了使热磁式氧分析的测量准确，要求(A，B，C)。

A. 测量室有恒温控制　　B. 加热丝的电源稳定

C. 气体流量和压力恒定　　D. 氧含量变化不大

61. 测量蒸汽压力或压差时，应装(C，D)。

A. 过滤器　　B. 伴热管线　　C. 冷凝管　　D. 冷凝器

62. 属于差压式测量的有（ A，B ）。

A. 文丘里管　　B. 孔板　　C. 椭圆流量计　　D. 转子流量计

工种理论知识试题

判断题

1. 电机接反机泵是不会运转的。 （×）

正确答案：电机接反机泵是会运转的。

2. 温度升高，催化剂活性增强。 （×）

正确答案：温度升高，催化剂活性增强，但到升到一定温度后，催化剂活性开始下降。

3. 催化剂从开始使用到失活的时间就是催化剂的使用寿命。 （×）

正确答案：催化剂从开始使用起，直到经过多次再生而不能恢复活性的总时间称为催化剂的寿命。

4. 手柄式固定消防炮在转动角度前要松开锁紧手轮，转到相应位置再锁定。 （√）

5. 干粉灭火器适用于可燃气体、液体，但不能用于电器着火。 （×）

正确答案：干粉灭火器适用于可燃液体，可用于电器着火。

6. 推车式干粉灭火器在扑救液体火灾时，管枪应该直接冲击液面。 （×）

正确答案：推车式干粉灭火器在扑救液体火灾时，管枪不可以直接冲击液面，防止把燃烧的液体溅出。

7. 为了方便检查，空气呼吸器最好挂在胸前。 （×）

正确答案：空气呼吸器储风罐一般挂在背后，便于操作以及不容易堵塞送风管。

8. 开工前工艺流程检查容器、塔器的检查主要看各安全附件是否齐备；人孔是否封好；各放空阀是否已经关闭。 （√）

9. 酸性液压送罐压液时，应压空罐内酸性液。 （×）

正确答案：酸性液压送罐压液时，不能压空罐内酸性液，要留 10%。

10. 液硫脱气时要保证加入过量空气，防止有残存的硫化氢。 （×）

正确答案：液硫脱气时加入空气要防止过量，造成液硫自燃。

11. 烘炉结束后，装置可以直接开车进料。 （×）

正确答案：烘炉结束后，装置要先熄火，打开炉膛检查内部衬里情况，若没有问题，可以开车进料。

12. 制硫过程中设置多级冷却是为了回收热量。 （×）

正确答案：制硫过程中设置多级冷却是为了降低硫分压。

13. 凝结水出装置前，先在界区导凝放水，直到出现热水，然后再并进管网。 （√）

14. 引氢气进装置前，氢气系统要用氮气置换。 （√）

15. 开车过程中产品在线仪表在原料进装置以后就可以投用。 （×）

正确答案：开车过程中产品在线仪表最好在各塔比较平稳，质量接近合格的情况下投用。否则可能对在线仪表有冲击。

16. 汽包水满可能导致蒸汽温度下降。 （√）

17. 排污阀开得过大，会造成蒸汽发生器自发蒸汽压力低。 （√）

18. ESD 是紧急自动停车系统。 （√）

19. 交接班过程中发生事故，应由交班人员负责处理。 （√）

20. 测温仪使用方便灵敏度、精确度高，减少人为判断失误。（√）

21. 若溶剂的溶解能力对温度的变化不敏感，所需解吸的温度较高，这样溶剂再生的能耗就大。（√）

22. 物质在湍流流体中的传递，主要是依靠流体的无规则运动。（×）

正确答案：物质在湍流流体中的传递，主要是依靠流体质点的无规则运动。

23. 酸性气原料中烃含量高，则过程气中 COS 含量上升。（√）

24. 贫液温度上升，尾气吸收塔出口尾气中二氧化硫含量上升。（×）

正确答案：贫液温度上升，尾气吸收塔出口尾气中硫化氢含量上升。

25. MCRC 工艺是属于亚露点硫磺回收技术。（√）

26. 停工时克劳斯催化剂热浸泡操作是指改瓦斯完全燃烧，处理催化剂表面的硫。（×）

正确答案：停工时克劳斯催化剂热浸泡操作是指提高反应器进口温度，去除催化剂表面的液硫。

27. 停车操作中专人扫线是为了防止人员混乱，出现漏扫情况。（√）

28. 硫磺回收装置克劳斯部分不能选用新鲜水作为管道吹扫介质。（√）

29. 停贫液进 SCOT 系统时，应先停富液泵。（×）

正确答案：停贫液进 SCOT 系统时，应先停溶剂循环流程。

30. 盲板的主要作用是将生产介质完全分隔，防止切断阀关闭不严或内漏影响生产。（√）

31. 溶剂再生塔降量操作是注意不要超温超压，尽可能保证产品的切割。（√）

32. 停工时候，装置降温没有速度要求。（×）

正确答案：停工时候，装置降温要缓慢，需要精心调节。

33. U 形管换热器的 U 形管束均固定在固定板上，而 U 形管端不加固定，所以每根管子皆可自由伸缩。（√）

34. 酸性气阻火器修理前要经过处理的作用是为了防止设备上吸附的硫化氢造成修理人员中毒。（√）

35. 含液态烃离心泵发生密封吹掉的情况，操作工应先开启备用泵，再停用运转泵。（×）

正确答案：含液态烃离心泵发生密封吹掉的情况，操作工应先停运转泵电源，关进出口阀门后，再开启备用泵。

36. 机泵在启动前，灌泵时要把泵体内的空气要全部放出。（√）

37. 快速切断阀改手动操作时，应关闭进风阀，扣上定位销，就可打开切断阀。（×）

正确答案：快速切断阀改手动操作时，应关闭进风阀，扣上定位销，还要打开气缸平衡阀，放尽气缸内空气，才可手动打开切断阀。

38. 空气冷却器的迎风速越大，传热效率越高。（×）

正确答案：在一定的风速范围内，空气冷却器的迎风速越大，传热效率越高。

39. 填料伸缩器常用于蒸汽管路上。其特点是体积小；安装要求高；容易泄漏，需要经常维护。（√）

40. 硫磺成型机风机可起冷却液硫的作用。（√）

41. 硫磺成型机只有转鼓式成型机一种。（×）

正确答案：转鼓式成型机是硫磺成型机其中一种。

42. 高速离心泵启动前要检查冷却水系统是否畅通。（√）

43. 高速离心泵具有体积小、重量轻、维修方便等特点。 (√)

44. 对于金属缠绕垫片，当用于公称压力大于 6. 3MPa 法兰时，必须使用带内环形的垫片。 (×)

正确答案：对于金属缠绕垫片，当用于公称压力大于 6. 3MPa 法兰时，必须使用带内外环形的垫片。

45. 磁力驱动离心泵使用静密封，可实现无泄漏输送介质。 (√)

46. 压缩机喘振和失速的区别是失速与管网容积无关。 (√)

47. 快速切断阀一般安装在机泵进出口位置，可以实现远程控制开关，在事故应急状态下，可不用靠近危险源关闭阀门切断系统。 (√)

48. 工业管道外部检查内容中，振动检查主要是检查管道是否有振动情况、活动支吊架位移情况和导向性能、固定支吊架是否牢固可靠。 (√)

49. 阀门加油的作用是为了在正常操作时方便开关。 (√)

50. 机泵大修投用后，运行一周左右要更换全新的润滑油，防止轴承磨损后的杂质降低润滑油质量。 (√)

51. 仪表灌封油结束内操应该比对仪表情况，发现异常，通知仪表校表。 (√)

52. 空气冷却器的翅片管的形状和材质对空冷器的性能没有多大的影响。 (×)

正确答案：空气冷却器的翅片管的形状和材质对空冷器的性能有很大的影响。

53. 硫磺排污时发现黑硫磺，其生成原因是酸性气原料带水造成的。 (×)

正确答案：硫磺排污时发现黑硫磺，其生成原因是酸性气原料带烃造成的。

54. 硫冷凝器管束堵塞会引起硫磺系统压力升高。 (√)

55. 电机电源线短路，会造成电机温度升高。 (√)

56. 压力表泄压后指针不回零，只要记住误差值，此压力表还是可以继续使用。 (×)

正确答案：压力表泄压后指针不回零应该及时更换。

57. 发现压力表指示超过红线，但未超过量程，仍可以使用。 (×)

正确答案：发现压力表指示超过红线，但未超过量程，应该及时更换。

58. 烟囱冒黑烟的原因是焚烧炉配风过小。 (√)

59. 尾气吸收塔液面低的原因之一是贫液进料突然中断。 (√)

60. 溶剂储罐液面下降的原因是加氢尾气夹带溶剂，装置未及时补充。 (√)

61. 硫磺成型机坏的处理方法是适当降低装置处理量，减少硫磺的生成量。 (√)

62. 富液过滤器堵塞的现象是过滤器进出口压差上升。 (√)

63. 锅炉给水泵故障的处理方法是若无其他补水方法，硫磺回收装置紧急停工。 (√)

64. 急冷水泵全坏，应采用的处理方法是尾气处理临时停工。 (√)

65. 触电一般是指人体“触”及带“电”体。触电事故可分为“电击”“电死”两种类型。 (×)

正确答案：触电一般是指人体“触”及带“电”体。触电事故可分为“电击”“电伤”两种类型。

66. 若发现带电体，应立即保护现场，请电工来处理，切勿私自处理。 (√)

67. 燃烧炉阻火器堵塞的判断方式是阻火器前后压力降上升明显。 (√)

68. 吸收塔贫液中断时，应立即检查是否因为溶剂罐液面低引起的。 (√)

69. 瓦斯带油将会导致瓦斯减量而炉温下降。 (×)

正确答案：瓦斯带油将会导致瓦斯减量而炉温上升。

70. 贫液空冷坏，造成尾气中硫化氢含量上升，但是不会造成溶剂发泡。 （×）

正确答案：贫液空冷坏，造成尾气中硫化氢含量上升，同时也会造成溶剂发泡。

71. 溶剂再生塔压力高的原因是克劳斯系统压力上升。 （√）

72. 发生 H_2S 大面积泄漏时要及时通知在下风向装置的人员撤离。 （√）

73. 硫磺回收装置停燃料气，则焚烧炉会发生联锁自保。 （√）

74. 机泵结构简图中应该包括泵进出口阀门。 （√）

75. 平均相对分子质量是针对混合物来讲的。对单一物质是没有平均相对分子质量的概念的。 （√）

76. 空速增大，主产物的收率上升。 （×）

正确答案：空速增大，主产物的收率呈峰形变化(由低到高，又转为降低)。

单选题

1. 燃料气系统试压不超过(C)MPa。

A. 0.3　　B. 0.5　　C. 0.7　　D. 1.0

2. 硫磺装置使用氮气的压力为(D)MPa。

A. 10.0　　B. 4.0　　C. 1.3　　D. 0.7

3. 除盐水经过(C)处理后，输送至用水装置。

A. 汽提　　B. 过滤　　C. 离子交换　　D. 解析

4. 含硫化氢装置使用的过滤式防毒面具型号为(B)。

A. MP3　　B. MP4　　C. MP5　　D. MP6

5. 机泵进行检查验收后进行试转，机泵送电以后(C)试转。

A. 盘车　　B. 正常运行一段时间

C. 点动　　D. 引蒸汽吹扫

6. 克劳斯催化剂的有效成分是(D)。

A. FeO　　B. CoO　　C. MoO　　D. Al_2O_3

7. 固定式消防炮的介质是(A)。

A. 稳高压消防水　　B. 清水泡沫　　C. 二氧化碳气体　　D. 干粉

8. 开启或关闭固定消防炮阀门时应缓慢动作，防止产生(D)现象，损坏部件。

A. 气击　　B. 气锤　　C. 水锤　　D. 水击

9. 当装置电器发生火灾时，(C)灭火器材灭火合适。

A. 干粉，泡沫，蒸汽　　B. 泡沫，水蒸气

C. 干粉，CO_2，卤代烃　　D. CO_2，蒸汽，干粉

10. 空气呼吸器在使用过程中听到呼吸器产生的报警声时要立即(A)。

A. 撤离现场　　B. 摘下面罩　　C. 关闭气瓶阀　　D. 打开气瓶阀

11. 对由于防爆、防氧化不能采取通风换气措施或不易通风换气的场所，作业人员必须配戴(A)。

A. 空气呼吸器　　B. 防毒面具　　C. 防尘口罩　　D. 过滤式面具

12. 燃烧炉温度达(C)℃，可转入系统升温。

A. 500　　B. 800　　C. 1000　　D. 1400

13. 克劳斯催化剂升温时，经过(D)℃恒温后，可转入正常生产。

A. 120　B. 150　C. 200　D. 250

14. 酸性液压送罐压液时，应先(C)。

A. 打开压液阀　B. 打开氮气阀
C. 关闭气相返回阀　D. 关闭液相进口阀

15. 液硫中残存的硫化氢通过与鼓风机来的空气接触，经过(B)反应生成硫磺。

A. 还原　B. 氧化　C. 加成　D. 催化

16. 烘炉时炉膛温度在150℃恒温目的是(A)。

A. 脱除游离水　B. 脱除结晶水　C. 烧结　D. 以上都不对

17. 烘炉时炉膛温度在500℃恒温目的是(C)。

A. 脱除游离水　B. 脱除结晶水　C. 烧结　D. 以上都不对

18. 废热锅炉自产蒸汽泄放不出去，是因为(C)。

A. 蒸汽温度低　B. 蒸汽温度高　C. 蒸汽管网压力高　D. 蒸汽管网压力低

19. 部分燃烧法的配风量是按烃类完全燃烧和硫化氢的(C)完全燃烧生成二氧化硫来计算。

A. 1　B. 1/2　C. 1/3　D. 1/4

20. 克劳斯反应在过程气中 H_2S 与 SO_2 之比为(C)时转化率最高。

A. 1∶1　B. 1∶2　C. 2∶1　D. 3∶1

21. 克劳斯反应器主要发生的是(A)的反应。

A. SO_2 和 H_2S　B. COS 和 $2H_2O$　C. CS_2 和 H_2O　D. CO_2 和 H_2S

22. 尾气加氢催化剂进行预硫化操作，选用氮气，氢气，硫化氢作为硫化气源时，建立氮气循环后应先加入(A)。

A. 氢气　B. 硫化氢　C. 氧气　D. 没有加入的先后之分

23. 尾气加氢催化剂进行预硫化操作前，需将反应器升温至(C)。

A. 120℃　B. 150℃　C. 200℃　D. 不需升温可直接硫化

24. 硫磺硫冷凝器管程内走的介质是(A)。

A. 反应过程气　B. 0.3MPa 蒸汽　C. 4.0MPa 蒸汽　D. 锅炉补充水

25. 硫磺硫冷凝器在系统升温初期用蒸汽保温，当过程气出口温度达到(C)℃，再注入除氧水。

A. 100　B. 120　C. 150　D. 200

26. 6×10^4t/年硫磺回收装置自产中压蒸汽压力等级为(C)MPa。

A. 0.3　B. 1.0　C. 3.5　D. 10.0

27. 正常生产时硫磺产生的凝结水一般作为(B)。

A. 并入凝结水管网　B. 废热锅炉用水　C. 就地排放　D. 伴热用水

28. 检修更换炉膛衬里后，酸性气燃烧炉一般先升温至(A)℃恒温。

A. 120　B. 180　C. 250　D. 不需恒温可直接升温

29. 酸性气燃烧炉一般升温初期流程应为(B)。

A. 走高温掺合阀至焚烧炉　B. 走开工线至烟囱
C. 走反应器升温流程　D. 直接至焚烧炉焚烧

30. 尾气焚烧炉升温燃烧时，风机供风量与瓦斯比值应不低于(D)。

A. 1 : 1　　B. 2 : 1　　C. 8 : 1　　D. 15 : 1

31. 氢气的外观与性状是(C)气体。

A. 淡黄色无臭　　B. 淡黄色有臭鸡蛋味

C. 无色无臭　　D. 无色有刺激性恶臭

32. 在硫磺生产中急冷塔的作用是(A)。

A. 冷凝加氢尾气　　B. 降低加氢尾气中 SO_2 含量

C. 吸收尾气中 H_2S、H_2　　D. 吸收尾气中 H_2S、CO_2

33. 硫磺烟囱进口安装的在线分析仪是(D)。

A. H_2 在线分析仪　　B. pH 值在线分析仪

C. H_2S/SO_2 比值在线分析仪　　D. 尾气 SO_2

34. 尾气吸收塔循环建立的时间不恰当的是(D)。

A. 进酸性气前　　B. 克劳斯开工正常后

C. SCOT 催化剂硫化后　　D. 克劳斯尾气改进 SCOT 时

35. 尾气吸收塔吸收硫磺尾气中硫化氢时，温度越高吸收效果越(B)。

A. 好　　B. 差　　C. 没有影响　　D. 不能确定

36. 硫磺酸性气中的含烃量应≤(A)。

A. 3　　B. 5　　C. 8　　D. 10

37. 酸性气中烃主要来自上游(C)装置。

A. 催化裂化　　B. 酸性水汽提　　C. 溶剂再生　　D. 气体分馏

38. 斯科特系统建立氮气循环，向焚烧炉泄压时，应(B)。

A. 一次开大快速泄压　　B. 缓慢泄压

C. 先慢后快的将氮气泄压　　D. 没有特别要求

39. 下面(A)不是汽包水满的现象。

A. 给水量不正常，小于正常上水量　　B. 汽包水位超过最高允许水位

C. 蒸汽温度下降　　D. 蒸汽管网发生水击

40. 以下(D)不是蒸汽发生器液位低的原因。

A. 给水量小于正常量　　B. 蒸汽产量变大

C. 酸性气量突然上升　　D. 蒸汽管网压力下降

41. 当装置酸性气原料突然上升很多时，酸性气燃烧炉蒸汽发生器液位(A)。

A. 先上升后下降　　B. 先下降后上升　　C. 没有变化　　D. 无法确定

42. 蒸汽发生器自发蒸汽压力高的原因，以下不正确的是(D)。

A. 自发蒸汽量大　　B. 控制阀失灵　　C. 后路不畅　　D. 发生器液位低

43. ESD 是(D)。

A. 分散控制系统　　B. 集散控制系统

C. 计算机集成作业系统　　D. 紧急自动停车系统

44. 交接班“三一”是指：对重要生产部位要一点一点交接、对重要(B)要一个一个交接、对主要生产用具要一件一件交接。

A. 控制点　　B. 生产数据　　C. 安全状态　　D. 人员出勤

45. 交接班“四到”是指：应该看到的要看到、应该(A)、应该听到的要听到、应该闻到的要闻到。

A. 摸到的要摸到　B. 走到的要走到　C. 记到的要记到　D. 交到的要交到

46. 操作人员对装置内的安全监控危险点的巡检频次为(A)。

A. 每班巡检　B. 每天巡检　C. 每周巡检　D. 每月巡检

47. 0℃以上备泵按正常要求盘车，零度以下，盘车次数应(A)。

A. 增加　B. 减少　C. 不变　D. 无法确定

48. 介质含水的备用机泵作防冻防凝时，以下操作不正确的是(D)。

A. 打开备泵进出口保持流通　B. 投用备用机泵

C. 打开机泵底放空阀，放尽泵体内物料　D. 设备进出口加盲板

49. 物质在单一相中的传递是通过(C)进行的。

A. 返混　B. 混合　C. 扩散　D. 传导

50. 吸收过程中传质的基本方式中，(D)是湍流流体的主体与相界面之间的涡流扩散与分子扩散这两种传质作用的总称。

A. 传导　B. 混合　C. 扩散　D. 对流扩散

51. 正常生产中控制阀在接近全闭位置发生振动，其原因是(D)。

A. 执行机构膜片破裂　B. 阀杆摩擦力大

C. 支撑不稳　D. 控制阀口径太大

52. 正常生产中控制阀不能到全闭位置，其原因是(D)。

A. 执行机构膜片破裂　B. 阀杆摩擦力大

C. 阀芯有磨损　D. 介质压差大

53. 差压式流量计导压管堵塞可以造成流量指示(A)。

A. 不正常　B. 正常　C. 变小　D. 变大

54. 以下不是溶剂再生塔液位低的原因的是(D)。

A. 塔底贫液抽出量上升　B. 气相夹带液相量上升

C. 蒸汽量上升　D. 回流量增加

55. 溶剂再生塔液位低的原因是(B)。

A. 进料量上升　B. 塔顶温度高　C. 压力上升　D. 回流量增加

56. 溶剂再生塔液位低，如何调节(C)。

A. 提高酸性气抽出量　B. 提高蒸汽用量

C. 降低贫液抽出量　D. 回流量降低

57. 稳定溶剂液位的操作方法是(D)。

A. 提高贫液温度　B. 提高酸性气冷后温度

C. 降低急冷水 pH 值　D. 加入消泡剂

58. 酸性气燃烧炉炉膛温度高的原因(C)。

A. 酸性气中烃含量降低　B. 风机供风量下降

C. 酸性气中硫化氢浓度上升　D. 酸性气中氨含量上升

59. 酸性气中硫化氢浓度上升，酸性气燃烧炉炉膛温度(A)。

A. 上升　B. 下降　C. 无变化　D. 无法确定

60. 克劳斯反应器床层温度下降，主要原因是(B)。

A. 反应器进口 H_2S、SO_2 浓度上升　　B. 被带入反应器的原料中硫化氢含量高

C. 催化剂自燃后缺氧影响反应　　D. COS，CS_2 含量降低

61. 酸性气原料中硫化氢含量突然上升，克劳斯反应器床层温度则(A)。

A. 上升　　B. 下降　　C. 无变化　　D. 无法确定

62. 过程气中 COS 含量高是因为(B)。

A. 原料气带水多　　B. 原料气带烃多

C. 反应器床层温度低　　D. 原料气带氨多

63. 急冷塔液面突然上升的原因，以下不正确的是(D)。

A. 急冷水泵不上量　　B. 除盐水补充量太大

C. 急冷水出装置不畅　　D. 加氢尾气量增加

64. 急冷塔液面通过(C)来控制。

A. 急冷水量　　B. 除盐水补充量

C. 急冷水出装置量　　D. 急冷塔尾气进料量

65. 尾气吸收塔液面通过(B)来控制。

A. 贫液控制阀　　B. 富液控制阀　　C. 富液泵　　D. 急冷尾气进料量

66. 若克劳斯工段发生联锁停车，则溶剂再生塔压力(B)。

A. 上升　　B. 下降　　C. 没有变化　　D. 无法确定

67. 溶剂再生塔压力高，溶剂再生效果(B)。

A. 好　　B. 差　　C. 一样　　D. 无法确定

68. 尾气中硫化氢含量高，则尾气焚烧炉膛温度(A)。

A. 升高　　B. 下降　　C. 没有变化　　D. 无法确定

69. 尾气中氢气含量上升，则尾气焚烧炉膛温度(A)。

A. 升高　　B. 下降　　C. 没有变化　　D. 无法确定

70. 正常生产时，急冷塔塔顶温度高的原因，以下不正确的是(A)。

A. 克劳斯尾气中二氧化硫含量上升　　B. 急冷塔压力上升

C. 急冷水温度高　　D. 克劳斯尾气温度高

71. 贫液温度上升，尾气吸收塔出口尾气中(C)含量上升。

A. 二氧化硫　　B. 氢气　　C. 硫化氢　　D. 无法确定

72. 正常生产时候急冷水 pH 值下降的原因是(D)含量上升。

A. 二氧化碳　　B. 氢气　　C. 硫化氢　　D. 二氧化硫

73. 急冷水 pH 值下降的调节方法是(D)。

A. 降低氢气量　　B. 增加急冷水出装置量

C. 提高克劳斯的配风比　　D. 增加除盐水的补充量

74. 急冷水 pH 值下降的原因，以下不正确的是(C)。

A. 加氢尾气中二氧化硫含量上升　　B. 急冷水未进行注氨

C. 克劳斯的配风比下降　　D. 加氢氢气量下降

75. 硫磺回收装置制硫工艺的类型，以下不正确的是(C)。

A. CLAUS 工艺　　B. SULFREEN 工艺　C. SSR 工艺　　D. MCRC 工艺

76. 贫液中 H_2S 含量高的原因是(C)。
A. 再生塔顶部温度高　　B. 再生塔压力低
C. 富液中 CO_2 含量偏高　　D. 吸收塔温度高

77. 富液中 CO_2 含量偏高，会有(C)影响。
A. 再生塔顶部温度过低　　B. 再生塔压力高
C. 贫液中 H_2S 含量高　　D. 溶剂发泡

78. 尾气中二氧化硫对溶剂产生(B)影响。
A. 有利于溶剂吸收　　B. 造成溶剂老化
C. 没有影响　　D. 无法确定

79. 若溶剂变得浑浊，则说明(A)。
A. 消泡剂加过量　　B. 原料气含有氨　　C. 带有硫化铁　　D. 无法确定

80. 停工时，克劳斯催化剂先进行(C)。
A. 钝化　　B. 硫酸盐还原　　C. 热浸泡　　D. 烟气吹硫

81. 急冷塔停车时，急冷水应(A)。
A. 退至酸性水汽提装置　　B. 退至溶剂再生
C. 退至净化水场　　D. 就地排放

82. 加氢反应器进行钝化操作时，急冷塔(C)。
A. 维持正常操作　　B. 停循环
C. 加大除盐水的补充量　　D. 提高急冷水温度

83. 尾气吸收塔停车时，应(C)。
A. 直接停车　　B. 直接退至溶剂再生
C. 待溶剂合格后再退至溶剂储罐　　D. 就地排放

84. 尾气吸收塔停车时，残存的溶剂可用(B)顶至溶剂再生。
A. 蒸汽　　B. 氮气　　C. 水　　D. 动力风

85. 停车操作中专人负责，主要是必须有专人对停车质量负责；对(C)负责。
A. 劳动保护　　B. 劳动强度　　C. 用火管理　　D. 人员管理

86. 硫磺过程气管线开停工吹扫，用(D)吹扫。
A. 氮气　　B. 蒸汽　　C. 动力风　　D. 风机

87. 停贫液进 SCOT 系统时，应先(A)。
A. 停溶剂循环　　B. 停富液泵　　C. 停贫液泵　　D. 停溶剂再生

88. 物料退至罐区时应尽量用泵或自压，退尽后若外管道需要用火，可用(A)顶至罐区吹扫。
A. 蒸汽　　B. 仪表风　　C. 动力风　　D. 过程气

89. 装置若靠近居民区，停工蒸塔最好放在白天，是因为(D)对居民的影响。
A. 防止废气　　B. 防止废水　　C. 防止废渣　　D. 防止噪声

90. 盲板一般分为(B)和盲通两类。
A. 插板　　B. “8”字盲板　　C. 法兰　　D. 法兰盖

91. 一般设备长期停用的情况，应对该设备进行(B)。
A. 抽真空　　B. 加盲板氮封　　C. 打开人孔　　D. 拆除

92. 一般阀门阀芯小泄漏时，应如何处理(B)。
A. 更换阀门　B. 拧紧轧兰螺栓　C. 加入盘根　D. 更换轧兰螺栓

93. U 形管换热器内流体流量不变，管子的传热面积相同，则 U 形管换热器的管内流体流速可较单程换热器提高(A)倍。
A. 1　B. 2　C. 3　D. 4

94. 浮头式换热器的一端用来分配流体沿管内流动和配置管程数的部件叫(C)。
A. 管程　B. 管束　C. 管箱　D. U 形管

95. 浮头式换热器中的(B)，可以消除温差应力。
A. 封头　B. 浮头　C. 管箱　D. 管板

96. 酸性气阻火器发生堵塞，修理前要经过(B)处理。
A. 氮气吹扫　B. 蒸汽吹扫　C. 动力风吹扫　D. 无需处理

97. 保温材料按形状分，以下不正确的是(C)。
A. 多孔状　B. 纤维状　C. 颗粒状　D. 层状

98. 高温保温材料适用在(B)情况下。
A. 600℃以上　B. 700℃以上　C. 500~800℃　D. 400~800℃

99. 保温材料的密度是指材料试样在(C)℃时，经烘干呈松散状态的单位体积的重量。
A. 80　B. 100　C. 110　D. 150

100. 离心泵进行紧急切换时，应先(C)。
A. 关运转泵出口阀　B. 关运转泵进口阀
C. 停运转泵电源　D. 开备用泵出口阀

101. 离心泵设置(A)减少密封故障。
A. 密封冲洗　B. 冷却蒸汽　C. 平衡孔　D. 密封冷却

102. 离心泵内介质温度较高且杂质含量较高时，机械密封选用(C)进行冲洗。
A. 自冲洗　B. 间歇式冲洗　C. 外冲洗　D. 循环冲洗

103. 调节离心泵的流量可以通过(A)方法来调节。
A. 开关出口阀门　B. 开关进口阀门　C. 改变进口的开度　D. 串联泵

104. 在同样的压头下，两台离心泵(A)的流量为单台的两倍。
A. 并联　B. 串联　C. 开一备一　D. 两个全开

105. 离心泵入口过滤器堵塞导致(B)。
A. 电流大　B. 泵抽空　C. 出口压力大　D. 出口流量大

106. 压力管道中“GA1”是指(D)。
A. 工业管道　B. 专用管道　C. 公用管道　D. 长输送管道

107. 对于 $DN \leqslant 40$ 的管道，以下(C)管件连接方式不适用。
A. 法兰连接　B. 螺纹连接　C. 对焊连接　D. 承插焊连接

108. 快速切断阀手动操作时，应(C)。
A. 打开进风阀　B. 关闭汽缸平衡阀　C. 放尽汽缸内空气　D. 打开定位销

109. 压力容器安全装置按其功能大致可分为(B)类。
A. 二　B. 三　C. 四　D. 五

110. 压力表应由(A)单位进行定期校验。

A. 国家法定的计量检验　B. 企业自定的计量检验
C. 部级计量检验　D. 市级计量检验

111. 压力表校验合格后应(D)。
A. 加铅封　B. 要注明下期校验日期
C. 要注明校验日期　D. 加铅封并注明下期校验日期

112. 当被测压力较稳定，弹性式压力表在选择压力表量程时，最大压力值应不超过满量程的(A)。
A. 3/4　B. 2/3　C. 1/3　D. 1/2

113. 低压容器使用的压力表，精度应不低于(D)级。
A. 1.0　B. 1.5　C. 2.0　D. 2.5

114. 强检压力表校验周期为(B)。
A. 3 个月　B. 6 个月　C. 一年　D. 装置运行周期

115. 废热锅炉顶部安装的压力表属于(C)压力表。
A. 耐蚀　B. 抗震　C. 强检　D. 普通

116. 在一定范围内，空气冷却器的迎风速越大，传热效率越(A)。
A. 高　B. 低　C. 一样　D. 无法确定

117. 有些蒸馏塔馏出物管线出口呈弯曲状，是因为管路的(A)考虑。
A. 热胀冷缩　B. 美观　C. 减少阻力　D. 流速

118. 硫磺成型机正常启动前，要经过(C)操作。
A. 通风　B. 吹扫　C. 预热　D. 搅拌

119. 以下(C)不属于硫磺成型机。
A. 钢带式　B. 转鼓式　C. 圆盘式　D. 造粒式

120. 离心泵比转数是指在(C)情况下的比转数。
A. 流量最高　B. 出口压力最高　C. 效率最高　D. 流量最低

121. 高速离心泵开泵原则是(B)。
A. 进口阀必须关闭　B. 润滑油系统必须先运转投用
C. 备泵进出口阀门必须关闭　D. 出口阀必须关闭

122. 有润滑油辅助泵的高速离心泵在启动时必须先开辅助油泵，主要是因为高速离心泵(A)高，若缺润滑油容易超温。
A. 轴承转速　B. 介质温度　C. 出口压力　D. 介质密度

123. 高速离心泵在停泵时应(A)。
A. 先停主泵、后停油泵　B. 先停油泵、再停主泵
C. 同时停用主泵、油泵　D. 无所谓次序问题

124. 下面选项中，不适用于金属缠绕垫片(欧洲体系 HG20610)的使用温度是(D)℃。
A. 200　B. 300　C. 400　D. 700

125. 磁力驱动离心泵没有(B)，可实现无泄漏输送介质。
A. 叶轮　B. 动密封　C. 联轴节　D. 法兰

126. (C)是轴流式压缩机的一种特殊现象。
A. 震动　B. 振动　C. 喘振　D. 震荡

127. 离心泵运行振动值应不超过(A)mm。

A. 0.06　　B. 0.09　　C. 0.12　　D. 0.15

128. 压力管道的定期检测、检验分为每(A)年至少进行一次外部检查，每六年至少进行一次定期检验。

A. 1　　B. 2　　C. 3　　D. 4

129. 当泵的入口管道设置有(D)，是为了在机泵检修时可以把泵体内物料排放干净。

A. 压力表　　B. 过滤器　　C. 排气阀门　　D. 排液阀门

130. 转子不平衡是指转子(A)相对于旋转轴线的不均匀分布，也即中心主惯性轴与旋转轴不重合。

A. 质量　　B. 相对密度　　C. 密度　　D. 体积

131. 冬季仪表灌封油主要是(B)。

A. 润滑　　B. 防凝　　C. 冷却　　D. 冲洗

132. 空气冷却器用空气作为冷却剂的缺点是空气(A)。

A. 传热性能差　　B. 温度高　　C. 自然对流较强　　D. 湿度会变化

133. 对于新换的滚动轴承，离心泵运行时轴承温度会(A)。

A. 上升　　B. 下降　　C. 没有变化　　D. 无法确定

134. 关于泵盘不动车的原因中，说法错误的是(D)。

A. 机泵部件损坏　　B. 轴弯曲严重

C. 冬季机泵结冰凝固　　D. 润滑不好

135. 磁力驱动离心泵如果工作流量小于30%额定流量时，应(C)。

A. 立即停泵　　B. 维持操作　　C. 打开泵旁路　　D. 关小进口阀门

136. 尾气处理开工后，硫磺系统压力会(A)。

A. 上升　　B. 下降　　C. 没有变化　　D. 无法确定

137. 判断换热器泄漏方法首先应该根据两个物流的(D)高低，来判定泄漏至哪一端，然后根据物料特性的差别来判断是否泄漏。

A. 流速　　B. 温度　　C. 黏度　　D. 压力

138. 电机油脂过多或过少，会造成电机温度(A)。

A. 高　　B. 低　　C. 高或低　　D. 低或高

139. 烟囱冒黑烟的原因，以下不正确的是(C)。

A. 焚烧炉配风过小　　B. 风机放空阀开度过大

C. 烟气量过大　　D. 瓦斯量太大

140. 触电急救要点是抢救迅速与救护得法。现场救护方法主要是(D)。

A. 强迫跑步　　B. 按压人中　　C. 电击复苏法　　D. 心肺复苏法

141. 触电急救原则中的八字原则是：迅速、就地、准确、坚持。其中“迅速”是指(B)。

A. 迅速报警　　B. 迅速脱离电源　　C. 迅速送医院　　D. 迅速离开

142. 车间空气中允许的 H_2S 最高浓度为(C)mg/m^3，而国内气体分馏装置曾发生 H_2S 中毒的危险点是脱乙烷塔回流罐处。

A. 0　　B. 5　　C. 10　　D. 30

143. 下列机泵出口管线单项阀简图正确的是(A)。

A. 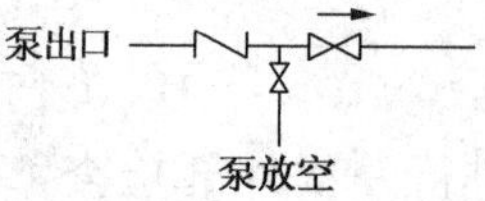

B. 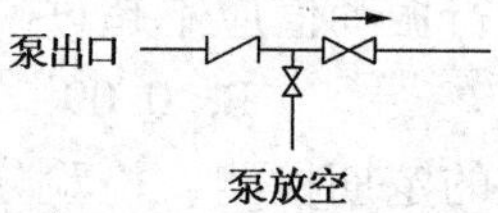

C. 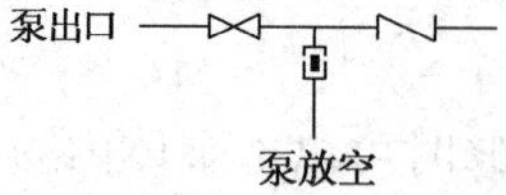

D. 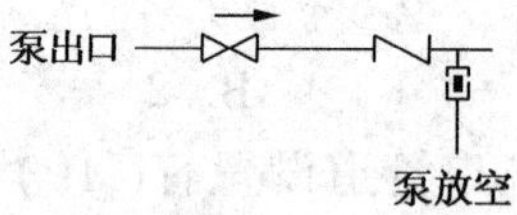

144. 如图所示某塔的塔顶开口接管，图中1所指的应该是(D)开口位置。

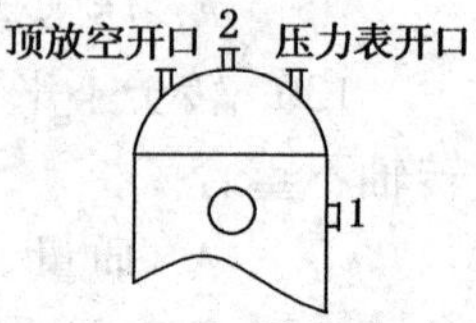

A. 气相出口　　B. 气相进口
C. 进料口　　D. 回流进口

145. 如图所示泡罩塔盘结构和操作状态，图中1所指的应该是(A)。

A. 泡罩　　B. 升气管
C. 堰板　　D. 溢流堰

146. 如图所示泡罩塔盘结构和操作状态，图中2所指的应该是(C)。

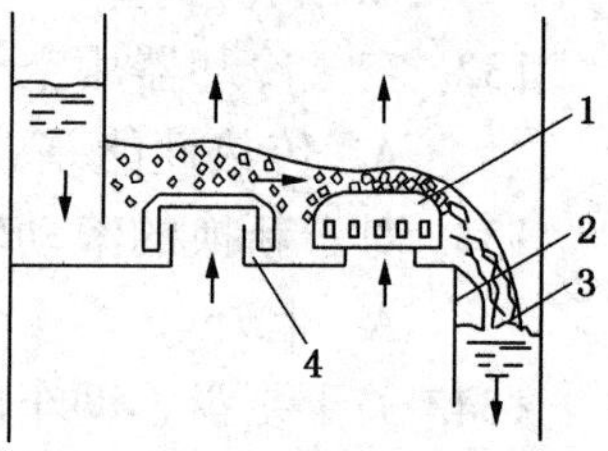

145、146题图

A. 泡罩　　B. 升气管
C. 堰板　　D. 溢流堰

147. 已知零件尺寸为50±0.008，零件最大极限尺寸应该是(C)。

A. 49.992　　B. 50.016　　C. 50.008　　D. 49.984

148. 已知零件尺寸为50±0.008，零件公差应该是(D)。

A. 0.008　　B. 0　　C. 0.16　　D. 0.016

149. 有一气相混合物，有A、B两种气相物质组成(已知：A的相对分子质量为32，B的相对分子质量为28)，A在混合物中体积比是21%，混合物平均相对分子质量为(B)。

A. 25.84　　B. 28.84　　C. 30　　D. 31.16

150. 有一混合物，有A、B两种物质组成(已知：A的相对分子质量为30，B的相对分子质量为20)，A在混合物中物质的量比是40%，混合物平均相对分子质量为(B)。

A. 23　　B. 24　　C. 25　　D. 26

151. 开工时需要配制MDEA溶剂，先往储罐内加入30t MDEA溶液(其中含MDEA80%)，随后加入100t水稀释，请问混合配制后的浓度是(A)。(MDEA相对分子质量119)

A. 18%　　B. 23%　　C. 24%　　D. 30%

152. 开工时需要配制MDEA溶剂，先往储罐内加入30t MDEA溶液(其中含MDEA80%)，要配制30%MDEA溶剂，需要加入(A)t水。(MDEA相对分子质量119)

A. 80　　B. 90　　C. 100　　D. 125

153. 某硫磺回收装置酸性气燃烧炉进料量为1500m^3/h，鼓风机出口空气量为2800m^3/h，若一级克劳斯反应器装填8m^3克劳斯催化剂，请问克劳斯催化剂空速是(B)h^{-1}。(克劳斯催化剂相对密度为800kg/m^3，酸性气含硫化氢假设为100%，反应炉转化率为80%)

A. 187.5　　B. 271.4　　C. 330　　D. 412.5

154. 某硫磺回收装置若一级克劳斯反应器进口过程气流量为3000m^3/h，若反应器克劳

斯催化剂空速为 $500h^{-1}$，则反应器内装填(C)t 克劳斯催化剂。(克劳斯催化剂相对密度为 $800kg/m^3$)

A. 1.6　　B. 3.75　　C. 4.8　　D. 6

155. 某 SCOT 装置，克劳斯尾气流量为 $3000m^3/h$，配入氢气量为 $300m^3/h$，若反应器加氢催化剂空速为 $500h^{-1}$，则反应器内装填(C)t 克劳斯催化剂。(加氢催化剂相对密度为 $800kg/m^3$)

A. 3.75　　B. 4.8　　C. 5.28　　D. 6

156. 空速增大，反应物的转化率(B)。

A. 上升　　B. 下降　　C. 没有变化　　D. 无法确定

多选题

1. 下列关于引燃料气进装置的说法正确的是 (A，B，D)。

A. 引燃料气前先用蒸汽将系统吹扫干净

B. 吹扫干净后用氮气置换系统，系统中氧含量应小于 0.5%

C. 吹扫干净后用氮气置换系统，系统中氧含量应小于 1.0%

D. 瓦斯系统氮气置换完毕后，关闭各放空阀，系统保持微正压，准备瓦斯引进装置

2. 以下哪几种为硫磺装置使用的防毒面具(A，B)。

A. 正压式空气呼吸器　　B. 过滤式防毒面具

C. 隔离式防毒面具　　D. 防毒口罩

3. 加氢催化剂的有效成分是(B，C)。

A. FeO　　B. CoO　　C. MoO　　D. Al_2O_3

4. 检修结束吹扫气密前，操作人员对工艺流程的检查，以下正确的是(A，B，D)。

A. 检查管线上阀门、法兰是否安装完毕　　B. 检查各个控制阀是否经过调试好用

C. 检查边界盲板是否已经拆除　　D. 检查设备人孔是否封好

5. 关于蒸汽发生器投用，下列说法正确的是(A，B，C，D)。

A. 投用之前先将蒸汽发生器水包建立液面

B. 蒸汽发生器投用之前，热力除氧系统已投用

C. 蒸汽发生器投用后，将连排阀门控制在一个合适的开度

D. 蒸汽发生器投用后，定排阀门除定期排放时打开外，其余时候应处于关闭状态

6. 设置废热锅炉的作用是(A，B，D)。

A. 降低过程气温度，冷凝液硫　　B. 回收热量

C. 提高硫分压　　D. 提高后部的转化率

7. 关于自产中压蒸汽，下列说法不正确的为(A，C，D)。

A. 自产蒸汽并管网后的状态是部分现场放空、部分进管网

B. 自产蒸汽先通过蒸汽过热器过热后，再并入蒸汽管网

C. 自产蒸汽先进行高温掺合加热后，再并入蒸汽管网

D. 自产蒸汽量是一固定值，故需控制管网蒸汽压力

8. 急冷水流量降低的原因，下列不正确的是(A，D)。

A. 急冷塔内急冷水过多　　B. 急冷水流量计不准

C. 急冷水泵进口过滤器堵　　D. 急冷水冷却器冷却效果差

9. 关于酸性气中烃含量高对硫磺装置影响的描述，以下正确的是(B，C，D)。
A. 副反应降低　　B. 产生黑硫磺
C. 反应器积碳，影响催化剂活性　　D. 装置能耗增加

10. 斯科特系统氮气置换时，采用的方法为(A，B，C，D)。
A. 用循环风机置换系统氧　　B. 用氮气向火炬赶氧
C. 用氮气赶氧至焚烧炉　　D. 将氮气就地放空置换

11. 蒸汽发生器液位低的原因是(A，B，C，D)。
A. 过程气进口温度上升　　B. 蒸汽产量变大
C. 酸性气量突然上升　　D. 蒸汽管网压力上升

12. 蒸汽发生器自发蒸汽压力低的原因，以下正确的是(A，B，D)。
A. 发生器补水量大　　B. 控制阀失灵
C. 后路不畅　　D. 排污阀开得过大

13. 设置自保联锁的作用是(A，B)。
A. 保护设备　　B. 保障操作人员安全
C. 优化操作　　D. 没有特别的作用

14. 常用的解吸方法有(A，B，C)。
A. 升温　　B. 减压　　C. 吹气　　D. 脱附

15. 酸性气燃烧炉炉膛温度低的原因是(A，B，C)。
A. 酸性气中烃含量下降　　B. 风机供风量下降
C. 酸性气中硫化氢浓度下降　　D. 酸性气中氨含量下降

16. 克劳斯反应器床层温度的影响因素是(A，B，C)。
A. 反应器进口 H_2S、SO_2 浓度变化　　B. 催化剂活性
C. 反应器进口温度的变化　　D. 系统压力的变化

17. 急冷塔液面上升正确的是(A，B，C)。
A. 急冷水泵不上量　　B. 除盐水补充量太大
C. 急冷水出装置不畅　　D. 加氢尾气量降低

18. 尾气吸收塔液面上升原因，以下正确的是(A，C，D)。
A. 贫液进塔量上升　　B. 富液控制阀处于全开状态
C. 富液过滤器堵塞　　D. 富液泵出口量下降

19. 以下属于溶剂再生塔压力波动原因的是(A，B，C)。
A. 进塔富液的组分　　B. 富液进料量　　C. 酸性气抽出量　　D. 贫液浓度

20. 正常生产时，急冷塔塔顶温度高的原因是(A，B，C，D)。
A. 加氢反应器出口温度高　　B. 急冷水量小
C. 急冷水温度高　　D. 加氢尾气量大

21. 硫磺回收装置尾气处理的类型，以下正确的是(A，C，D)。
A. SCOT 工艺　　B. SULFREEN 工艺　　C. SSR 工艺　　D. RAR 工艺

22. 溶剂发泡时，采取措施正确的是(A，B，C)。
A. 添加适量的消泡剂　　B. 加强溶剂过滤
C. 检查储罐氮封是否完好，防止空气漏入　　D. 加水置换

23. 管道的吹扫方式是(C，D)。

A. 分段吹扫　　B. 爆破吹扫　　C. 固定式吹扫　　D. 半固定式吹扫

24. 硫磺回收装置克劳斯系统适用的管道吹扫介质有(A，B，D)。

A. 氮气　　B. 蒸汽　　C. 新鲜水　　D. 风机

25. 停车操作前必须检查(A，B，C)等安全器材达到随时安全使用的条件。

A. 消防器材　　B. 防毒面具　　C. 可燃气体报警仪　D. 扳手

26. 硫磺回收装置停工产生的环境污染，主要是停工吹扫时候发生的(A，B，D)。

A. 废气　　B. 废水　　C. 废渣　　D. 噪声

27. 装置降量操作各塔的(A，B，C，D)参数都要相应改变，尽可能多出合格产品。

A. 塔顶压力　　B. 回流量　　C. 塔底热源量　　D. 抽出量

28. 当闸阀开启时，发现阀盘在转动，但是阀杆没有向外移动，其原因是(A，C)。

A. 阀杆断　　B. 轧兰太紧　　C. 柄帽脱落　　D. 阀杆缺油

29. U 形管换热器的特点是(A，B，D)。

A. 可使管内流速增大　　B. 起到热补偿的作用

C. 结构简单，需要两个管板　　D. 单位传热面积的金属耗量少

30. 生产装置中，以下设备和管道不需保温的是(A，B，C，D)。

A. 放空设备和管道　　B. 散热设备和管道

C. 要及时发现泄漏的设备和管道　　D. 内部有衬里的设备和管道

31. (B，C)设备和管道要设置防潮层。

A. 保温结构　　B. 保冷结构　　C. 埋地管道　　D. 架空管道

32. 离心泵机械密封的种类是(A，C，D)。

A. 自冲洗　　B. 间歇式冲洗　　C. 外冲洗　　D. 循环冲洗

33. 有关离心泵的特性，下列叙述不正确的是 (A，C，D)。

A. 消耗功率随被输介质密度的增大而减小

B. 功率随流量增大而上升

C. 流量与被输介质的密度有关

D. 扬程与被输介质的密度有关

34. 离心泵抽空的原因是(A，B，C)。

A. 轴封漏气　　B. 气蚀　　C. 叶轮腐蚀　　D. 泵转速低

35. 以下(A，B，D)是管道特殊件。

A. 阻火器　　B. 特殊阀门　　C. 法兰　　D. 视镜

36. 以下属于压力容器安全附件的是(A，B，C，D)。

A. 紧急切断阀　　B. 温度计、液面计

C. 安全阀、压力表　　D. 快开门式压力容器安全联锁装置

37. 属于弯管伸缩器缺点的是(C，D)。

A. 材质要求高　　B. 不易安装　　C. 流动阻力大　　D. 占用空间大

38. 离心泵比转数是与(C，D)有关。

A. 流体的温度　　B. 流体的压力　　C. 叶轮形状　　D. 泵的性能曲线

39. 下列选项中，适用于金属缠绕垫片的密封面形式是(A，B，C)。

A. 突面　　B. 凹凸面　　C. 榫槽面　　D. 环面

40. 磁力驱动离心泵主要由(A，B，C)组成。

A. 泵体　　B. 叶轮　　C. 电动机　　D. 动密封

41. 离心泵的机械密封泄漏要符合一些要求(B，D)。

A. 轻质油不超过 20 滴/min，重质油不超过 10 滴/min

B. 轻质油不超过 10 滴/min，重质油不超过 20 滴/min

C. 轻质油不超过 10 滴/min，重质油不超过 5 滴/min

D. 轻质油不超过 5 滴/min，重质油不超过 10 滴/min

42. 工业管道外部检查内容中泄漏检查，主要是检查管道及(A，B，C，D)与管架接触等部位是否有泄漏情况。

A. 接头　　B. 焊缝　　C. 阀门　　D. 连接法兰

43. 阀门加油的作用是(A，B，C)。

A. 保证润滑效果　　B. 有利于开关　　C. 防止腐蚀　　D. 防泄漏

44. 结片式硫磺成型单元包括(A，B，C，D)过程。

A. 冷却　　B. 切片　　C. 称重　　D. 包装

45. 空气冷却器的风机风量调节手段有(A，B，C)。

A. 调节叶片倾角　　B. 风机的转速

C. 百叶窗的开启程度　　D. 管束的多少

46. 离心泵运行时轴承温度高的原因是(A，B，D)。

A. 轴承进油管线堵塞　　B. 冷却水量小

C. 管线振动　　D. 润滑油质量变差

47. 高速离心泵正常巡检时应检查的内容是(A，B，C，D)。

A. 润滑系统　　B. 轴承温度　　C. 冷却系统　　D. 机泵振动

48. 硫磺燃烧炉压力升高的原因是(A，B，C)。

A. 硫冷凝器管束堵塞　　B. 反应器床层积碳

C. 处理量增加　　D. 原料带胺

49. 重沸器壳程漏一般容易发生在(A，B)部位。

A. 试压堵头　　B. 大封头法兰面　　C. 进口焊缝　　D. 壳体

50. 电机温度过高的原因是(A，B，C，D)。

A. 电流过大　　B. 电机内油脂过多

C. 电机通风散热不好　　D. 潮湿

51. 尾气吸收塔液面低的原因是(A，B，C)。

A. 塔底液控阀失灵　　B. 气相进料突然增大

C. 贫液进料中断　　D. 塔压力高

52. 酸性气原料突然中断的工艺现象是(A，B，C)。

A. 酸性气流量无显示　　B. 装置联锁停车

C. 燃烧炉炉膛压力下降　　D. 燃烧炉炉膛温度快速上升

53. 酸性气原料流量无显示的原因是（ A，B，C，D ）。

A. 上游装置酸性气中断　　B. 流量计显示失灵

C. 联锁阀发生自保　　D. 管道内积水发生水封

54. 急冷水泵坏的工艺现象是（ A，B，C ）。

A. 急冷水流量无　　B. 急冷塔顶温度上升

C. 急冷塔底液面上升　　D. 急冷水 pH 值上升

55. 富液泵坏的工艺现象是（ A，C，D ）。

A. 再生塔液位下降　　B. 急冷塔顶温度上升

C. 尾气吸收塔底液面上升　　D. 贫液出塔温度上升

56. 富液泵全坏造成的影响是（ A，B，C ）。

A. 尾气焚烧炉炉温上升　　B. 烟气排放二氧化硫含量明显上升

C. 溶剂再生系统停车　　D. 硫磺回收装置紧急停工

57. 酸性气燃烧炉阻火器堵塞处理方法正确的是（ B，C，D ）。

A. 先关已堵的阻火器　　B. 先投用备用的阻火器

C. 拆卸前用蒸汽吹扫阻火器　　D. 拆下的阻火器用清水冲洗

58. 贫液中断原因正确的是（ A，B，D ）。

A. 贫液控制阀失灵　　B. 贫液泵故障

C. 吸收塔压力上升　　D. 溶剂罐液面抽空

59. 贫液空冷坏，将会导致（ A，C，D ）。

A. 贫液温度上升　　B. 吸收塔压力上升

C. 溶剂损耗上升　　D. 尾气中硫化氢含量上升

60. 溶剂再生塔压力高，处理方法正确的是（ A，B，C，D ）。

A. 检查是否克劳斯系统压力上升　　B. 降低塔底蒸汽流量

C. 检查回流罐液面是否高　　D. 提高回流量

61. 烟囱进口杂质较多的原因是（ A，B，D ）。

A. 尾气中硫化氢含量高　　B. 烟囱保温效果差产生露点腐蚀

C. 烟气中 CO 含量高　　D. 排烟温度低

62. 以下是烟囱进口杂质较多的危害（ A，B，C，D ）。

A. 系统压力升高　　B. 易堵塞烟囱

C. 增加操作工工作强度　　D. 设备腐蚀增加

63. 发生 H_2S 泄漏时，处理方法正确的是（ A，B，C ）。

A. 佩带防毒面具　　B. 佩带硫化氢报警仪

C. 双人操作　　D. 使用铁制工具处理

64. 停燃料气的处理方法是（ A，B，C，D ）。

A. 检查阻火器是否堵塞　　B. 检查控制阀是否处于全关状态

C. 检查瓦斯分液罐是否满　　D. 检查联锁是否完好

四、技能操作鉴定要素细目表

鉴定范围						鉴定点	
一级		二级		三级		代码	名称
代码	名称	代码	名称	代码	名称		
A	技能要求	A	工艺操作	A	开车准备	001	开工前装置检查
						002	催化剂装填前检查
						003	急冷塔气密操作
				B	开车操作	001	酸性气燃烧炉点火操作
						002	尾气焚烧炉点火操作
						003	酸性气燃烧炉升温操作
						004	急冷塔循环建立操作
						005	吸收塔建立循环操作
				C	正常操作	001	溶剂补充操作
						002	贫液温度上升的调节
						003	溶剂储罐液位低的调节方法
						004	尾气焚烧炉膛温度调节
						005	蒸汽发生器液位调节
						006	根据仪表就地指示对泵出口流量调节
				D	停车操作	001	催化剂热浸泡操作
						002	急冷塔停工操作
						003	尾气吸收塔停用操作
						004	停急冷水冷却器操作
						005	吸收塔退富液操作
						006	装置降量操作
		B	设备使用与维护	A	使用设备	001	凝结水泵日常运行检查
						002	富液泵日常运行检查
						003	巡检测量仪表使用
						004	尾气换热器投用操作
				B	维护设备	001	快速切断阀加油操作
						002	停泵检修操作
						003	急冷水过滤器清洗
						004	急冷水泵维护
		C	事故判断与处理	A	判断事故	001	系统压力升高分析
						002	离心泵抽空处理
						003	压力表故障判断
						004	尾气吸收塔液面低分析
						005	酸性气带烃判断
				B	处理事故	001	酸性气燃烧炉联锁停机处理
						002	停酸性气原料处理
						003	停电处理
						004	停锅炉给水处理
						005	急冷水泵故障处理
						006	富液泵故障处理
						007	贫液温度上升的处理
						008	阻火器堵塞故障处理
		D	绘图与计算	A	绘图	001	斯科特系统原则流程绘制
						002	溶剂再生系统原则流程绘制

五、技能操作试题

试题1：开工前装置检查

（考核时间：20min）

序号	考核内容	考核要点	配分	评分标准	检测结果	扣分	得分	备注
1	准备工作	穿戴劳保用品	3	未穿戴整齐扣3分				
		工具、用具准备	2	工具选择不正确扣2分				
2	操作前提	流程的检查	20	装置流程不清楚扣10分				
				边界条件不清楚扣10分				
		设备的检查	15	未检查安全附件扣5分				
				未检查机泵安装质量扣5分				
				未检查静设备扣10分				
3	操作过程	操作顺序正确	30	漏项每处扣5分				
				未按先后次序扣10分				
				方法不正确扣20分				
		操作注意事项	25	未注意放空阀状态扣5分				
				未检查检修变更项目扣10分				
				未检查安全设施扣10分				
4	使用工具	正确使用工具	2	工具使用不正确扣2分				
		正确维护工具	3	工具乱摆乱放扣3分				
5	安全及其他	按国家法规或企业规定		违规一次总分扣5分；严重违规停止操作			—	
		在规定时间内完成操作		每超时1min总分扣5分，超时3min停止操作			—	
		合　　计	100					

试题2：催化剂装填前检查

（考核时间：20min）

序号	考核内容	考核要点	配分	评分标准	检测结果	扣分	得分	备注
1	准备工作	穿戴劳保用品	3	未穿戴整齐扣3分				
		工具、用具准备	2	工具选择不正确扣2分				
2	操作前提	流程的检查	10	装置流程不清楚扣5分				
				未检查反应器扣5分				
		催化剂装填方案清楚	10	催化剂装填方案不清楚扣10分				
		装填材料的检查	20	未确认催化剂质量扣10分				
				未检查瓷球型号扣5分				
				未检查丝网规格扣5分				

续表

序号	考核内容	考核要点	配分	评分标准	检测结果	扣分	得分	备注
3	操作过程	操作顺序正确	35	漏项每处扣5分				
				未按先后次序扣10分				
				方法不正确扣20分				
				未检查吊装催化剂的设备扣5分				
		操作注意事项	15	未做好催化剂床层的标记扣10分				
				未检查安全设施扣10分				
4	使用工具	正确使用工具	2	工具使用不正确扣2分				
		正确维护工具	3	工具乱摆乱放扣3分				
5	安全及其他	按国家法规或企业规定		违规一次总分扣5分；严重违规停止操作			—	
		在规定时间内完成操作		每超时1min总分扣5分，超时3min停止操作			—	
		合　计	100					

试题3：酸性气燃烧炉点火操作

（考核时间：20min）

序号	考核内容	考核要点	配分	评分标准	检测结果	扣分	得分	备注
1	准备工作	穿戴劳保用品	3	未穿戴整齐扣3分				
		工具、用具准备	2	工具选择不正确扣2分				
2	操作前提	点火设备的检查	10	未联系送电扣5分				
				未检查点火器状态扣5分				
		流程的检查	5	未确认盲板扣5分				
				流程状态未检查扣5分				
3	操作过程	工作联系及时到位	5	未及时联系扣5分				
		操作步骤	30	漏项或操作不当每处扣5分				
				阀门每开错一个扣10分				
				方法不正确扣10分				
				未化验分析氧含量扣10分				
		操作注意事项	20	点火失败后未吹扫扣10分				
				点火前未赶氧扣15分				
4	操作结果	达到操作要求	20	未点火成功扣10分				
				未汇报结果扣10分				
5	使用工具	正确使用工具	2	工具使用不正确扣2分				
		正确维护工具	3	工具乱摆乱放扣3分				
6	安全及其他	按国家法规或企业规定		违规一次总分扣5分；严重违规停止操作			—	
		在规定时间内完成操作		每超时1min总分扣5分，超时3min停止操作			—	
		合　计	100					

试题4：酸性气燃烧炉升温操作

（考核时间：45min）

序号	考核内容	考核要点	配分	评分标准	检测结果	扣分	得分	备注
1	准备工作	穿戴劳保用品	3	未穿戴整齐扣3分				
		工具、用具准备	2	工具选择不正确扣2分				
2	操作前提	开工流程的检查	10	未检查边界阀者扣5分				
				未检查设备者扣5分				
				未对管线流程检查者扣5分				
		升温方案的学习	5	不清楚升温方案者扣5分				
3	操作过程	工作联系及时到位	5	未及时联系扣5分				
		操作顺序正确	30	阀门开关未按要求者扣5分				
				未检查各处放空，每漏一个扣5分				
				引气顺序错者扣10分				
				未检查废热锅炉情况者扣10分				
				漏项或操作不当扣10分				
				点火失败未进行吹扫者扣10分				
		化验分析项目	5	化验分析未安排扣5分				
		操作参数的调节	15	未注意观察压力(温度、液位、流量)变化，造成后果者扣15分				
				调节滞后扣10分				
		升温速度的要求	10	未按升温曲线进行的扣10分				
4	操作结果	调整操作的稳定性	5	操作不平稳扣5分				
		对环境的影响	5	误操作造成环境污染者扣5分				
5	使用工具	正确使用工具	2	工具使用不正确扣2分				
		正确维护工具	3	工具乱摆乱放扣3分				
6	安全及其他	按国家法规或企业规定		违规一次总分扣5分；严重违规停止操作			—	
		在规定时间内完成操作		每超时1min总分扣5分，超时3min停止操作			—	
		合　计	100					

否定项说明：违章操作或发生事故须停止操作，成绩计零分。

试题5：急冷塔循环建立操作

（考核时间：30min）

序号	考核内容	考核要点	配分	评分标准	检测结果	扣分	得分	备注
1	准备工作	穿戴劳保用品	3	未穿戴整齐扣3分				
		工具、用具准备	2	工具选择不正确扣2分				

续表

序号	考核内容	考核要点	配分	评分标准	检测结果	扣分	得分	备注
2	操作前提	设备的检查	10	设备未检查扣10分				
		开车流程的确认	10	未确认管线是否有盲板每一处扣10分				
				未检查流程扣5分				
3	操作过程	工作联系及时到位	5	未及时联系扣5分				
		操作步骤正确，顺序无误	30	未按先后次序扣10分				
				阀门开关顺序错者扣10分				
				阀门每开错一个扣10分				
				未检查各处放空，每漏一个扣5分				
		调节方法和操作质量	20	未注意观察系统压力、温度、液位、流量变化者扣10分				
				操作时引起质量波动扣10分				
4	操作结果	循环建立的确认操作	15	循环建立后未确认扣5分				
				误操作引起环境污染扣10分				
5	使用工具	正确使用工具	2	工具使用不正确扣2分				
		正确维护工具	3	工具乱摆乱放扣3分				
6	安全及其他	按国家法规或企业规定		违规一次总分扣5分；严重违规停止操作			—	
		在规定时间内完成操作		每超时1min总分扣5分，超时3min停止操作			—	
		合　计	100					

否定项说明：违章操作或发生事故须停止操作，成绩计零分。

试题6：溶剂补充操作

（考核时间：20min）

序号	考核内容	考核要点	配分	评分标准	检测结果	扣分	得分	备注
1	准备工作	穿戴劳保用品	3	未穿戴整齐扣3分				
		工具、用具准备	2	工具选择不正确扣2分				
2	操作前提	溶剂相关知识叙述完整	20	溶剂浓度控制范围不清楚扣10分				
				溶剂工作原理不清楚扣10分				
		流程检查正确无误	5	流程不清楚扣5分				
3	操作过程	工作联系及时到位	5	未及时联系扣5分				
		操作步骤正确	20	未按先后顺序扣10分				
				漏项或操作不当扣10分				
				操作不熟练扣5分				
		溶剂配制方法清楚	20	溶剂配制方法不正确扣10分				
				配制后未化验分析扣5分				

续表

序号	考核内容	考核要点	配分	评分标准	检测结果	扣分	得分	备注
4	操作结果	补充达到操作要求	20	引起操作波动扣10分				
				未联系采样分析扣10分				
5	使用工具	正确使用工具	2	工具使用不正确扣2分				
		正确维护工具	3	工具乱摆乱放扣3分				
6	安全及其他	按国家法规或企业规定		违规一次总分扣5分；严重违规停止操作			—	
		在规定时间内完成操作		每超时1min总分扣5分，超时3min停止操作			—	
	合计		100					

试题7：贫液温度上升的调节

（考核时间：30min）

序号	考核内容	考核要点	配分	评分标准	检测结果	扣分	得分	备注
1	准备工作	穿戴劳保用品	3	未穿戴整齐扣3分				
		工具、用具准备	2	工具选择不正确扣2分				
2	技术准备	贫液温度上升原因的表述完整	5	贫液温度上升原因的表述不准确扣5分				
		控制指标表述准确	5	主要控制点不准确扣5分				
		影响因素分析透彻，调节对象理解深刻	10	主要影响因素叙述不完整扣5分				
				调节对象表述错误扣5分				
				对其他参数影响及后果考虑不周扣5分				
		流程检查正确无误	5	未检查流程扣5分				
3	操作过程	操作步骤按先后顺序完成，并无操作不当	30	漏项或操作不当扣10分				
				未按先后顺序进行扣10分				
				操作时引起波动大扣20分				
		系统调节平稳，调节无滞后现象	25	仪表控制系统调节错误扣20分				
				开错阀门扣20分				
				调节滞后扣10分				
				操作不平稳扣10分				
4	操作结果	对参数控制能达到要求	10	操作未达到要求扣5分				
				分析结果不正确扣5分				
5	使用工具	正确使用工具	2	工具使用不正确扣2分				
		正确维护工具	3	工具乱摆乱放扣3分				
6	安全及其他	按国家法规或企业规定		违规一次总分扣5分；严重违规停止操作			—	
		在规定时间内完成操作		每超时1min总分扣5分，超时3min停止操作			—	
	合计		100					

否定项说明：违章操作或发生事故须停止操作，成绩计零分。

试题8：溶剂储罐液位低的调节方法

（考核时间：30min）

序号	考核内容	考核要点	配分	评分标准	检测结果	扣分	得分	备注
1	准备工作	穿戴劳保用品	3	未穿戴整齐扣3分				
		工具、用具准备	2	工具选择不正确扣2分				
2	技术准备	溶剂储罐液位低的原因表述完整	5	溶剂储罐液位低的原因表述不准确扣5分				
		控制指标表述准确	5	主要控制点不准确扣5分				
		影响因素分析透彻，调节对象理解深刻	10	主要影响因素叙述不完整扣5分				
				调节对象表述错误扣5分				
				对其他参数影响及后果考虑不周扣5分				
		流程检查正确无误	5	未检查流程扣5分				
3	操作过程	操作步骤按先后顺序完成，并无操作不当	30	漏项或操作不当扣10分				
				未按先后顺序进行扣10分				
				操作时引起波动大扣20分				
		系统调节平稳，调节无滞后现象	25	仪表控制系统调节错误扣20分				
				开错阀门扣20分				
				调节滞后扣10分				
				操作不平稳扣10分				
4	操作结果	对参数控制能达到要求	10	操作未达到要求扣5分				
				分析结果不正确扣5分				
5	使用工具	正确使用工具	2	工具使用不正确扣2分				
		正确维护工具	3	工具乱摆乱放扣3分				
6	安全及其他	按国家法规或企业规定		违规一次总分扣5分；严重违规停止操作			—	
		在规定时间内完成操作		每超时1min总分扣5分，超时3min停止操作			—	
		合　　计	100					

否定项说明：违章操作或发生事故须停止，操作成绩计零分。

试题9：蒸汽发生器液位调节

（考核时间：20min）

序号	考核内容	考核要点	配分	评分标准	检测结果	扣分	得分	备注
1	准备工作	穿戴劳保用品	3	未穿戴整齐扣3分				
		工具、用具准备	2	工具选择不正确扣2分				
2	操作程序	技术准备	20	液位控制目的表述不准确扣5分				
				液位控制指标不准确扣5分				
				主要控制点不准确扣5分				
				主要影响因素叙述不完整扣5分				

续表

序号	考核内容	考核要点	配分	评分标准	检测结果	扣分	得分	备注
				调节对象表述错误扣 10 分				
				对其他参数影响及后果考虑不周扣 10 分				
				未检查流程扣 5 分				
		操作过程	50	漏项或操作不当扣 10 分				
				未按先后顺序进行扣 10 分				
				操作时引起波动大扣 20 分				
				仪表控制系统调节错误扣 20 分				
				开错阀门扣 20 分				
				未及时注意观察系统压力温度者扣 10 分				
		操作结果是否达到预期的目的、要求	20	调节滞后扣 10 分				
				操作不平稳扣 10 分				
3	使用工具	正确使用工具	2	工具使用不正确扣 2 分				
		正确维护工具	3	工具乱摆乱放扣 3 分				
4	安全及其他	按国家法规或企业规定		违规一次总分扣 5 分；严重违规停止操作			—	
		在规定时间内完成操作		每超时 1min 总分扣 5 分，超时 3min 停止操作			—	
		合　计	100					

否定项说明：违章操作或发生事故须停止操作，成绩计零分。

试题 10：催化剂热浸泡操作

（考核时间：30min）

序号	考核内容	考核要点	配分	评分标准	检测结果	扣分	得分	备注
1	准备工作	穿戴劳保用品	3	未穿戴整齐扣 3 分				
		工具、用具准备	2	工具选择不正确扣 2 分				
2	操作前提	催化剂热浸泡作用清楚	5	催化剂热浸泡目的不清楚扣 5 分				
				催化剂热浸泡方法不清楚扣 5 分				
				系统状态未检查扣 5 分				
		流程的检查	5	未对管线流程检查者扣 5 分				
3	操作过程	工作联系及时到位	5	未及时联系扣 5 分				
		操作顺序正确	20	阀门开关未按要求者扣 5 分				
				未检查各处放空每漏一个扣 5 分				
				漏项或操作不当扣 10 分				
		操作参数的调节	25	未注意观察压力(温度、液位、流量)变化，造成后果者扣 15 分				
				H_2S/SO_2 比值控制过低扣 10 分				
				调节滞后扣 10 分				

续表

序号	考核内容	考核要点	配分	评分标准	检测结果	扣分	得分	备注
4	操作结果	催化剂还原结果	30	引起环保污染扣15分				
				引起安全事故扣15分				
5	使用工具	正确使用工具	2	工具使用不正确扣2分				
		正确维护工具	3	工具乱摆乱放扣3分				
6	安全及其他	按国家法规或企业规定		违规一次总分扣5分；严重违规停止操作			—	
		在规定时间内完成操作		每超时1min总分扣5分，超时3min停止操作			—	
合计			100					

否定项说明：违章操作或发生事故须停止操作，成绩计零分。

试题11：尾气吸收塔停用操作

（考核时间：30min）

序号	考核内容	考核要点	配分	评分标准	检测结果	扣分	得分	备注
1	准备工作	穿戴劳保用品	3	未穿戴整齐扣3分				
		工具、用具准备	2	工具选择不正确扣2分				
2	操作前提	停工过程的要求	15	停工过程操作变化不清楚扣10分				
				未联系调度及相关单位扣10分				
		流程状态的检查	5	流程状态未检查确认扣5分				
3	操作过程	工作及时联系	5	未及时联系扣5分				
		操作步骤正确	30	漏项或操作不当每处扣5分				
				指挥错误扣10分				
				操作不熟练扣10分				
				未按先后顺序扣10分				
		操作注意事项	15	未检查参数变化扣5分				
				引起操作波动扣10分				
4	操作结果	达到停车要求	20	误操作造成污染环境者扣10分				
				未完成停工扣10分				
5	使用工具	正确使用工具	2	工具使用不正确扣2分				
		正确维护工具	3	工具乱摆乱放扣3分				
6	安全及其他	按国家法规或企业规定		违规一次总分扣5分；严重违规停止操作			—	
		在规定时间内完成操作		每超时1min总分扣5分，超时3min停止操作			—	
合计			100					

试题12：停急冷水冷却器操作

（考核时间：15min）

序号	考核内容	考核要点	配分	评分标准	检测结果	扣分	得分	备注
1	准备工作	穿戴劳保用品	3	未穿戴整齐扣3分				
		工具、用具准备	2	工具选择不正确扣2分				
2	操作前提	停用过程的要求	10	停用过程操作变化不清楚扣10分				
				未联系调度及相关单位扣10分				
		流程状态的检查	5	流程状态未检查确认扣5分				
3	操作过程	工作及时联系	5	未及时联系扣5分				
		操作步骤正确	30	漏项或操作不当每处扣5分				
				操作不当扣10分				
				操作不熟练扣10分				
				未按先后顺序扣10分				
		操作注意事项	20	未检查参数变化扣5分				
				引起环境安全风险的扣15分				
				引起操作波动扣10分				
4	操作结果	达到停车要求	20	误操作造成污染环境者扣10分				
				未完成停工扣10分				
5	使用工具	正确使用工具	2	工具使用不正确扣2分				
		正确维护工具	3	工具乱摆乱放扣3分				
6	安全及其他	按国家法规或企业规定		违规一次总分扣5分；严重违规停止操作			—	
		在规定时间内完成操作		每超时1min总分扣5分，超时3min停止操作			—	
		合　计	100					

试题13：吸收塔退富液操作

（考核时间：15min）

序号	考核内容	考核要点	配分	评分标准	检测结果	扣分	得分	备注
1	准备工作	穿戴劳保用品	3	未穿戴整齐扣3分				
		工具、用具准备	2	工具选择不正确扣2分				
2	操作前提	吸收与溶剂的相关知识清楚	20	吸收塔作用不清楚扣10分				
				富液相关知识不清楚扣10分				
		流程的确认	10	管线状态未检查扣10分				
3	操作过程	工作及时联系	5	未及时联系扣5分				
		操作步骤的正确	30	漏项或操作不当每处扣5分				
				未按先后顺序扣10分				
				开错阀门扣10分				
				盲板安装位置错误扣10分				

续表

序号	考核内容	考核要点	配分	评分标准	检测结果	扣分	得分	备注
		操作注意事项	25	未检查压力扣5分				
				引起环境安全风险的扣10分				
				未开具工作票扣10分				
4	使用工具	正确使用工具	2	工具使用不正确扣2分				
		正确维护工具	3	工具乱摆乱放扣3分				
5	安全及其他	按国家法规或企业规定		违规一次总分扣5分；严重违规停止操作			—	
		在规定时间内完成操作		每超时1min总分扣5分，超时3min停止操作			—	
		合　　计	100					

试题14：凝结水泵日常运行检查

（考核时间：15min）

序号	考核内容	考核要点	配分	评分标准	检测结果	扣分	得分	备注
1	准备工作	穿戴劳保用品	3	未穿戴整齐扣3分				
		工具、用具准备	2	工具选择不正确扣2分				
2	巡检前的准备	巡检目的清楚	5	不清楚巡检目的扣5分				
		机泵巡检的标准	20	机泵振动标准不清楚扣5分				
				机泵温度标准不清楚扣5分				
				机泵泄漏标准不清楚扣10分				
3	巡检过程处理	及时处理和记录巡检过程异常情况	30	漏项或操作不当每处扣5分				
				发现异常未处理扣10分				
				发现异常未用对讲机联系扣5分				
				操作位置不对扣10分				
4	现场的日常维护	设备维护保养符合规范	25	未检查设备状况扣10分				
				机泵盘车错误者扣5分				
				未检查冷却情况扣5分				
				设备维护保养差扣5分				
		区域内卫生状况良好	10	现场脏乱差扣10分				
				发现现场有杂物未处理扣5分				
5	使用工具	正确使用工具	2	工具使用不正确扣2分				
		正确维护工具	3	工具乱摆乱放扣3分				
6	安全及其他	按国家法规或企业规定		违规一次总分扣5分；严重违规停止操作			—	
		在规定时间内完成操作		每超时1min总分扣5分，超时3min停止操作			—	
		合　　计	100					

试题15：巡检测量仪表使用

（考核时间：15min）

序号	考核内容	考核要点	配分	评分标准	检测结果	扣分	得分	备注
1	准备工作	穿戴劳保用品	3	未穿戴整齐扣3分				
		工具、用具准备	2	工具选择不正确扣2分				
2	操作前提	测量仪表使用知识	10	测量仪表作用不清楚扣5分				
				测量仪表使用知识不清楚扣10分				
		设备状态的检查	5	未检查设备状态扣5分				
		流程的检查	5	未检查流程扣5分				
3	操作过程	工作联系及时到位	5	未及时联系扣5分				
		操作步骤无遗漏	40	未按先后次序扣10分				
				漏项或操作不当，每项扣5分				
				测量位置不正确扣10分				
				测量仪表使用不当扣10分				
				测量仪表选用不当扣10分				
		操作注意事项	25	未检查测量仪表是否完好扣10分				
				发现异常未联系处理扣15分				
4	使用工具	正确使用工具	2	工具使用不正确扣2分				
		正确维护工具	3	工具乱摆乱放扣3分				
5	安全及其他	按国家法规或企业规定		违规一次总分扣5分；严重违规停止操作			—	
		在规定时间内完成操作		每超时1min总分扣5分，超时3min停止操作			—	
		合　计	100					

试题16：尾气换热器投用操作

（考核时间：30min）

序号	考核内容	考核要点	配分	评分标准	检测结果	扣分	得分	备注
1	准备工作	穿戴劳保用品	3	未穿戴整齐扣3分				
		工具、用具准备	2	工具选择不正确扣2分				
2	操作前提	开工流程的检查	10	未检查设备者扣5分				
				未对管线流程检查者扣5分				
3	操作过程	工作联系及时到位	5	未及时联系扣5分				
		操作顺序正确	35	阀门开关未按要求者扣5分				
				漏项或操作不当扣5分				
				未按先后顺序扣10分				
				未检查各处放空，每漏一个扣5分				

续表

序号	考核内容	考核要点	配分	评分标准	检测结果	扣分	得分	备注
		操作注意事项	30	未注意观察温度、流量的变化，造成后果者扣15分				
				调节滞后扣10分				
				操作不平稳扣10分				
4	操作结果	达到操作要求	10	未汇报结果扣10分				
5	使用工具	正确使用工具	2	工具使用不正确扣2分				
		正确维护工具	3	工具乱摆乱放扣3分				
6	安全及其他	按国家法规或企业规定		违规一次总分扣5分；严重违规停止操作				—
		在规定时间内完成操作		每超时1min总分扣5分，超时3min停止操作				—
		合　计	100					

否定项说明：违章操作或发生事故须停止操作，成绩计零分。

试题17：快速切断阀加油操作

（考核时间：15min）

序号	考核内容	考核要点	配分	评分标准	检测结果	扣分	得分	备注
1	准备工作	穿戴劳保用品	3	未穿戴整齐扣3分				
		工具、用具准备	2	工具选择不正确扣2分				
2	操作前提	检查项目	10	未检查阀门内润滑油情况者扣5分				
				未检查油站内润滑油质量者扣5分				
3	操作过程	操作步骤正确，操作方法合理	50	操作不当者扣10分				
				添加方法错误者扣10分				
				检查过程判断错误扣10分				
				加油位置不清楚扣10分				
				操作方法错误扣10分				
		操作注意事项	30	未按要求检查密封点扣15分				
				操作不当引起操作波动扣15分				
4	使用工具	正确使用工具	2	工具使用不正确扣2分				
		正确维护工具	3	工具乱摆乱放扣3分				
5	安全及其他	按国家法规或企业规定		违规一次总分扣5分；严重违规停止操作				—
		在规定时间内完成操作		每超时1min总分扣5分，超时3min停止操作				—
		合　计	100					

试题 18：停泵检修操作

（考核时间：15min）

序号	考核内容	考核要点	配分	评分标准	检测结果	扣分	得分	备注
1	准备工作	穿戴劳保用品	3	未穿戴整齐扣 3 分				
		工具、用具准备	2	工具选择不正确扣 2 分				
2	操作前提	检修内容清楚	10	检修内容不清楚扣 5 分				
				检修目的不清楚扣 5 分				
		检修设备的情况清楚	5	机泵类型不清楚扣 5 分				
3	操作过程	工作联系及时到位	5	未及时联系扣 5 分				
		操作步骤正确	30	检修时设备未拉电扣 20 分				
				漏项或操作不当每处扣 5 分				
				未按先后顺序进行扣 10 分				
				检修前设备未经过处理扣 20 分				
		检修后保养	10	场地未保养扣 5 分				
				部件未检查保养扣 5 分				
				卫生差扣 5 分				
		操作注意事项	20	检修未开工作票扣 15 分				
				影响正常操作扣 10 分				
4	操作结果	达到检修要求	10	未达到检修要求扣 10 分				
5	使用工具	正确使用工具	2	工具使用不正确扣 2 分				
		正确维护工具	3	工具乱摆乱放扣 3 分				
6	安全及其他	按国家法规或企业规定		违规一次总分扣 5 分；严重违规停止操作			—	
		在规定时间内完成操作		每超时 1min 总分扣 5 分，超时 3min 停止操作			—	
		合　　计	100					

试题 19：急冷水过滤器清洗

（考核时间：15min）

序号	考核内容	考核要点	配分	评分标准	检测结果	扣分	得分	备注
1	准备工作	穿戴劳保用品	3	未穿戴整齐扣 3 分				
		工具、用具准备	2	工具选择不正确扣 2 分				
2	操作前提	设备结构原理清楚	10	过滤器结构不清楚扣 10 分				
				急冷水作用不清楚扣 10 分				
		流程状态的检查	5	流程状态未检查扣 5 分				

续表

序号	考核内容	考核要点	配分	评分标准	检测结果	扣分	得分	备注
3	操作过程	工作联系及时到位	5	未及时联系扣5分				
		操作步骤正确合理	30	漏项或操作不当每处扣5分				
				未按先后次序扣10分				
				开错阀门扣10分				
		清洗操作的判断	30	方法错误扣10分				
				检查判断方法不正确扣10分				
				发生异常不能及时处理扣10分				
4	操作结果	达到清洗要求	10	未清洗干净扣10分				
5	使用工具	正确使用工具	2	工具使用不正确扣2分				
		正确维护工具	3	工具乱摆乱放扣3分				
6	安全及其他	按国家法规或企业规定		违规一次总分扣5分；严重违规停止操作			—	
		在规定时间内完成操作		每超时1min总分扣5分，超时3min停止操作			—	
		合　计	100					

试题20：系统压力升高分析

（考核时间：15min）

序号	考核内容	考核要点	配分	评分标准	检测结果	扣分	得分	备注
1	准备工作	穿戴劳保用品	3	未穿戴整齐扣3分				
		工具、用具准备	2	工具选择不正确扣2分				
2	事故现象表述	引发事故因素表述清晰完整	10	事故因素表述不完整扣5分，表述不清晰扣5分				
		事故现象信息充分、无遗漏	10	事故现象信息缺一项扣5分				
			10	事故现象信息表述不充分扣10分				
			20	事故关键现象信息缺扣20分				
3	事故原因分析	事故原因分析透彻有深度，完整无遗漏	20	事故原因分析不完整扣10分，分析无深度扣10分				
			20	事故关键原因缺扣20分				
4	使用工具	正确使用工具	2	工具使用不正确扣2分				
		正确维护工具	3	工具乱摆乱放扣3分				
5	安全及其他	按国家法规或企业规定		违规一次总分扣5分；严重违规停止操作			—	
		在规定时间内完成操作		每超时1min总分扣5分，超时3min停止操作			—	
		合　计	100					

试题 21：压力表故障判断

（考核时间：15min）

序号	考核内容	考核要点	配分	评分标准	检测结果	扣分	得分	备注
1	准备工作	穿戴劳保用品	3	未穿戴整齐扣 3 分				
		工具、用具准备	2	工具选择不正确扣 2 分				
2	事故现象表述	引发事故因素表述清晰完整	10	事故因素表述不完整扣 5 分，表述不清晰扣 5 分				
		事故现象信息充分、无遗漏	10	事故现象信息缺一项扣 5 分				
			10	事故现象信息表述不充分扣 10 分				
			20	事故关键现象信息缺扣 20 分				
3	事故原因分析	事故原因分析透彻有深度，完整无遗漏	20	事故原因分析不完整扣 10 分，分析无深度扣 10 分				
			20	事故关键原因缺扣 20 分				
4	使用工具	正确使用工具	2	工具使用不正确扣 2 分				
		正确维护工具	3	工具乱摆乱放扣 3 分				
5	安全及其他	按国家法规或企业规定		违规一次总分扣 5 分；严重违规停止操作			—	
		在规定时间内完成操作		每超时 1min 总分扣 5 分，超时 3min 停止操作			—	
		合　　计	100					

试题 22：尾气吸收塔液面低分析

（考核时间：15min）

序号	考核内容	考核要点	配分	评分标准	检测结果	扣分	得分	备注
1	准备工作	穿戴劳保用品	3	未穿戴整齐扣 3 分				
		工具、用具准备	2	工具选择不正确扣 2 分				
2	事故现象表述	引发事故因素表述清晰完整	10	事故因素表述不完整扣 5 分，表述不清晰扣 5 分				
		事故现象信息充分、无遗漏	10	事故现象信息缺一项扣 5 分				
			10	事故现象信息表述不充分扣 10 分				
			20	事故关键现象信息缺扣 20 分				
3	事故原因分析	事故原因分析透彻有深度，完整无遗漏	20	事故原因分析不完整扣 10 分，分析无深度扣 10 分				
			20	事故关键原因缺扣 20 分				
4	使用工具	正确使用工具	2	工具使用不正确扣 2 分				
		正确维护工具	3	工具乱摆乱放扣 3 分				
5	安全及其他	按国家法规或企业规定		违规一次总分扣 5 分；严重违规停止操作			—	
		在规定时间内完成操作		每超时 1min 总分扣 5 分，超时 3min 停止操作			—	
		合　　计	100					

试题23：酸性气带烃判断

（考核时间：15min）

序号	考核内容	考核要点	配分	评分标准	检测结果	扣分	得分	备注
1	准备工作	穿戴劳保用品	3	未穿戴整齐扣3分				
		工具、用具准备	2	工具选择不正确扣2分				
2	事故现象表述	引发事故因素表述清晰完整	10	事故因素表述不完整扣5分，表述不清晰扣5分				
		事故现象信息充分、无遗漏	10	事故现象信息缺一项扣5分				
			10	事故现象信息表述不充分扣10分				
			20	事故关键现象信息缺扣20分				
3	事故原因分析	事故原因分析透彻有深度，完整无遗漏	20	事故原因分析不完整扣10分，分析无深度扣5分				
			20	事故关键原因缺扣20分				
4	使用工具	正确使用工具	2	工具使用不正确扣2分				
		正确维护工具	3	工具乱摆乱放扣3分				
5	安全及其他	按国家法规或企业规定		违规一次总分扣5分；严重违规停止操作			—	
		在规定时间内完成操作		每超时1min总分扣5分，超时3min停止操作			—	
		合计	100					

试题24：酸性气燃烧炉联锁停机处理

（考核时间：30min）

序号	考核内容	考核要点	配分	评分标准	检测结果	扣分	得分	备注
1	准备工作	穿戴劳保用品	3	未穿戴整齐扣3分				
		工具、用具准备	2	工具选择不正确扣2分				
2	事故现象判断	引发事故因素表述清晰完整	5	引发事故因素表述不完整扣3分，表述不清晰扣2分				
		事故现象信息充分、无遗漏	10	事故现象信息缺一扣5分				
				事故现象信息表述不完整扣5分				
		关键事故现象	5	事故关键现象描述不清楚扣5分				
3	事故原因分析	事故原因分析完整无遗漏，分析透彻有深度	5	事故原因分析不完整扣3分，分析无深度扣2分				
		事故关键原因分析准确	5	事故关键原因不准确扣5分				
4	事故处理操作	联系工作及时到位	5	未及时联系扣5分				
		处理原则表述完整	10	处理原则表述不完整扣10分				
		处理步骤先后顺序正确并无遗漏、操作不当	20	处理步骤顺序不对扣10分				
				漏项或操作不当扣10分				
		处理注意事项符合事故处理预案规范	10	未考虑操作对上下游带来的影响扣10分				

续表

序号	考核内容	考核要点	配分	评分标准	检测结果	扣分	得分	备注
5	事故处理操作质量	事故处理调节熟练、迅速，过程平稳、波动小，并无调节错误	15	处理事故过程引起生产波动大扣10分				
				调节滞后扣5分，调节错误扣20分				
6	使用工具	正确使用工具	2	工具使用不正确扣2分				
		正确维护工具	3	工具乱摆乱放扣3分				
7	安全及其他	按国家法规或企业规定		违规一次总分扣5分；严重违规停止操作			—	
		在规定时间内完成操作		每超时1min总分扣5分，超时3min停止操作			—	
		合　计	100					

否定项说明：违章操作或发生事故须停止操作，成绩计零分。

试题25：停酸性气原料处理

（考核时间：30min）

序号	考核内容	考核要点	配分	评分标准	检测结果	扣分	得分	备注
1	准备工作	穿戴劳保用品	3	未穿戴整齐扣3分				
		工具、用具准备	2	工具选择不正确扣2分				
2	事故现象判断	引发事故因素表述清晰完整	5	引发事故因素表述不完整扣3分，表述不清晰扣2分				
		事故现象信息充分、无遗漏	10	事故现象信息缺一扣5分				
				事故现象信息表述不完整扣5分				
		关键事故现象	5	事故关键现象描述不清楚扣5分				
3	事故原因分析	事故原因分析完整无遗漏，分析透彻有深度	5	事故原因分析不完整扣3分，分析无深度扣2分				
		事故关键原因分析准确	5	事故关键原因不准确扣5分				
4	事故处理操作	联系工作及时到位	5	未及时联系扣5分				
		处理原则表述完整	10	处理原则表述不完整扣10分				
		处理步骤先后顺序正确并无遗漏、操作不当	20	处理步骤顺序不对扣10分				
				漏项或操作不当扣10分				
		处理注意事项符合事故处理预案规范	10	未考虑操作对上下游带来的影响扣10分				
5	事故处理操作质量	事故处理调节熟练、迅速，过程平稳、波动小，并无调节错误	15	处理事故过程引起生产波动大扣10分				
				调节滞后扣5分，调节错误扣20分				
6	使用工具	正确使用工具	2	工具使用不正确扣2分				
		正确维护工具	3	工具乱摆乱放扣3分				

续表

序号	考核内容	考核要点	配分	评分标准	检测结果	扣分	得分	备注
7	安全及其他	按国家法规或企业规定		违规一次总分扣5分；严重违规停止操作			—	
		在规定时间内完成操作		每超时1min总分扣5分，超时3min停止操作			—	
		合　计	100					

否定项说明：违章操作或发生事故须停止操作，成绩计零分。

试题26：停电处理

（考核时间：30min）

序号	考核内容	考核要点	配分	评分标准	检测结果	扣分	得分	备注
1	准备工作	穿戴劳保用品	3	未穿戴整齐扣3分				
		工具、用具准备	2	工具选择不正确扣2分				
2	事故现象判断	引发事故因素表述清晰完整	5	引发事故因素表述不完整扣3分，表述不清晰扣2分				
		事故现象信息充分、无遗漏	10	事故现象信息缺一扣5分				
				事故现象信息表述不完整扣5分				
		关键事故现象	5	事故关键现象描述不清楚扣5分				
3	事故原因分析	事故原因分析完整无遗漏，分析透彻有深度	5	事故原因分析不完整扣3分，分析无深度扣2分				
		事故关键原因分析准确	5	事故关键原因不准确扣5分				
4	事故处理操作	联系工作及时到位	5	未及时联系扣5分				
		处理原则表述完整	10	处理原则表述不完整扣10分				
		处理步骤先后顺序正确并无遗漏、操作不当	20	处理步骤顺序不对扣10分				
				漏项或操作不当扣10分				
		处理注意事项符合事故处理预案规范	10	未考虑操作对上下游带来的影响扣10分				
5	事故处理操作质量	事故处理调节熟练、迅速，过程平稳、波动小，并无调节错误	15	处理事故过程引起生产波动大扣10分				
				调节滞后扣5分，调节错误扣20分				
6	使用工具	正确使用工具	2	工具使用不正确扣2分				
		正确维护工具	3	工具乱摆乱放扣3分				
7	安全及其他	按国家法规或企业规定		违规一次总分扣5分；严重违规停止操作			—	
		在规定时间内完成操作		每超时1min总分扣5分，超时3min停止操作			—	
		合　计	100					

否定项说明：违章操作或发生事故须停止操作，成绩计零分。

试题 27：急冷水泵故障处理

（考核时间：30min）

序号	考核内容	考核要点	配分	评分标准	检测结果	扣分	得分	备注
1	准备工作	穿戴劳保用品	3	未穿戴整齐扣 3 分				
		工具、用具准备	2	工具选择不正确扣 2 分				
2	事故现象判断	引发事故因素表述清晰完整	5	引发事故因素表述不完整扣 3 分，表述不清晰扣 2 分				
		事故现象信息充分、无遗漏	10	事故现象信息缺一扣 5 分				
				事故现象信息表述不完整扣 5 分				
		关键事故现象	5	事故关键现象描述不清楚扣 5 分				
3	事故原因分析	事故原因分析完整无遗漏，分析透彻有深度	5	事故原因分析不完整扣 3 分，分析无深度扣 2 分				
		事故关键原因分析准确	5	事故关键原因不准确扣 5 分				
4	事故处理操作	联系工作及时到位	5	未及时联系扣 5 分				
		处理原则表述完整	10	处理原则表述不完整扣 10 分				
		处理步骤先后顺序正确并无遗漏、操作不当	20	处理步骤顺序不对扣 10 分				
				漏项或操作不当扣 10 分				
		处理注意事项符合事故处理预案规范	10	未考虑操作对上下游带来的影响扣 10 分				
5	事故处理操作质量	事故处理调节熟练、迅速，过程平稳、波动小，并无调节错误	15	处理事故过程引起生产波动大扣 10 分				
				调节滞后扣 5 分，调节错误扣 20 分				
6	使用工具	正确使用工具	2	工具使用不正确扣 2 分				
		正确维护工具	3	工具乱摆乱放扣 3 分				
7	安全及其他	按国家法规或企业规定		违规一次总分扣 5 分；严重违规停止操作			—	
		在规定时间内完成操作		每超时 1min 总分扣 5 分，超时 3min 停止操作			—	
		合　计	100					

否定项说明：违章操作或发生事故须停止操作，成绩计零分。

试题 28：富液泵故障处理

（考核时间：30min）

序号	考核内容	考核要点	配分	评分标准	检测结果	扣分	得分	备注
1	准备工作	穿戴劳保用品	3	未穿戴整齐扣 3 分				
		工具、用具准备	2	工具选择不正确扣 2 分				
2	事故现象判断	引发事故因素表述清晰完整	5	引发事故因素表述不完整扣 3 分，表述不清晰扣 2 分				
		事故现象信息充分、无遗漏	10	事故现象信息缺一扣 5 分				
				事故现象信息表述不完整扣 5 分				
		关键事故现象	5	事故关键现象描述不清楚扣 5 分				

续表

序号	考核内容	考核要点	配分	评分标准	检测结果	扣分	得分	备注
3	事故原因分析	事故原因分析完整无遗漏，分析透彻有深度	5	事故原因分析不完整扣3分，分析无深度扣2分				
		事故关键原因分析准确	5	事故关键原因不准确扣5分				
4	事故处理操作	联系工作及时到位	5	未及时联系扣5分				
		处理原则表述完整	10	处理原则表述不完整扣10分				
		处理步骤先后顺序正确并无遗漏、操作不当	20	处理步骤顺序不对扣10分				
				漏项或操作不当扣10分				
		处理注意事项符合事故处理预案规范	10	未考虑操作对上下游带来的影响扣10分				
5	事故处理操作质量	事故处理调节熟练、迅速，过程平稳、波动小，并无调节错误	15	处理事故过程引起生产波动大扣10分				
				调节滞后扣5分，调节错误扣20分				
6	使用工具	正确使用工具	2	工具使用不正确扣2分				
		正确维护工具	3	工具乱摆乱放扣3分				
7	安全及其他	按国家法规或企业规定		违规一次总分扣5分；严重违规停止操作			—	
		在规定时间内完成操作		每超时1min总分扣5分，超时3min停止操作			—	
合计			100					

否定项说明：违章操作或发生事故须停止操作，成绩计零分。

试题29：阻火器堵塞故障处理

（考核时间：20min）

序号	考核内容	考核要点	配分	评分标准	检测结果	扣分	得分	备注
1	准备工作	穿戴劳保用品	3	未穿戴整齐扣3分				
		工具、用具准备	2	工具选择不正确扣2分				
2	事故现象判断	引发事故因素表述清晰完整	5	引发事故因素表述不完整扣3分，表述不清晰扣2分				
		事故现象信息充分、无遗漏	10	事故现象信息缺一扣5分				
				事故现象信息表述不完整扣5分				
		关键事故现象	5	事故关键现象描述不清楚扣5分				
3	事故原因分析	事故原因分析完整无遗漏，分析透彻有深度	5	事故原因分析不完整扣3分，分析无深度扣2分				
		事故关键原因分析准确	5	事故关键原因不准确扣5分				
4	事故处理操作	联系工作及时到位	5	未及时联系扣5分				
		处理原则表述完整	10	处理原则表述不完整扣10分				
		处理步骤先后顺序正确并无遗漏、操作不当	20	处理步骤顺序不对扣10分				
				漏项或操作不当扣10分				
		处理注意事项符合事故处理预案规范	10	未考虑操作对上下游带来的影响扣10分				

续表

序号	考核内容	考核要点	配分	评分标准	检测结果	扣分	得分	备注
5	事故处理操作质量	事故处理调节熟练、迅速，过程平稳、波动小，并无调节错误	15	处理事故过程引起生产波动大扣10分				
				调节滞后扣5分，调节错误扣20分				
6	使用工具	正确使用工具	2	工具使用不正确扣2分				
		正确维护工具	3	工具乱摆乱放扣3分				
7	安全及其他	按国家法规或企业规定		违规一次总分扣5分；严重违规停止操作			—	
		在规定时间内完成操作		每超时1min总分扣5分，超时3min停止操作			—	
合计			100					

否定项说明：违章操作或发生事故须停止操作，成绩计零分。

试题30：斯科特系统原则流程绘制

（考核时间：60min）

序号	考核内容	考核要点	配分	评分标准	检测结果	扣分	得分	备注
1	准备工作	穿戴劳保用品	3	未穿戴整齐扣3分				
		工具、用具准备	2	工具选择不正确扣2分				
2	图形绘制	工艺流程走向正确，排布合理	30	工艺流程画错一处扣5分				
				工艺流程走向画错一处扣5分				
				工艺流程排列不整齐扣10分				
		流程图内设备位置正确，无遗漏，排列整齐	30	流程图内设备画错一处扣5分				
				流程图内设备漏画一处扣5分				
				流程图内设备排列不整齐扣10分				
3	绘图标注	标注符合要求	30	设备名称、位号标注错一处扣5分				
				介质名称、来源、去向标注错一处扣5分				
				标注位置错误扣10分				
4	卷面情况	绘图卷面清晰，整洁	5	卷面不整洁扣5分				
5	安全及其他	按国家法规或企业规定		违规一次总分扣5分；严重违规停止操作			—	
		在规定时间内完成操作		每超时1min总分扣5分，超时3min停止操作			—	
合计			100					

第三部分

高 级 工

一、国家职业标准(高级工工作要求)

职业功能	工作内容	技■能■要■求	相■关■知■识
工艺操作	(一)开车准备	1. 能引入燃料、原料等开车介质 2. 能安排开车流程的更改 3. 能完成装置开车吹扫、气密等操作 4. 能投用和切除工艺联锁 5. 能完成化工原材料的准备工作	1. 工艺联锁操作法 2. 清洁生产基本知识
	(二)开车操作	1. 能操作并控制普通克劳斯反应和 MCRC(亚露点工艺) 2. 能进行钴/钼催化剂预硫化、再生、钝化操作 3. 能操作尾气处理工艺 4. 能指导调节气风比、氢含量、pH 值、氧含量	1. 克劳斯制硫工艺、MCRC(亚露点工艺) 2. 斯科特催化剂反应机理
	(三)正常操作	1. 能操作常规仪表、DCS 操作站 2. 能根据原料性质的变化调节工艺参数 3. 能根据分析结果控制产品质量 4. 能处理各种扰动引起的工艺波动 5. 能调节 PID 参数 6. 能投用联锁系统 7. 能协调各岗位的操作	1. DCS 操作知识 2. 产品质量标准 3. APC(先进过程控制)基本知识 4. 仪表 PID 知识
	(四)停车操作	1. 能完成停车装置的吹扫工作 2. 能判断炉管结焦,并能完成炉管烧焦操作 3. 能按标准验收已吹扫完毕的设备、管道 4. 能完成防硫化亚铁自燃的钝化操作 5. 能通过常规仪表、DCS 操作站控制停车速度	1. 炉管烧焦操作步骤 2. 硫化亚铁钝化原理
设备使用与维护	(一)使用设备	1. 能操作反应器 2. 能操作增压机 3. 能投用板式换热器 4. 能操作风机防喘振控制系统	1. 反应器操作注意事项 2. 增压机的工作原理和特性曲线 3. 风机防喘振原理 4. 板式换热器结构及操作要点
	(二)维护设备	1. 能根据设备运行情况,提出维护措施 2. 能配合验收检修后动、静设备 3. 能做好一般设备、管线交出检修前的安全确认工作	1. 设备维护保养制度 2. 关键设备特级维护制度要点 3. 设备验收知识
事故判断与处理	(一)判断事故	1. 能根据操作参数、分析数据判断质量事故 2. 能判断大型机组运行故障 3. 能判断各类仪表故障 4. 能及时发现事故隐患 5. 能判断冷换设备故障	大型机组结构及故障产生原因

续表

职业功能	工作内容	技能要求	相关知识
	（二）处理事故	1. 能处理因仪表（包括DCS）故障、联锁引起的事故 2. 能针对装置异常程度提出开、停建议 3. 能处理产品质量事故 4. 能提出消除事故隐患的建议 5. 能处理冷换设备内漏引起的事故	1. 事故处理预案 2. 报警联锁值 3. 事故等级分类标准
绘图与计算	（一）绘图	1. 能识读仪表联锁图 2. 能绘制设备结构简图 3. 能绘制工艺配管单线图	1. 工艺配管单线图知识 2. 仪表联锁图知识
	（二）计算	1. 能完成简单热量平衡计算 2. 能完成经济核算分析 3. 能查油品数据图表	热量平衡的计算方法
培训与指导	培训与指导	1. 能指导初、中级操作人员进行操作 2. 能协助培训初、中级操作人员	培训基本知识

二、理论知识鉴定要素细目表

行业通用理论知识鉴定要素细目表

鉴定范围						鉴定点		
一级		二级		三级		代码	名称	重要程度
代码	名称	代码	名称	代码	名称			
A	基本要求	B	基础知识	A	记录填写基础知识	001	班组交接记录的填写要求	X
						002	班组安全活动记录填写要求	X
				B	识图基础知识	001	剖视图知识	X
						002	断面图知识	X
						003	化工设备图表示方法	X
						004	零件图的内容	X
				C	安全环保基础知识	001	清洁生产审计的程序	X
						002	HSE管理体系文件架构	X
						003	ISO 14001环境管理体系的组成要素	X
						004	ISO 14000系列标准的指导思想	X
						005	ISO 14001环境管理体系的运行模式	X
						006	防尘防毒的技术措施	X

续表

鉴定范围						鉴定点		
一级		二级		三级		代码	名称	重要程度
代码	名称	代码	名称	代码	名称			
						007	防尘防毒的管理措施	X
						008	国家劳动安全卫生管理体制职责划分的内容	X
						009	ISO 14001 环境管理体系建立的步骤	X
						010	HSE 危害辨识	X
						011	HSE 风险评价的概念	X
						012	HSE 风险评价的目的	X
				D	质量基础知识	001	不合格品的处置途径	X
						002	ISO 9001 族标准质量管理审核的特点	X
						003	ISO 9000 族标准第一、第二、第三方审核的区别	X
						004	质量统计直方图	X
						005	质量统计排列图	X
						006	质量统计因果图	X
						007	质量统计控制图	X
						008	不良产品的分级	X
				E	计算机基础知识	001	Word 绘图	X
						002	Excel 公式与函数的运用	X
						003	Excel 数据的简单分析与管理	X
						004	Excel 简单的图表处理	X
B	相关知识	E	管理知识	A	生产管理	001	班组的管理	X
						002	班组的成本核算	X
				B	编写技术文件	001	总结的格式	X
						002	报告的格式	X
						003	请示的格式	X

职业通用理论知识鉴定要素细目表(《燃料油生产工》)

鉴定范围						鉴定点		
一级		二级		三级		代码	名称	重要程度
代码	名称	代码	名称	代码	名称			
A	基本要求	B	基础知识	G	化学基础知识	001	溶解度的计算	X
						002	化学平衡常数的简单计算	X
						003	化学反应速率的影响因素	X
						004	摩尔浓度的计算	Y

续表

鉴定范围						鉴定点		
一级		二级		三级		代码	名称	重要程度
代码	名称	代码	名称	代码	名称			
				H	石油及油品基础知识	001	油品黏度的测定方法	Y
						002	油品黏度与压力的关系	X
						003	油品的焓	X
						004	石油的元素组成	X
						005	石油的馏分组成	X
				I	化工基础知识	001	对流传热系数的影响因素	X
						002	实际流体的能量衡算	Y
						003	挥发度的概念	X
						004	相对挥发度的概念	X
						005	最小回流比的概念	X
						006	塔设备空速的概念	X
						007	回流比对精馏操作的影响	X
						008	汽提的基本原理	X
						009	单板效率的概念	Y
						010	总板效率的概念	Y
				J	计量基础知识	001	物料计量表检定要求	X
						002	计量误差的概念	X
						003	计量误差的主要来源	Y
						004	强制检定的计量标准	X
				K	炼油机械与设备	001	往复式压缩机工作原理	X
						002	往复式压缩机的结构	X
						003	离心压缩机的工作原理	X
						004	离心式压缩机的结构	X
						005	往复压缩机填料密封结构	Y
						006	滑动轴承的工作原理	Z
						007	离心泵串、并联操作特点	Y
						008	离心泵安装高度的计算	Y
						009	滚动轴承的工作原理	X
						010	填料塔的适用范围	X
						011	板式塔的适用范围	Y
						012	法兰压力等级含义	X
						013	管道检修的验收标准	X
						014	泵检修的验收标准	Y

续表

鉴定范围						鉴定点		
一级		二级		三级		代码	名称	重要程度
代码	名称	代码	名称	代码	名称			
						015	换热器检修的验收标准	Y
						016	电化学腐蚀的概念	X
						017	常见防腐蚀的方法	X
						018	压力容器定期检验常识	Z
						019	压力管道定期检验常识	Y
				L	电工基础知识	001	闭合电路欧姆定律	Z
						002	简单交流电路常识	X
						003	混联电路电阻的简单计算方法	X
						004	三相交流电的概念	X
						005	异步电动机的工作原理	Y
						006	用电设备防爆等级的常识	X
						007	装置用电设备的防护等级的常识	X
				M	仪表基础知识	001	比值控制的概念	Y
						002	均匀调节系统的概念	Y
						003	机组控制仪表的种类	X
						004	调节阀一般故障的判断方法	X
						005	控制回路的正反作用判断	X
						006	自力式控制阀工作原理	X

工种理论知识鉴定要素细目表

鉴定范围						鉴定点		
一级		二级		三级		代码	名称	重要程度
代码	名称	代码	名称	代码	名称			
B	相关知识	A	工艺操作	A	开车准备	001	过程气管线蒸汽伴热的作用	Z
						002	吹扫注意事项	X
						003	气密注意事项	X
						004	吸收和蒸馏过程的异同点	X
						005	调节阀的现场校准方法	X
						006	脱硫剂性质	Z
						007	压力变送器的概念	Y
						008	蒸汽吹扫换热器注意事项	X

续表

鉴定范围						鉴定点		
一级		二级		三级		代码	名称	重要程度
代码	名称	代码	名称	代码	名称			
				B	开车操作	001	锅炉煮炉作用	Y
						002	硫磺副反应生成因素	X
						003	斯科特反应原理	X
						004	加氢催化剂硫化的方法	X
						005	尾气改入斯科特部分操作要点	X
						006	电加热器操作要点	Z
						007	蒸汽喷射器使用原理	Z
						008	热力管网热补偿目的	X
						009	开工循环蒸汽抽空器操作要点	Y
						010	气封的概念	Y
				C	正常操作	001	配风比调节方法	X
						002	溶剂再生塔顶回流罐液面上升的原因	X
						003	贫液温度上升的原因	Y
						004	防冻防凝操作注意事项	Y
						005	原料影响硫磺质量的原因	X
						006	原料影响硫磺质量的调节方法	X
						007	一级反应器进口温度控制方案	X
						008	克劳斯反应器床层温度控制方案	X
						009	溶剂再生塔分离的原理	X
						010	净化尾气硫化氢含量高的调节方法	X
						011	净化尾气硫化氢含量高的原因	X
						012	DCS 控制回路的 PID 参数调节知识	X
						013	斯科特反应器入口温度影响因素	X
						014	斯科特反应器入口温度调节方法	X
						015	斯科特尾气氢气含量影响因素	X
						016	斯科特尾气氢气含量调节方法	X
						017	急冷塔急冷水 pH 值调节方法	X
						018	联锁的投用方法	X
						019	联锁的切出方法	X
						020	溶剂再生塔顶温高的调节方法	X
						021	克劳斯尾气 H_2S 含量高的调节	X

续表

鉴定范围						鉴定点		
一级		二级		三级		代码	名称	重要程度
代码	名称	代码	名称	代码	名称			
				D	停车操作	001	克劳斯催化剂还原操作要点	X
						002	加氢催化剂钝化操作要点	X
						003	判断扫线结束的依据	X
						004	克劳斯部分停工吹扫注意事项	X
						005	斯科特部分停工吹扫注意事项	X
						006	溶剂再生部分停工吹扫注意事项	X
						007	向火炬管网泄压注意点	Y
						008	硫磺装置停工钝化清洗注意事项	X
						009	停工蒸塔注意事项	Y
		B	设备使用与维护	A	使用设备	001	设备材质代号的含义	X
						002	塔板开孔率的概念	Y
						003	硫冷凝器结构	X
						004	压缩机喘振的影响因素	X
						005	压力容器常用压力等级分类	Y
						006	机泵的润滑作用	X
						007	高温掺合阀的结构	X
						008	高温掺合阀的使用方法	X
						009	液硫泵的结构	Y
						010	机械密封的种类	Y
						011	电机电流超载因素	X
						012	液硫夹套阀结构	X
						013	鼓风机正常启动注意事项	X
						014	鼓风机故障的判断	X
						015	鼓风机正常切换注意事项	X
						016	鼓风机正常停用注意事项	X
						017	浮阀塔阀片规定开度概念	X
						018	设备故障的定义	X
						019	电加热器的结构原理	Z
						020	膨胀节的作用	Y
						021	压缩机的性能参数	Y
						022	离心泵能量损失的种类	Y

续表

鉴定范围						鉴定点		
一级		二级		三级		代码	名称	重要程度
代码	名称	代码	名称	代码	名称			
				B	维护设备	001	设备运行完好标准	Y
						002	换热器水压试验的标准	X
						003	压力管道验收标准	X
						004	设备保养维护标准	X
						005	安全阀的检修校验方法	X
		C	事故判断与处理	A	判断事故	001	烟囱烟道温度高的原因	X
						002	酸性气压力升高的因素	X
						003	FMEA(故障类型和影响分析)的概念	Z
						004	硫磺停电的工艺现象	X
						005	鼓风机停机的工艺现象	X
						006	催化剂失活的判断方法	X
						007	溶剂质量变差的判断方法	X
						008	H_2S/SO_2 在线分析仪故障的判断	X
				B	处理事故	001	停仪表风处理要点	X
						002	停循环水处理要点	X
						003	风类事故处理方法	X
						004	烟道温度高处理要点	X
						005	液硫管线堵塞的处理方法	X
						006	停电处理要点	X
						007	DCS 卡件故障的处理方法	X
						008	克劳斯反应器超温处理要点	X
						009	加氢反应器超温处理要点	X
						010	液硫泵坏的处理方法	X
						011	配合仪表 UPS 切换的处理方法	X
						012	酸性气原料中氨含量高的处理	X
		D	绘图与计算	A	绘图	001	仪表联锁图的识别	X
						002	工艺配管单线图的识别	X
						003	绘制工艺管道图的内容	X
						004	识读一般零件图	X
				B	计算	001	回流比的计算	X
						002	收率的计算方法	X
						003	班组经济核算方法的内容	X
						004	转化率的计算	X

续表

鉴定范围						鉴定点		
一级		二级		三级		代码	名称	重要程度
代码	名称	代码	名称	代码	名称			
						005	摩尔分数的计算	X
						006	计算硫磺配风比	X

三、理论知识试题

行业通用理论知识试题

判断题

1. 班组交接班记录必须凭旧换新。（√）

2. 车间主要领导参加班组安全日活动每月不少于2次。（×）

正确答案：车间主要领导参加班组安全日活动每月不少于3次。

3. 在剖视图中，零件后部看不见的轮廓线、虚线一律省略不画。（×）

正确答案：在剖视图中，零件后部看不见的轮廓线、虚线一般省略不画，只有对尚未表达清楚的结构，才用虚线画出。

4. 剖面图是剖视图的一种特殊视图。（×）

正确答案：剖面图是零件上剖切处断面的投影，而剖视图是剖切后零件的投影。

5. 化工设备图的视图布置灵活，俯(左)视图可以配置在图面任何地方，但必须注明“俯(左)视图”的字样。（√）

6. 化工设备图中的零件图与装配图一定分别画在不同的图纸上。（×）

正确答案：化工设备图中的零件图可与装配图画在同张图纸上。

7. 零件图不需要技术要求，在装配图表述。（×）

正确答案：零件图一般需要技术要求。

8. 零件图用视图、剖视图、剖面图及其他各种表达方法，正确、完整、清晰地表达零件的各部分形状和结构。（√）

9. ISO 14000系列标准对管理标准的一个重大改进，就是建立了一套对组织环境行为的评价体系，这便是环境行为评价标准。（√）

10. 环境管理体系的运行模式，遵守由查理斯·德明提供的规划策划(PLAN)、实施(DO)、验证(CHECK)和改进(ACTION)运行模式可简称PDCA模式。（√）

11. 环境管理体系的运行模式与其他管理的运行模式相似，共同遵循PDCA运行模式，没有区别。（×）

正确答案：环境管理体系的运行模式与其他管理的运行模式相似，除了共同遵循PDCA运行模式外，它还有自身的特点，那就是持续改进，也就是说它的环线是永远不能闭合的。

12. 采取隔离操作，实现微机控制，不属于防尘防毒的技术措施。（×）

正确答案：采取隔离操作，实现微机控制是防尘防毒的技术措施之一。

13. 严格执行设备维护检修责任制，消除“跑冒滴漏”是防尘防毒的技术措施。（×）

正确答案：严格执行设备维护检修责任制，消除“跑冒滴漏”是防尘防毒的管理措施。

14. 在 ISO 14001 环境管理体系中，初始环境评审是建立环境管理体系的基础。（√）

15. 在 HSE 管理体系中，定量评价指不对风险进行量化处理，只用发生的可能性等级和后果的严重度等级进行相对比较。（×）

正确答案：在 HSE 管理体系中，定性评价指不对风险进行量化处理，只用发生的可能性等级和后果的严重度等级进行相对比较。

16. HSE 管理体系规定，在生产日常运行中各种操作、开停工、检维修作业、进行基建及变更等活动前，均应进行风险评价。（√）

17. 对某项产品返工后仍需重新进行检查。（√）

18. ISO 9000 族标准中，质量审核是保证各部门持续改进工作的一项重要活动。（√）

19. ISO 9000 族标准的三种审核类型中，第三方审核的客观程度最高，具有更强的可信度。（√）

20. 平顶型直方图的形成由单向公差要求或加工习惯等引起。（×）

正确答案：平顶型直方图的形成往往因生产过程有缓慢因素作用引起。

21. 质量统计排列图分析是质量成本分析的方法之一。（√）

22. 质量统计因果图的作用是为了确定“关键的少数”。（×）

正确答案：质量统计排列图的作用是为了确定“关键的少数”。

23. 质量统计控制图上出现异常点时，才表示有不良品发生。（×）

正确答案：不一定。在质量统计控制图上，即使点子都在控制线内，但排列有缺陷，也要判做异常。

24. 国际上通用的产品不良项分级共分三级。（×）

正确答案：国际上通用的产品不良项分级共分四级。

25. 在计算机应用软件 Word 中插入的文本框不允许在文字的上方或下方。（×）

正确答案：Word 中插入的文本框通过设置文本框格式当中的版式允许在文字的上方或下方。

26. 在计算机应用软件 Word 中绘制图形要求两个图形能准确对齐可通过调整绘图网格的水平、垂直间距来实现。（√）

27. 在计算机应用软件 Excel 中“COUNTIF(　　)”函数的作用是计算某区域满足条件的单元格数。（√）

28. Excel 数据表中汉字排序一般是按拼音顺序排序，但也可以按笔画排序。（√）

29. Excel 数据表中分类汇总的选项包括分类字段、汇总方式两方面的内容。（×）

正确答案：Excel 数据表中分类汇总的选项包括分类字段、汇总方式多方面的内容。

30. Excel 数据表中修改图表中的数据标志是通过图表区格式选项中的数据标志选项实现的。（×）

正确答案：Excel 数据表中修改图表中的数据标志是通过数据系列格式选项中的数据标志选项实现的。

31. 班组建设不同于班组管理，班组建设是一个大概念，班组管理从属于班组建设。（√）

32. 一般来说，班组的成本核算是全面的统计核算、业务核算和会计核算。（×）

正确答案：一般来说，班组的成本核算是局部核算和群众核算。

33. 总结的基本特点是汇报性和陈述性。（ × ）

正确答案：总结的基本特点是回顾过去，评估得失，指导将来。

34. 报告的目的在于把已经实践过的事情上升到理论认识，指导以后的实践，或用来交流，加以推广。（ × ）

正确答案：报告的主要目的是下情上达，向上级汇报工作、反映情况、提出意见和建议。

35. 为了减少发文，可以把若干问题归纳起来向上级写综合请示，但不能多方请示。（ × ）

正确答案：要坚持"一文一事"的原则，切忌"一文数事"使上级机关无法审批。

单选题

1. 班组交接班记录填写时，一般要求使用的字体是（ B ）。

A. 宋体　B. 仿宋　C. 正楷　D. 隶书

2. 下列选项中不属于班组安全活动的内容是（ A ）。

A. 对外来施工人员进行安全教育

B. 学习安全文件、安全通报

C. 安全讲座、分析典型事故，吸取事故教训

D. 开展安全技术座谈、消防、气防实地救护训练

3. 安全日活动常白班每周不少于（ D ）次，每次不少于 1h。

A. 4　B. 3　C. 2　D. 1

4. 当物体结构形状复杂，虚线就愈多，为此，对物体上不可见的内部结构形状采用（ C ）来表示。

A. 旋转视图　B. 局部视图　C. 全剖视图　D. 端面图

5. 单独将一部分的结构形状向基本投影面投影需要用（ B ）来表示。

A. 旋转视图　B. 局部视图　C. 全剖视图　D. 端面图

6. 用剖切平面把物体完全剖开后所得到的剖视图称为（ D ）。

A. 局部剖视图　B. 局部视图　C. 半剖视图　D. 全剖视图

7. 画在视图外的剖面图称为（ A ）剖面图。

A. 移出　B. 重合　C. 局部放大　D. 局部

8. 重合在视图内的剖面图称为（ B ）剖面图。

A. 移出　B. 重合　C. 局部放大　D. 局部

9. 化工设备图中，表示点焊的焊接焊缝是（ A ）。

A. ○　B. ∪　C. △　D. ⊿

10. 下列选项中，不属于零件图内容的是（ D ）。

A. 零件尺寸　B. 技术要求　C. 标题栏　D. 零件序号表

11. 在 HSE 管理体系中，（ C ）是管理手册的支持性文件，上接管理手册，是管理手册规定的具体展开。

A. 作业文件　B. 作业指导书　C. 程序文件　D. 管理规定

12. ISO 14001 环境管理体系共由（ B ）个要素所组成。

A. 18　B. 17　C. 16　D. 15

13. ISO 14000 系列标准的指导思想是(D)。

A. 污染预防　B. 持续改进　C. 末端治理　D. 污染预防，持续改进

14. 不属于防尘防毒技术措施的是(C)。

A. 改革工艺　B. 湿法除尘　C. 安全技术教育　D. 通风净化

15. 防尘防毒治理设施要与主体工程(A)、同时施工、同时投产。

A. 同时设计　B. 同时引进　C. 同时检修　D. 同时受益

16. 在 HSE 管理体系中，物的不安全状态是指使事故(B)发生的不安全条件或物质条件。

A. 不可能　B. 可能　C. 必然　D. 必要

17. 在 HSE 管理体系中，风险指发生特定危害事件的(C)性以及发生事件结果严重性的结合。

A. 必要　B. 严重　C. 可能　D. 必然

18. 在(B)情况下不能对不合格品采取让步或放行。

A. 有关的授权人员批准　B. 法律不允许　C. 顾客批准　D. 企业批准

19. 不合格品控制的目的是(C)。

A. 让顾客满意　B. 减少质量损失　C. 防止不合格品的非预期使用　D. 提高产品质量

20. 在 ISO 9001 族标准中，内部审核是(D)。

A. 内部质量管理体系审核

B. 内部产品质量审核

C. 内部过程质量审核

D. 内部质量管理体系、产品质量、过程质量的审核

21. 在 ISO 9001 族标准中，第三方质量管理体系审核的目的是(C)。

A. 发现尽可能多的不符合项

B. 建立互利的供方关系

C. 证实组织的质量管理体系符合已确定准则的要求

D. 评估产品质量的符合性

22. ISO 9000 族标准规定，(C)属于第三方审核。

A. 顾客进行的审核　B. 总公司对其下属公司组织的审核　C. 认证机构进行的审核　D. 对协作厂进行的审核

23. 在 ISO 9000 族标准中，组织对供方的审核是(D)。

A. 第一方审核　B. 第一、第二、第三方审核　C. 第三方审核　D. 第二方审核

24. 数据分组过多或测量读数错误而形成的质量统计直方图形状为(A)形。

A. 锯齿　B. 平顶　C. 孤岛　D. 偏峰

25. 把不同材料、不同加工者、不同操作方法、不同设备生产的两批产品混在一起时，质量统计直方图形状为(D)形。

A. 偏向　B. 孤岛　C. 对称　D. 双峰

26. 在质量管理过程中，以下哪个常用工具可用于明确“关键的少数”(A)。

A. 排列图　　B. 因果图　　C. 直方图　　D. 调查表

27. 质量统计图中，图形形状像“鱼刺”的图是(D)图。

A. 排列　　B. 控制　　C. 直方　　D. 因果

28. 在质量统计控制图中，若某个点超出了控制界限，就说明工序处于(D)。

A. 波动状态　　B. 异常状态

C. 正常状态　　D. 异常状态的可能性大

29. 质量统计控制图的上、下控制限可以用来(B)。

A. 判断产品是否合格　　B. 判断过程是否稳定

C. 判断过程能力是否满足技术要求　　D. 判断过程中心与技术中心是否发生偏移

30. 产品的不良项分为 A、B、C、D 四级，A 级不良项是指产品的(C)不良项。

A. 轻微　　B. 一般　　C. 致命　　D. 严重

31. 产品的不良项分为 A、B、C、D 四级，C 级不良项是指产品的(B)不良项。

A. 轻微　　B. 一般　　C. 致命　　D. 严重

32. 在计算机应用软件 Word 中插入的图片(A)。

A. 可以嵌入到文本段落中

B. 图片的位置可以改变，但大小不能改变

C. 文档中的图片只能显示，无法用打印机打印输出

D. 不能自行绘制，只能从 Office 的剪辑库中插入

33. 在 Excel97 工作表中，单元格 C4 中有公式“=A3+　C　5”，在第 3 行之前插入一行之后，单元格 C5 中的公式为(A)。

A. =A4+　C　6　　B. =A4+　C　5

C. =A3+　C　6　　D. =A3+　C　5

34. 图中所指的按钮是(B)。

A. 降序按钮　　B. 升序按钮　　C. 插入字母表　　D. 删除字母表

35. 建立图表的方法是从(C)菜单里点击图表。

A. 编辑　　B. 视图　　C. 插入　　D. 工具

36. 班组管理是在企业整个生产活动中，由(D)进行的管理活动。

A. 职工自我　　B. 企业　　C. 车间　　D. 班组自身

37. 属于班组经济核算主要项目的是(C)。

A. 设备完好率　　B. 安全生产　　C. 能耗　　D. 环保中的三废处理

多选题

1. 属于班组交接班记录的内容是(A，B，C)。

A. 生产运行　　B. 设备运行　　C. 出勤情况　　D. 安全学习

2. 下列属于班组安全活动的内容是(B，C，D)。

A. 对外来施工人员进行安全教育

B. 学习安全文件、安全通报

C. 安全讲座、分析典型事故，吸取事故教训

D. 开展安全技术座谈，消防、气防实地救护训练

3. 化工设备装配图中，螺栓连接可简化画图，其中所用的符号可以是(C，D)。

A. 细实线+　B. 细实线×　C. 粗实线+　D. 粗实线×

4. 下列选项中，属于零件图内容的是(A，C)。

A. 零件尺寸　B. 零件的明细栏　C. 技术要求　D. 零件序号表

5. 清洁生产审计有一套完整的程序，是企业实行清洁生产的核心，其中包括以下(B，C，D)阶段。

A. 确定实施方案　B. 方案产生和筛选　C. 可行性分析　D. 方案实施

6. HSE 体系文件主要包括(A，B，C)。

A. 管理手册　B. 程序文件　C. 作业文件　D. 法律法规

7. 下列叙述中，属于生产中防尘防毒技术措施的是(A，B，C，D)。

A. 改革生产工艺　B. 采用新材料新设备

C. 车间内通风净化　D. 湿法除尘

8. 下列叙述中，不属于生产中防尘防毒的管理措施的有(A，B)。

A. 采取隔离法操作,实现生产的微机控制　B. 湿法除尘

C. 严格执行安全生产责任制　D. 严格执行安全技术教育制度

9. 我国在劳动安全卫生管理上实行“(A，B，C，D)”的体制。

A. 企业负责　B. 行业管理　C. 国家监察　D. 群众监督

10. 在 HSE 管理体系中，危害识别的状态是(A，B，C)。

A. 正常状态　B. 异常状态　C. 紧急状态　D. 事故状态

11. 在 HSE 管理体系中，可承受风险是根据企业的(A，B)，企业可接受的风险。

A. 法律义务　B. HSE 方针　C. 承受能力　D. 心理状态

12. 在 HSE 管理体系中，风险控制措施选择的原则是(A，B)。

A. 可行性　B. 先进性、安全性

C. 经济合理　D. 技术保证和服务

13. 对于在产品交付给顾客及产品投入使用时才发现不合格产品，可采用以下方法处置(B，D)。

A. 一等品降为二等品　B. 调换

C. 向使用者或顾客道歉　D. 修理

14. 在 ISO 9000 族标准中，关于第一方审核说法正确的是(A，B，D)。

A. 第一方审核又称为内部审核

B. 第一方审核为组织提供了一种自我检查、自我完善的机制

C. 第一方审核也要由外部专业机构进行的审核

D. 第一方审核的目的是确保质量管理体系得到有效地实施

15. 质量统计排列图的作用是(A，B)。

A. 找出关键的少数　B. 识别进行质量改进的机会

C. 判断工序状态　D. 度量过程的稳定性

16. 质量统计因果图具有(C，D)特点。

A. 寻找原因时按照从小到大的顺序　B. 用于找到关键的少数

C. 是一种简单易行的科学分析方法　D. 集思广益，集中群众智慧

17. 质量统计控制图包括(B，C，D)。

A. 一个坐标系　B. 两条虚线　C. 一条中心实线　D. 两个坐标系

18. 产品不良项的内容包括(A，C，D)。

A. 对产品功能的影响　B. 对质量合格率的影响

C. 对外观的影响　D. 对包装质量的影响

19. 在计算机应用软件 Word 中页眉设置中可以实现的操作是(A，B，D)。

A. 在页眉中插入剪贴画　B. 建立奇偶页内容不同的页眉

C. 在页眉中插入分隔符　D. 在页眉中插入日期

20. 在计算机应用软件 Excel 中单元格中的格式可以进行(A，B，C)等操作。

A. 复制　B. 粘贴　C. 删除　D. 连接

21. 自动筛选可以实现的条件是(A，C，D)。

A. 自定义　B. 数值　C. 前 10 个　D. 全部

22. 对于已生成的图表，说法正确的是(A，B，D)。

A. 可以改变图表格式　B. 可以更新数据

C. 不能改变图表类型　D. 可以移动位置

23. 班组的劳动管理包括(A，B，D)。

A. 班组的劳动纪律　B. 班组的劳动保护管理

C. 对新工人进行"三级教育"　D. 班组的考勤、考核管理

24. 班组生产技术管理的主要内容有(A，C，D)。

A. 定时查看各岗位的原始记录，分析判断生产是否处于正常状态

B. 对计划完成情况进行统计公布并进行分析讲评

C. 指挥岗位或系统的开停车

D. 建立指标管理账

25. 在班组经济核算中，从项目的主次关系上看，属于主要项目的有(A，C，D)指标。

A. 产量　B. 安全生产　C. 质量　D. 工时

26. 总结与报告的主要区别是(A，C，D)不同。

A. 人称　B. 文体　C. 目的　D. 要求

27. 报告与请示的区别在于(A，B，C，D)不同。

A. 行文目的　B. 行文时限　C. 内容　D. 结构

28. 请示的种类可分为(A，B，C，D)的请示。

A. 请求批准　B. 请求指示　C. 请求批转　D. 请求裁决

简答题

1. 清洁生产审计有哪几个阶段？

答：①筹划与组织；②预评估；③评估；④方案产生和筛选；⑤可行性分析；⑥方案实施；⑦持续清洁生产。

2. ISO 14001 环境管理体系由哪些基本要素构成？

答：ISO 14001 环境管理体系由环境方针、规划、实施、测量和评价、评审和改进等五个基本要素构成。

3. 防尘防毒的主要措施是什么？

答：我国石化工业多年来治理尘毒的实践证明，在大多数情况下，靠单一的方法防尘治毒是行不通的，必须采取综合治理措施。即首先改革工艺设备和工艺操作方法，从根本上杜绝和减少有害物质的产生，在此基础上采取合理的通风措施，建立严格的检查管理制度，这样才能有效防止石化行业尘毒的危害。

4. 什么叫消除二次尘毒源？

答：对于因“跑冒滴漏”而散落地面的粉尘、固、液体有害物质要加强管理，及时清扫、冲洗地面，实现文明生产，叫消除二次尘毒源。

5. 什么是劳动安全卫生管理体制中的“行业管理”？

答：劳动安全卫生管理体制中的“行业管理”就是行业主管部门根据本行业的实际和特点切实提出本行业的劳动安全卫生管理的各项规章制度，并监督检查各企业的贯彻执行情况。

6. 简述 ISO 14001 环境管理体系建立的步骤。

答：一般而言，建立环境管理体系过程包括以下六大阶段：①领导决策与准备；②初始环境评审；③体系策划与设计；④环境管理体系文件编制；⑤体系运行；⑥内部审核及管理评审。

7. HSE 管理体系中危害识别的思路是什么？

答：①存在什么危害(伤害源)？②谁(什么)会受到伤害？③伤害怎样发生？

8. 什么是第一方审核？第二方审核？第三方审核？

答：第一方审核又称为内部审核，第二方审核和第三方审核统称为外部审核。①第一方审核指由组织的成员或其他人员以组织的名义进行的审核。这种审核为组织提供了一种自我检查、自我完善的机制。②第二方审核是在某种合同要求的情况下，由与组织有某种利益关系的相关方或由其他人员以相关方的名义实施的审核。这种审核旨在为组织的相关方提供信任的证据。③第三方审核是由独立于受审核方且不受其经济利益制约的第三方机构依据特定的审核准则，按规定的程序和方法对受审核方进行的审核。

9. 什么是排列图？

答：排列图又叫帕累托图，在质量管理中，排列图是用来寻找影响产品质量的主要问题，确定质量改进关键项目的图。

10. 控制图的主要用途是什么？

答：①分析用的控制图主要用于分析工艺过程的状态，看工序是否处于稳定状态；②管理用的控制图主要用于预防不合格品的产生。

11. 国际上通用的产品不良项分为几级？

答：国际上通用的产品不良项分级共分为：致命(A 级)、严重(B 级)、一般(C 级)、轻微(D 级)四级。

12. 班组在企业生产中的地位如何？

答：①班组是企业组织生产活动的基本单位；②班组是企业管理的基础和一切工作的立脚点；③班组是培养职工队伍，提高工人技能的课堂；④班组是社会主义精神文明建设的重要阵地。

13. 班组管理有哪些基本内容?

答: ①建立和健全班组的各项管理制度;②编制和执行生产作业计划,开展班组核算;③班组的生产技术管理;④班组的质量管理;⑤班组的劳动管理;⑥班组的安全管理;⑦班组的环境卫生管理;⑧班组的思想政治工作。

14. 班组经济核算的基本原则和注意事项是什么?

答: 班组经济核算应遵循"干什么、管什么、算什么"的原则,力求注意三个问题:一是计算内容少而精;二是分清主次;三是方法简洁。

15. 总结的写作要求是什么?

答: ①要新颖独特,不能报流水账;②要重点突出,找出规律,避免事无巨细面面俱到;③要实事求是,全面分析问题,从中找出经验教训;④要材料取舍得当;⑤要先叙后议或夹叙夹议。

16. 什么是报告?

答: 报告是下级机关向上级机关汇报工作、反映情况、提出意见或建议,答复上级机关的询问时使用的行文。

17. 请示的特点是什么?

答: 请示的最大特点是请求性。指本机关、本部门打算办理某件事情,而碍于无权自行决定,或者无力去做,或不知该不该办,必须请求上级机关批准、同意后方可办理。

职业通用理论知识试题(《燃料油生产工》)

判断题

1. 当 $N_2+3H_2 \rightleftharpoons 2NH_3$ 反应达到平衡时,加压时,正反应速度加快,逆反应速度减慢,平衡向右移动。 (×)

正确答案: 因在加压时由于反应物和生成物中均有气体,故加压都相当于增大浓度,反应速度都增大,只不过由于两方气体的物质的量不同,正反应速度增大的倍数大于逆反应速度,故平衡向右移动。

2. 摩尔浓度相同,体积相同的盐酸、硫酸、磷酸,如用同摩尔浓度氢氧化钠溶液去中和,则消耗氢氧化钠的体积是相同的。 (×)

正确答案: 消耗的氢氧化钠的体积是不同的,中和磷酸消耗的为最多,其次为硫酸,最后为盐酸。

3. 一般来说,石蜡基原油其氢碳比较高,环烷基原油其氢碳比较低。 (√)

4. 常压渣油实际上也包含了减压渣油(简称 VR)这部分。 (√)

5. 溶液中组分的挥发度是随温度变化的。 (√)

6. 相对挥发度的大小可以用来判断某混合液是否能用蒸馏方法加以分离以及分离的难易程度。 (√)

7. 计算塔径的关键在于确定适宜的空塔气速。 (√)

8. 汽提是直接通入水蒸气,水蒸气即作为惰性气体,又作为加热介质的一种脱吸方法。 (√)

9. 单板效率是基于该塔板理论增浓程度的概念。 (√)

10. 总板效率简单反映了整个塔内的平均传质效果。 (√)

11. 总板效率可直接由公式计算得来。 （×）

正确答案：影响塔板效率的因素多而复杂，塔板效率只能估算。

12. 物料计量表检定的精度要求，要符合物料计量表配备的精度要求。 （√）

13. 有的测量结果没有误差。 （×）

正确答案：测量结果都含有误差。

14. 用于贸易结算、安全防护、医疗卫生、环境监测方面的列入强制检定目录的工作计量器具，不必实行强制检定。 （×）

正确答案：用于贸易结算、安全防护、医疗卫生、环境监测方面的列入强制检定目录的工作计量器具，必须实行强制检定。

15. 往复压缩机的压缩工作过程是在活塞缸容积逐渐减小，活塞缸内压力逐渐升高而推开排出气阀不断将气体排出出口管中的过程。 （×）

正确答案：往复压缩机的压缩工作过程是在活塞缸容积逐渐减小，气体被不断压缩。活塞缸内压力逐渐升高的过程。

16. 往复压缩机主要部件由曲轴箱、汽缸、中体、曲轴、连杆、十字头、活塞、活塞杆、气阀、填料密封构成。 （√）

17. 离心压缩机是通过旋转的叶轮对气体产生离心力获得静压能和动能，并在扩压器中对动能转变为压力能。 （√）

18. 离心压缩机的后弯叶轮比径向叶轮或前弯叶轮的级效率高，稳定工作区范围宽。 （√）

19. 往复压缩机填料密封作用是密封汽缸和穿出汽缸的活塞杆之间间隙流出的气体。 （√）

20. 离心压缩机径向轴承的作用是转子在一定转速下运行时，承受转子的重力和振动等原因引起的附加径向载荷，保护转子转动中心和汽缸中心同心。 （√）

21. 在管线不变的情况下，只要更换一台大流量离心泵，就能大幅度增加工艺流量。 （×）

正确答案：在管线不变的情况下，要更换一台大流量离心泵，流速必须不超过原管线允许流速的前提下，才能大幅度增加工艺流量。

22. 内圈固定比外圈固定的滚动轴承在相同转速下，滚珠绕轴承轴线转动的回转数小。 （√）

23. 一般情况下，填料塔不能代替传统的板式塔。 （×）

正确答案：一般情况下，填料塔已经可以代替传统的板式塔。

24. 即使材料不同,工作温度不同,但法兰允许的最大工作压力与其公称压力相同。 （×）

正确答案：若材料不同，工作温度不同，则允许的最大工作压力与公称压力不同。

25. 许多腐蚀破坏是由电化学作用造成的。 （×）

正确答案：许多腐蚀破坏是由化学和电化学作用联合造成的。

26. 根据腐蚀的电化学机理，电化学保护方法可以分为阴极保护和阳极保护两种。 （√）

27. 外部检查是指在用压力容器临时停车时的定期检查，每年至少一次。 （×）

正确答案：外部检查是指在用压力容器在运行中的定期检查，每年至少一次。

28. 在线检验是在运行条件下对在用工业管道进行的检验，在线检验每年至少两次。 （×）

正确答案：在线检验是在运行条件下对在用工业管道进行的检验，在线检验每年至少一次。

29. 在线检验工作由使用单位进行，使用单位也可将在线检验工作委托给具有压力管道

检验资格的单位。 (√)

30. 在串联交流电路中，总电压是各分电压的矢量和。 (√)

31. 混联电路的总电流等于各电阻的电流之和。 (×)

正确答案： 混联电路的总电流等于混联电路中各并联支路的电流之和。

32. 三个最大值相等，角频率相同，彼此互差90°的电动势叫做三相对称电动势。 (×)

正确答案： 三个最大值相等，角频率相同，相位互差120°的电动势叫做三相对称电动势。

33. 异步电动机的转子转速总是低于定子旋转磁场转速。 (√)

34. 存在连续释放源的区域可划为1区。 (×)

正确答案： 存在连续释放源的区域可划为0区。

35. IP 55结构的电机可以在户外使用。 (√)

36. 调节阀工作在小开度有利于延长使用寿命。 (×)

正确答案： 调节阀工作在小开度将减少使用寿命。

37. 调节器的正反作用和调节阀的正反作用意义相同。 (×)

正确答案： 调节器的正反作用和调节阀的正反作用意义完全不同。

38. 自力式调节阀使用中无需有气源或电源。 (√)

单选题

1. 某温度时，把 Bg 饱和氯化钾溶液蒸干，得氯化钾晶体 Ag，则此温度下氯化钾的溶解度为(D)g。

A. A　　B. $\frac{A}{B}\times100$　　C. $\frac{A}{B-A}$　　D. $\frac{A}{B-A}\times100$

2. 分别用1mol/L的硝酸银溶液10mL与相同体积的下述溶液恰好完全反应，下述溶液中摩尔浓度最小的是(D)。

A. 氯化钠溶液　　B. 氯化钾溶液　　C. 氯化钙溶液　　D. 氯化铁溶液

3. 在30mL 1mol/L氯化钠溶液和40mL的0.5mol/L氯化钙溶液混合后，混合溶液中 Cl^- 的摩尔浓度为[溶液体积变化忽略不计](B)mol/L。

A. 0.50　　B. 1.00　　C. 0.67　　D. 2.00

4. 当液体所受的压力增大时。其分子间的距离缩小，引力也就增强，导致其黏度增大。对于石油产品而言，只有当压力大到(C)MPa以上时对黏度才有显著的影响。

A. 5　　B. 10　　C. 20　　D. 50

5. 当压力较低时，也就是(C)时，压力对于液相石油馏分焓值的影响就可以忽略。

A. <10MPa　　B. <1MPa　　C. $P_r<1$　　D. $P_r<10$

6. 除了基本元素外，原油中还有微量的(A)元素。

A. 金属和非金属　　B. 硫　　C. 氮　　D. 氧

7. 大庆原油的特点有(C)。

A. 含蜡低、含硫低　　B. 含硫高、含氮低

C. 含硫低、含氮高　　D. 含硫低、含氧高

8. 从原油直接分馏得到的馏分基本上保留着石油原来的性质，例如基本上不含(D)。

A. 饱和烃　　B. 沥青质　　C. 芳香烃　　D. 不饱和烃

9. 为了统一称呼，一般把原油中从常压蒸馏开始馏出的温度（初馏点）到 200℃（或 180℃）之间的馏分称为（ A ）馏分。

A. 汽油　　B. 饱和烃组成的　　C. 煤油　　D. 柴油

10. 关于对流传热系数，下列说法正确的是（ A ）。

A. 有相变化时的对流传热系数比无相变化时的大

B. 流体的密度和比热对对流传热系数没有影响

C. 强制对流的传热系数要比自然对流的小

D. 传热面的形状和布置不直接影响对流传热系数

11. 溶液中各组分的挥发度是指（ A ）。

A. 组分在蒸汽中的分压和与之平衡的液相中的摩尔分数之比

B. 组分在蒸汽中的分压和与之平衡的液相中的体积分数之比

C. 平衡的液相中的摩尔分数与组分在蒸汽中的分压之比

D. 平衡的液相中的体积分数与组分在蒸汽中的分压之比

12. 理想溶液中组分的相对挥发度为（ D ）。

A. 难挥发组分的摩尔分数对易挥发组分的摩尔分数之比

B. 易挥发组分的摩尔分数对难挥发组分的摩尔分数之比

C. 难挥发组分的体积分数对易挥发组分的体积分数之比

D. 同温度下两纯组分的饱和蒸汽压之比

13. 实际回流比大于最小回流比时，精馏所需的塔板数应该是（ B ）。

A. 多　　B. 少　　C. 相同　　D. 无穷多

14. 关于空塔气速，下列说法正确的是（ C ）。

A. 空塔气速对设计塔径没有意义

B. 其上限由漏液决定

C. 设计塔时空塔气速为液泛时速度的 0.6~0.8 倍

D. 一定处理量下，塔径大，空塔气速大

15. 汽提过程是（ A ）。

A. 传质方向与吸收相反　　B. 溶质由气相向液相传递

C. 增大气相中的溶质分压　　D. 减小溶液的平衡分压

16. 用于企业内部经济核算的物料计量表，其检定周期要求按（ B ）进行检定。

A. 国家检定规程规定的检定周期　　B. 装置检修期

C. 检定周期固定为每年二次　　D. 检定周期固定为每年四次

17. 下列选项中，要实行强制检定的有（ A ）。

A. 部门和企业、事业单位使用的最高计量标准器具

B. 生产过程中非关键部位用于监测的计量器具

C. 有效期管理的标准物质

D. 对计量数据无准确度要求的指示用计量器具

18. 往复压缩机一个循环工作过程的顺序是（ B ）。

A. 吸入，膨胀，压缩，排出　　B. 膨胀，吸入，压缩，排出

C. 压缩，排出，吸入，膨胀　　D. 排出，吸入，膨胀，压缩

19. 活塞重量不作用汽缸镜面上、往复运动部件的惯性力垂直作用在基础上、机身承受着垂直拉压载荷的是(B)往复压缩机。

A. V形　　B. 立式　　C. L形　　D. W形

20. 具有十字头、汽缸彼此错开90°角、两列连杆可以装在同一曲拐上的是(C)往复压缩机。

A. V形　　B. 立式　　C. L形　　D. W形

21. 两列对称平衡型往复压缩机的往复惯性力方向相反，一阶、二阶往复惯性力互相抵消，一阶、二阶往复惯性力矩由主轴承承担，旋转惯性力矩在两曲柄(B)上加平衡重的方法平衡。

A. 相同方向　　B. 相反方向　　C. 任意方向　　D. 附近

22. 气体在离心压缩机的后弯式叶轮流动时，其出口绝对速度比入口绝对速度(C)。

A. 低　　B. 相等　　C. 高　　D. 时高时低

23. 离心压缩机的体积流量与叶轮中绝对速度的径向分速度成(B)关系，与气体的流通面积成正比关系。

A. 反比　　B. 正比　　C. 无关　　D. 平方

24. 压缩比越大，离心压缩机的排气温度(B)。

A. 越低　　B. 越高　　C. 不变　　D. 不能确定

25. 在设计工况下运行时，离心压缩机无叶扩压器比有叶扩压器的效率(B)。

A. 高　　B. 低　　C. 同等　　D. 小一倍

26. 前弯、后弯、径向叶轮三者中，绝对速度最小的是(D)叶轮。

A. 前弯　　B. 径向　　C. 径向和后弯　　D. 后弯

27. 每组填料密封由一片切向环和二片径向环组成的往复压缩机填料密封中，其中切向环起着密封的作用，一片径向环起着阻流的作用，另一片径向闭锁环起着(A)的作用。

A. 密封　　B. 阻流　　C. 隔绝空气　　D. 隔绝冷却水

28. 每组填料密封由一片切向环和二片径向环组成的往复压缩机填料密封中，其中径向闭锁环(B)安装，起着密封的作用。

A. 靠近汽缸侧　　B. 靠近曲轴侧　　C. 放置中间　　D. 任意

29. 在滑动轴承中，转子转速 ω 越高，油的黏度越大，油膜的承载能力 G(B)。

A. 越小　　B. 越大　　C. 不变　　D. 波动

30. 在滑动轴承中，轴承宽度与轴颈直径之比 L/d 越大，油膜的承载能力 G(A)。

A. 越大　　B. 越小　　C. 不变　　D. 波动

31. 抑制振动性能最好的是(D)。

A. 圆轴承　　B. 不能确定　　C. 椭圆轴承　　D. 三油叶轴承

32. 两台离心泵的流量、扬程分别为 Q_1、H_1 和 Q_2、H_2，串联时，其流量满足 $Q_{总}=Q_1=Q_2$，其扬程应满足(D)。

A. $H_{总}=H_1-H_2$　　B. $H_{总}=H_2-H_1$　　C. $H_{总}=H_1=H_2$　　D. $H_{总}=H_1+H_2$

33. 两台性能相同离心泵串联时，其效率不变，两台性能相差较大离心泵串联时，其效率(A)。

A. 降低　　B. 升高　　C. 不变　　D. 不能确定

34. 全关闭出口阀时，离心泵流量最小，扬程(C)。

A. 最小　　B. 等于 0　　C. 最大　　D. 不变

35. 润滑脂在滚动轴承内部不是连续循环使用时，摩擦部位主要依靠润滑脂中的(B)来润滑。

A. 脂析出　　B. 油析出　　C. 脂和油　　D. 油蒸气

36. 在滚动轴承内，摩擦部位主要依靠润滑油中的(B)来润滑。

A. 添加剂　　B. 油　　C. 脂　　D. 添加剂和油

37. 在滚动轴承内，转速越快，润滑脂的有效黏度(A)。

A. 降低　　B. 升高　　C. 不变　　D. 波动

38. 管道检修现场验收的主要标准有(B)。

A. 检修记录准确齐全

B. 管道油漆完好无损，附件灵活好用，运行一周无泄漏

C. 提交检修过程技术资料

D. 管道耐压试验报告

39. 换热器检修的现场验收标准有(A)。

A. 设备投用运行一周，各项指标达到技术要求或能满足生产需要

B. 设备防腐、保留完整无损，达到完好标准

C. 提交检修过程技术资料

D. 维护记录

40. 电化学腐蚀是金属与介质之间由于(B)作用而引起的破坏。

A. 纯化学　　B. 电化学　　C. 物理化学　　D. 纯物理

41. 压力容器出厂资料齐全；设计、制造质量符合有关法规和标准要求的；在设计条件下能安全使用。达到这样的标准的压力容器其安全状况等级为(A)级。

A. 一　　B. 二　　C. 三　　D. 四

42. 压力容器投用后首次内外部检验周期一般为(C)年。

A. 一　　B. 二　　C. 三　　D. 四

43. 安装资料齐全；设计、制造、安装质量符合有关法规和标准要求；在设计条件下能安全使用的工业管道，其安全状况等级定为(A)级。

A. 一　　B. 二　　C. 三　　D. 四

44. 安全状况等级为 1 级和 2 级的在用工业管道，其检验周期一般不超过(D)年。

A. 三　　B. 四　　C. 五　　D. 六

45. 闭合电路欧姆定律表达式是(D)。

A. $I=\frac{U}{R}$　　B. $U=IR$　　C. $I=\frac{E}{R}$　　D. $I=\frac{E}{R+r}$

46. 在仅有电阻参数的交流电路中，以下论述错误的是(D)。

A. 纯电阻交流电路中，电压与电流的关系，可根据欧姆定律确定

B. 电流的瞬时值和电阻两端的电压瞬时值成正比

C. 电流和电压是同频率的正弦量

D. 在相位上，电流超前于电压 90°

47. 在正常运行时，不可能出现爆炸性气体混合物的环境，或即使出现也仅是短时存在的爆炸性气体混合物环境，按规定属(C)区。

A. 0　　B. 1　　C. 2　　D. 附加 2

48. 在火灾危险区域 22 区，固定使用的电机，选用的防护等级是(D)。

A. IP21　　B. IP30　　C. IP14　　D. IP54

49. 关于均匀控制系统，说法不正确的是(C)。

A. 使两个相互联系的变量在允许的范围内缓慢变化的控制系统

B. 目的是为了解决前后工序的供求矛盾，使两个变量之间能够互相兼顾和协调操作的控制系统

C. 调节器一般采用比例积分微分作用，且积分时间很大

D. 调节器一般采用纯比例作用，且比例度很大

50. 压缩机控制中，经常用来连锁的参数是(D)。

A. 流量　　B. 压力　　C. 温度　　D. 振动

51. 有一台正在运行中的气关单座阀经常关不死，它的原因是(B)。

A. 阀芯阀座磨损严重　　B. 阀门定位器输出总是在最大值

C. 阀芯阀座间有异物卡住　　D. 阀杆太短

52. 有液体流过调节阀，在节流口流速急剧上升，压力下降，若此时压力下降到低于液体在该温度下的饱和蒸汽压便会汽化，分解出气体后形成气液双向流动，这种现象叫(A)。

A. 闪蒸　　B. 空化　　C. 汽蚀　　D. 腐蚀

53. 图示一液面调节回路，工艺要求故障情况下顶部出料送出的气体中不许带有液体，下述说法正确的是(C)。

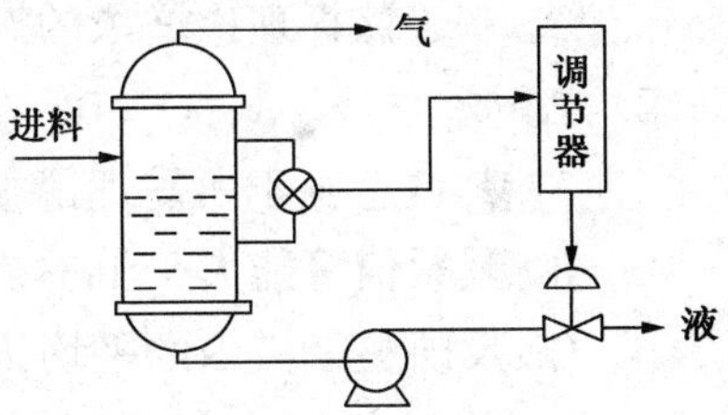

A. 调节阀是风开阀，调节器正作用

B. 调节阀是风关阀，调节器正作用

C. 调节阀是风关阀，调节器反作用

D. 调节阀是风开阀，调节器反作用

54. 自力式调节阀与其他调节阀的区别是(B)。

A. 执行机构靠气源或电源产生的动力

B. 执行机构靠工艺管线中介质的压力产生动力

C. 它没有正反作用

D. 它没有风开风关

多选题

1. 关于 $2NO+O_2=2NO_2$，下列叙述不正确的是(A，B，C，D)。

A. 当 $V_{正}=V_{逆}=0$ 时，体系即达到平衡

B. 当 $V_{NO}=V_{NO_2}$ 时，体系即达到平衡

C. 当体系中$[NO]:[O_2]:[NO_2]=2:1:2$ 时，体系即达到平衡

D. 在加压时，正反应速度增大，逆反应速度减小，因此平衡向有利于生成 NO_2 的方向移动

2. 在焓值的计算中，其基准状态的压力通常选用常压，而其基准温度可选择的是(A，B，C，D)。

A. 0℃　　B. 0K　　C. −17.8℃　　D. −129℃

3. 关于相对挥发度，下列说法正确的是(A，B，D)。

A. 对理想溶液中组分的相对挥发度等于同温度下两纯组分的饱和蒸汽压之比

B. 相对挥发度大于 1，则表示两组分难分离

C. 相对挥发度等于 1，表示不能用普通蒸馏方法分离该混合液

D. 相对挥发度的大小可以用来判断某混合液是否能用蒸馏方法加以分离以及分离的难易程度

4. 引用最小回流比的意义是(B，C)。

A. 确定塔径　　B. 可由最小回流比选取适宜的操作回流比

C. 求理论板层数　　D. 确定实际板层数

5. 关于空塔气速的大小，下列说法正确的是(C，D)。

A. 空塔气速依据最小允许气速决定

B. 空塔气速大，所需塔径大

C. 空塔气速的下限由漏液时的气速决定

D. 空塔气速的上限由液泛时的气速决定

6. 下列说法正确的是(A，C)

A. 单板效率的数值有可能超过 100%　　B. 数值与总板效率相等

C. 基于该板理论增浓的概念　　D. 各层的单板效率相等

7. 总板效率是(A，C，D)。

A. 其概念基于所需理论板数

B. 其数值可能大于 1

C. 反映整个塔内的平均传质效果

D. 达到指定分离效果所需理论板层数与实际板层数的比值

8. 根据误差的性质可分为(A，B，C)。

A. 系统误差　　B. 随机误差　　C. 粗大误差　　D. 示值误差

9. 计量误差的主要来源于(A，B，C，D)。

A. 设备误差　　B. 环境误差　　C. 人员误差　　D. 方法误差

10. 用于(A，B)方面的工作计量器具，实行强制检定。

A. 医疗卫生　　B. 环境监测　　C. 一般测量　　D. 指示

11. 可以无十字头、一阶往复惯性力的合力大部分平衡、汽缸彼此错开一定角度、两列连杆可以装在同一曲拐上的是(A，D)往复压缩机。

A. V 形　　B. 立式　　C. L 形　　D. W 形

12. 离心压缩机单级叶轮对单位质量的理论功是(A，C)。

A. $L_{th}=U_2\times C_{u2}-U_1\times C_{u1}$

B. $L_{th}=U_1\times C_{u1}-U_2\times C_{u2}$

C. $L_{th}=(U_2-U_1)/2+(W_1-W_2)/2+(C_2-C_1)/2$

D. $L=(U_2-U_1)/2+(W_1-W_2)/2+(C_2-C_1)/2$

13. 离心压缩机的轴向力平衡方法是(A，B，C)。

A. 叶轮背对背　B. 止推轴承　C. 平衡鼓　D. 径向轴承

14. 往复压缩机填料密封环一般有(A，B)。

A. 三片式切向环　B. 三片式径向环

C. 三片式轴向环　D. 三片式周向环

15. 往复压缩机填料密封一般由许多组填料密封组成，每组填料密封一般由二片或三片填料环组成，即是由(A，B)组成。

A. 一片切向环和二片式径向环　B. 一片切向环和一片式径向环

C. 一片切向环和二片式轴向环　D. 一片周向环和一片径向环

16. 下列技术资料中，管道检修验收应提交的技术资料是(A，B，C，D)。

A. 设计变更及材料代用通知单，材质、零部件合格证

B. 隐蔽工程记录

C. 检修记录(含单线图)　D. 焊缝质量检验报告

17. 泵检修时的施工现场的验收包括(A，B，D)。

A. 检修工具摆放整齐　B. 当日施工当日清洁

C. 钳工申报泵零部件报废　D. 钳工新领配件妥善保管

18. 泵检修完工后的施工现场的验收标准包括(A，B，C)。

A. 现场卫生清洁，无油污　B. 零附件齐全好用

C. 连接螺丝齐全、满扣、齐整、坚固　D. 旧配件现场摆放整齐

19. 泵检修完工后检修质量的验收标准包括(A，B，C，D)。

A. 转子径向轴向跳动符合标准　B. 配合零部件间隙符合标准

C. 压力表温度表齐全校验准确　D. 控制和联锁系统验收合格

20. 离心泵检修完工后检修质量的验收完好标准包括(B，C)。

A. 泄漏量≤10 滴/min(填料密封轻质油)

B. 泄漏量≤20 滴/min(填料密封轻质油)

C. 泄漏量≤10 滴/min(填料密封重质油)

D. 泄漏量≤20 滴/min(填料密封重质油)

21. 下列技术资料中，换热器检修验收应提交的技术资料有(A，B，C，D)。

A. 设计变更及材料代用通知单，材质、零部件合格证

B. 焊缝质量检验(包括外观检验和无损探伤等)报告

C. 检修记录　D. 试验记录

22. 腐蚀介质的处理一般包括腐蚀介质的脱除及应用(A，B，C)。

A. 中和剂　B. 缓蚀剂　C. 抗垢剂　D. 保护剂

23. 电脱盐装置一般用于原油的(A，B)。

A. 脱盐　B. 脱水　C. 脱硫　D. 脱氰

24. 安全状况等级为(A，B)级的压力容器每六年至少进行一次内外部检验。

A. 一　B. 二　C. 三　D. 四

25. 如下图所示，将 R_1、R_2、R_3、R_4 接成混联电路，其电路参数计算公式正确的是(C)。

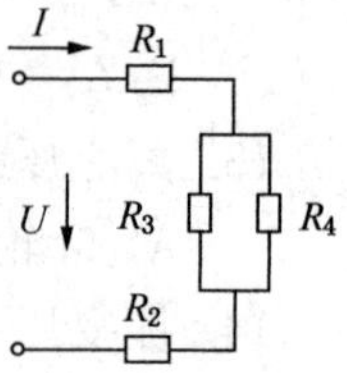

A. $R=R_1+R_2+R_3+R_4$　　B. $R=\frac{R_1+R_2}{R_3+R_4}$

C. $R=R_1+R_2+\frac{R_3 \cdot R_4}{R_3+R_4}$　　D. $R=R_1+R_2+\frac{1}{R_3}+\frac{1}{R_4}$

26. 根据以下电压瞬时值表达式判断，对称三相交流电的表达式是(B，D)。

A. $U_A=311\sin314t$　　$U_B=311\sin(280t+120°)$　　$U_C=311\sin(140t-120°)$

B. $U_A=311\sin314t$　　$U_B=311\sin(314t-120°)$　　$U_C=311\sin(314t-240°)$

C. $U_A=\sqrt{2}\cdot220\sin314t$　　$U_B=\sqrt{2}\cdot220\sin(314t-120°)$　　$U_C=\sqrt{2}\cdot220\sin(314t+120°)$

D. $U_A=3420\sin314t$　　$U_B=3420\sin(314t-120°)$　　$U_C=3420\sin(314t-240°)$

27. 气动薄膜调节阀工作不稳定，产生振荡，是因为(A，B，C，D)。

A. 调节器输出信号不稳定

B. 管道或基座剧烈振动

C. 阀杆摩擦力大，容易产生迟滞性振荡

D. 执行机构刚度不够，会在全行程中产生振荡；弹簧预紧量不够，会在低行程中发生振荡

简答题

1. 某可逆反应已建立平衡，加入一种正催化剂，反应速度将有何变化？

答：加入了正催化剂，使平衡体系中两方反应的活化能降低，提高了两方活化分子的百分数，增大了两方单位体积内活化分子数，增加了两方单位时间内的有效碰撞次数使反应速度增大，使正、逆反应同时同等的增大速度，故化学平衡不移动，只是增大了反应速度。

2. 目前最常用什么方法测定油品的运动黏度？

答：目前最常用的运动黏度的测定方法是毛细管黏度计法，国家标准代号 GB265。

3. 焓的定义如何？

答：焓又称热焓，是体系的热力学状态函数之一。通常用符号 H 表示，其定义为：

$$H = U + pV$$

式中：U、p、V 分别代表体系的内能、压力和体积。焓的量纲与能量相同。

4. 对流传热系数的影响因素有哪些？

答：①流体的种类及相变化情况不同，其对流传热系数不同；②流体的物性不同，其对流传热系数不同；③流体的温度不同，对流传热系数不同；④流体的流动状态影响对流传热系数；⑤流体流动的原因影响对流传热系数；⑥传热面的形状、位置、大小直接影响对流传热系数。

5. 回流比对精馏操作的影响？

答：①回流比是影响精馏塔分离效果的主要因素，生产经常用回流比来调节、控制产品的质量；② 当回流比增大时，精馏段操作线斜率变大，该段内传质推动力增大，因此在一定的精馏段理论板数下馏出液组成变大；③ 回流比大，提馏段操作线斜率变小，该段的传质推动力增加，因此在一定的提馏段理论板数下，釜液组成变小；④反之，当回流比减小时，分离效果变差；⑤ 回流比增加，使塔内上升蒸汽量及下降液体量均增加，若塔内汽液

相负荷超过允许值，则可能引起塔板效率下降，此时应减小原料液流量；同时回流比变化时再沸器和冷凝器的传热量也相应发生变化。

6. 为什么高压缩比的往复压缩机需要多级压缩？

答：①当往复压缩机需要将气体压缩到很高压力而达到一定的压缩比时，单级压缩往往导致压缩气体温度升得太高，单级压缩比越大，压缩气体温度升得越高。缸内的气体和注入的润滑油因温度太高而结焦。影响了气阀正常工作和加剧了活塞环的磨损。②而余隙内残留的高温、高压气体膨胀后占去很大部分汽缸容积，单级压缩比越大，余隙内残留的气体温度、压力越高。气体膨胀后占去汽缸容积越大，导致容积效率减小。③单级压缩的气体温度太高，导致压缩机消耗功率增大，单级压缩比越大，压缩温度越高，压缩机消耗功率越大。综合上述，高压缩比的往复压缩机必须设置多级压缩。

7. 转子的轴颈在滑动轴承中要完全具备产生稳定的液体动压力的三个条件是什么？

答：①轴颈与轴承工作表面之间必须形成楔形间隙，且相对滑动方向必须保证润滑油从大截面流向小截面。②轴颈与轴承工作表面之间应有足够的相对滑动速度。③润滑油要有一定的黏度，且必须连续供应。

8. 简述填料塔的适用范围。

答：填料塔以填料作为气液接触元件，气液两相在填料层中逆向连续接触。它具有结构简单、压力降小、易于用耐腐蚀非金属材料制造等优点，对于气体吸收、真空蒸馏以及处理腐蚀性流体的操作，颇为适用。

9. 简述板式塔的适用范围。

答：在板式塔中，塔内装有一定数量的塔盘，气体以鼓泡或喷射的形式穿过塔盘上的液层使两相密切接触，进行传质。两相的组分浓度沿塔高呈阶梯式变化。适用于蒸馏、吸收等单元操作。

10. 简述法兰压力等级的含义。

答：法兰公称压力是压力容器(设备)或管道的标准压力等级。每个公称压力是表示一定材料和一定温度下的最大工作压力。若材料不同，工作温度不同，则允许的最大工作压力与公称压力应进行换算。

11. 电化学腐蚀有哪三个环节？

答：电化学腐蚀过程是下列三个环节所组成：金属在阳极溶解，变成金属离子进入溶液中，电子留在金属上。电子从阳极流到阴极。在阴极，流来的电子被溶液中能够吸收电子的物质所吸收。

12. 简答“一脱四注”工艺防腐蚀措施的内容。

答：“一脱四注”工艺防腐蚀方法包括原油脱盐、注碱和塔顶挥发线注氨、注水及注缓蚀剂。

13. 简述在用压力容器内外部检验的周期。

答：安全状况等级为 1 级和 2 级的压力容器每 6 年至少一次，安全状况等级为 3 级的压力容器每 3 年至少一次，投用后首次内外部检验周期一般为 3 年。

14. 简述压力管道全面检验的周期。

答：安全状况等级为 1 级和 2 级的在用工业管道，其检验周期一般不超过 6 年；安全状况等级为 3 级的在用工业管道，其检验周期一般不超过 3 年。

15. 在闭合电路中，负载电阻变化时，负载端电压将如何变化？

答：①当外电路电阻增大时，根据 $I=\frac{E}{R+r}$，可知，I 减小，再由 $U=E-Ir$ 可知端电压 U 增加。②外电路电阻减小时，基于上述理由，可知端电压 U 减小。

16. 混联电路与串联、并联电路的电压、电流关系有什么不同？

答：混联电路与串联、并联电路负载电阻上的参数关系为：

①串联电路负载电阻上的电压等于各串联电阻之和，并联电路的电压等于并联电阻端电压，而混联电路电压等于串联电阻和并联电阻端电压之和。②串联电路负载电阻上的总电流等于任一串联电阻的电流，并联电路的总电流等于各并联电阻电流之和，而混联电路电流等于混联电路中并联电阻的电流之和。

17. 何为隔爆型电气设备和增安型电气设备？

答：隔爆型电气设备是具有隔爆外壳的电气设备，是指能把点燃爆炸性混合物的部件封闭在一个外壳内，该外壳能承受内部爆炸性混合物的爆炸压力，并阻止向周围的爆炸性混合物传爆的电气设备。增安型电气设备是在正常运行条件下，不会产生点燃爆炸性混合物的火花或危险温度，并在结构上采取措施，提高其安全程度，以避免在正常和规定过载条件下出现点燃现象的电气设备。

18. 请解释电机防护等级 IP65 第二位数字的意思。

答：IP65 第二位数字的意思是设备防水的技术要求，5 的意思是任何方向的喷水对电机无有害影响。

计算题

1. 20℃时食盐的饱和溶解度为 36g。如果向 50g 20℃的饱和食盐溶液加入 10%的硝酸银溶液，需用硝酸银溶液多少克恰好反应？（食盐的相对分子质量：58. 5，硝酸银的相对分子质量：170）

解：50g 20℃的饱和食盐溶液中含 NaCl＝50×36/136＝13. 24 克或设 50g 20℃的饱和食盐溶液中含 NaCl 为 xg，后根据溶解度定义得：x：(50−x)＝36：100x＝13. 24g 根据：

$$NaCl+AgNO_3=AgCl\downarrow+NaNO_3$$

58. 5　170

13. 24　y×10%

则：170×13. 24＝58. 5×y×10%　y＝385g

答：需要 10%硝酸银溶液 385g 恰好反应。

2. 把 0. 01mol 的 CO_2 和 0. 01mol 的 H_2 放在 1L 的密闭容器里，加热到 1200℃，在生成 0. 006mol 的 CO 和 0. 006mol 的 H_2O(气)的时候，反应达到平衡。试求这时候反应的化学平衡常数。

解：

$$CO_2+H_2 \rightleftharpoons CO+H_2O(气)$$

反应开始时各物质的量　0. 01　0. 01　0　0

达到平衡时各物质的量　0. 004　0. 004　0. 006　0. 006

因为在 1L 的容器里，所以，平衡时各参加反应物质的浓度分别是：

$[CO]=0.006mol/L$，$[H_2O]=0.006mol/L$，$[CO_2]=0.004mol/L$，$[H_2]=0.004mol/L$

$$K=\frac{[CO][H_2O]}{[CO_2][H_2]}=\frac{0.006\times0.006}{0.004\times0.004}=2.25$$

答：在1200℃时，这个反应的平衡常数是2.25。

3. 已知PCl_5(气)$\rightleftharpoons$$PCl_3$(气)+$Cl_2$(气)，在230℃达到平衡时，平衡混合物中各物质的浓度分别是$[PCl_5]=0.47mol/L$，$[PCl_3]=0.098mol/L$，$[Cl_2]=0.098mol/L$，求这个反应的平衡常数。

解：　　　　　　　PCl_5(气)$\rightleftharpoons$$PCl_3$(气)+$Cl_2$(气)

达到平衡时各物质的摩尔浓度　0.47　　　0.098　　　0.098

$$K=\frac{[PCl_3][Cl_2]}{[PCl_5]}=\frac{0.098\times0.098}{0.47}=0.02$$

答：这个反应的平衡常数是0.02。

4. 已知塔底液面距地面4m，机泵入口距地面0.5m，油品相对密度为0.8，求机泵入口静压。

解：$P=\rho\Delta h=\rho(h_2-h_1)=0.8\times10^3\times(4-0.5)=2.8kgf/m^3=0.28kgf/cm^2=0.27\times10^5Pa$

答：机泵入口静压为0.27×10^5Pa。

5. 密度为$850kg/m^3$的料液从高位槽送入塔中，高位槽中的液面维持恒定。塔内表压强为9.81×10^3Pa，进料量为$5m^3/h$。连接管直径为$\phi38mm\times2.5mm$，料液在连接管内流动时的能量损失为30J/kg(不包括出口的能量损失)。试求高位槽内的液面应比塔的进料口高出多少？

解：取高位槽液面为上游截面1-1′，连接管出口内侧为下游截面2-2′，并以截面2-2′的中心线为基准水平面。在两截面间列伯努利方程式，即：

$$gZ_1+\frac{u_1^2}{2}+\frac{P_1}{\rho}=gZ_2+\frac{u_2^2}{2}+\frac{P_2}{\rho}+\Sigma h_f$$

式中：$Z_2=0$　$P_1=0$(表压)　$P_2=9.81\times10^3Pa$(表压)　$\Sigma h_f=30J/kg$

$$u_1\approx0\qquad u_2=\frac{V_s}{A}=\frac{V_s}{\frac{\pi}{4}d^2}=\frac{5}{3600\times\frac{\pi}{4}\times0.033^2}=1.62m/s$$

将上列数值代入柏努利方程式，并整理得：

$$Z_1=\left(\frac{1.62^2}{2}+\frac{9.81\times10^3}{850}+30\right)/9.81=4.37m$$

即高位槽内的液面应比塔的进料口高4.37m

答：高位槽内的液面应比塔的进料口高4.37m。

6. 一台泵吸入管口径为200mm，流量$Q=7.78L/s$，样本给定性能参数$(H_s)_a=3.6m$，估算$\Sigma h=0.5m$，分别计算标准状态下和在拉萨地区从开式容器中抽送40℃清水时的安装高度？(已知：拉萨地区大气压$P'_a=6.62mH_2O$，抽送液体温度下的饱和蒸汽压$P'_v=7355Pa$，40℃下清水密度$\rho'=992.2kg/m^3$；泵样本上给出的性能参数$(H_s)_a$为标准大气压$P_a=10.33mH_2O$和20℃清水饱和蒸汽压$P_v=0.24mH_2O$下测得的数值。)

解：已知$P_A=P_a$，$C_s=4Q/\pi D_s^2=4\times7.78\times10^{-3}/3.14\times0.2^2=2.48m/s$，

$$Z_s=(P_A-P_a)/(\rho\times g)+(H_s)_a-\Sigma h_s-C_s^2/(2\times g)=3.6-0.5=3.1m$$

在拉萨地区$P_A=P'_a$，因拉萨地区与泵样本上使用的条件有差异。对$(H_s)_a$必须修

正，则

$(H_s)'_a=(P'_a-P'_v)/(\rho'\times g)+(H_s)_a-10.33-0.24$

$=6.62-(7355)/(992.2\times9.8)+3.6-10.33-0.24=-0.63m$

$Z_s=(H_s)'_a-\Sigma h-(C_s^2)/2g=-0.63-0.5-(2.48^2)/(2\times9.8)=-1.44m$

负值表示倒灌

答：泵在标准状态下的安装高度为低于泵 3.1m，泵在拉萨地区的安装高度为高于泵 1.44m。

7. 已知一简单交流电路，$u=311\sin314t$V，$R=11\Omega$，求电路中的电流瞬时值？

解：电压的有效值：$U=U_m/\sqrt{2}=311/\sqrt{2}=220V$

电流的有效值：$I=U/R=220/11=20A$

电流的瞬时值：$i=\sqrt{2}I\sin314t=28.3\sin314tA$

答：电路中电流的瞬时值为 $28.3\sin314tA$。

8. 已知两交流电压 $U_1=220\sqrt{2}\sin314t$，$U_2=380\sqrt{2}\sin(314t+90)°$，指出各电压量的最大值、有效值、初相角、角频率以及两者相位差。

解：$U_{1m}=220\sqrt{2}=311.08V$，$U_{2m}=380\sqrt{2}=537.32V$；$U_1=220V$　$U_2=380V$

初相角：$\varphi_1=0°$，$\varphi_2=90°$；相位差：$\varphi_2-\varphi_1=90°$；角频率：$\omega_1=\omega_2=314rad/s$

答：$U_{1m}=311.08V$，$U_{2m}=537.32V$，$U_1=220$ V，$U_2=380V$

初相角：$\varphi_1=0°$　$\varphi_2=90°$　相位差：$\varphi_2-\varphi_1=90°$　角频率：$\omega_1=\omega_2=314rad/s$

9. 一台异步电动机，频率 $f=50Hz$，电机额定转速 $n=960r/min$，问这台电动机是几极的？额定转差率 $S=$？

解：异步电动机的额定转速是接近而又小于旋转磁场转速的，而接近于 $n=960r/min$ 的旋转磁场转速是 1000r/min，根据公式 $n_1=\frac{60f}{p}$，得：$p=\frac{60f}{n_1}=\frac{60\times50}{1000}=3$（对极）；$S=\frac{n_1-n}{n_1}=\frac{1000-960}{1000}=0.04$

答：该电动机是 6 极的，转差率为 0.04。

工种理论知识试题

判断题

1. 蒸汽扫线时，可以同时扫多根管线，以节省停工吹扫时间。（×）

正确答案：蒸汽扫线时，要根据蒸汽量，集中力量扫几根管线，扫净再扫其他管线，不分散供汽。

2. 用氮气气密捉漏的管线，用耳朵听有没有异常声音就可以判断泄漏点。（×）

正确答案：使用氮气气密捉漏的管线，不能用耳朵听有没有异常声音来判断泄漏点。

3. 用蒸汽气密捉漏的管线，用肉眼观察是否有蒸汽泄漏就可以判断泄漏点。（√）

4. 一般情况下调节阀进行校准时，阀门定位器是不用校准的。（×）

正确答案：一般情况下调节阀连同阀门定位器是一起校准的。

5. 测量中、高压压力变送器测量部分的测压敏感元件，一般采用铬钒钢制成的包端管。（√）

6 硫磺副反应 COS 的生成量随温度的升高而增加。（√）

7. 硫磺回收装置电加热器一般都设有电流过载保护和温度过载保护。（√）

8. 蒸汽抽空器由扩缩喷嘴、扩压管和一个混合室构成。（√）

9. 热力管网热补偿采用管路伸缩器一般外形为U形与π形。（√）

10. 气封系统是使储罐内维持一定的压力，防止外界气体进入，污染储罐内储存的介质或与其起化学和生物反应。（√）

11. 溶剂再生塔顶回流罐液面上涨较快，首先应该确定塔顶回流泵是否完好。（√）

12. 防冻防凝期间，防冻保暖用蒸汽紫铜管线引到带水容器的沉筒、玻璃板液面计及容器底部切水阀处，加强保温防冻。（√）

13. 酸性气呈酸性，故不可能含氨。（×）

正确答案：酸性气呈酸性，若含氨则是以铵盐的形式存在。

14. 二级反应器床层温度上升的原因是过程气中硫化氢和二氧化硫含量上升，反应放热引起（√）

15. 溶剂浓度过低会影响吸收效果，溶剂浓度过高也会影响吸收效果，造成净化尾气硫化氢含量高。（√）

16. 净化尾气硫化氢含量高，一定是尾气处理部分不正常。（×）

正确答案：净化尾气硫化氢含量高与尾气处理部分没有关系，问题肯定在吸收塔和溶剂上面。

17. 外补氢气的温度对斯科特反应入口温度有影响，而外补氢气的流量对斯科特反应入口温度无关。（×）

正确答案：外补氢气的温度和流量对斯科特反应入口温度都有影响。

18. 斯科特尾气中氢气应该保持一定的量，这样可以使克劳斯尾气中二氧化硫完全反应，达到提高回收率，减少排放的目的。（√）

19. 急冷塔急冷水pH值偏小，可以将一部分急冷水就地排放，同时加入新的急冷水进行置换，达到调节急冷水pH值的目的。（×）

正确答案：急冷水中含有大量硫化氢和二氧化硫，不能就地排放，必须排至酸性水回收装置处理。

20. 装置开车前仪表对联锁必须进行校验，所以操作人员不用对联锁进行校验。（×）

正确答案：装置开车前仪表和装置操作人员对联锁都必须进行校验。

21. 溶剂再生顶温高的调整方法之一是降低富液进塔温度。（√）

22. 克劳斯尾气中硫化氢含量高，对SCOT的影响是对溶剂吸收的负荷增加。（√）

23. 加氢催化剂钝化需要严格控制床层温度，因为加氢催化剂钝化过程是吸热过程。（×）

正确答案：加氢催化剂钝化需要严格控制床层温度，因为加氢催化剂钝化过程是放热过程。

24. 克劳斯部分停工吹扫时各低点加强排污。（√）

25. 斯科特部分停工吹扫时，急冷水管道要增加吹扫时间，是防止硫化氢管道吹扫时间不够未能吹扫干净。（√）

26. 溶剂再生部分停工吹扫的冷凝液可以排至雨水管网。（×）

正确答案：溶剂再生部分停工吹扫的冷凝液含有硫化氢，必须排至污水管网。绝对不能排至雨水管网。

27. 泄压时可略开重沸器加热蒸汽，冷凝冷却器循环水视情况关小。 (√)

28. 硫磺回收装置停工钝化清洗的目的是防止打开设备后硫化亚铁自燃。 (√)

29. 固定管板式换热器的具有结构简单、造价低和壳程容易清洗的优点。 (×)

正确答案： 固定管板式换热器的具有结构简单、造价低的优点，但是壳程不易清洗。

30. 高温掺合阀碳钢法兰连接阀体。 (×)

正确答案： 高温掺合阀碳钢焊接连接阀体。

31. 高温掺合阀自动改手动时，只需将定位销扳至手动状态，就可以打开阀门了。(×)

正确答案： 高温掺合阀自动改手动时，需将定位销扳至手动状态后，并打开气缸联通阀，才可以打开阀门。

32. 液硫泵只要盘车正常就可以开启了。 (×)

正确答案： 液硫泵盘车正常后，还要检查泵体伴热是否良好，才可以投用。

33. 一般离心泵启动前出口阀关闭就是减少起动电流，避免电机超载。 (√)

34. 液硫夹套阀的作用是防止硫化氢腐蚀。 (×)

正确答案： 液硫夹套阀的作用是防止液硫冷凝。

35. 制硫风机出口增设单向阀的作用是防止回流。 (√)

36. 硫磺装置鼓风机使用要注意处理量低，风机容易发生喘振，要调节好放空量。(√)

37. 切换风机时应先启动备用风机，后停在用风机。 (√)

38. 浮阀限定最大开度是防止严重漏液和雾沫夹带，有利于汽液充分接触。 (√)

39. 硫磺回收装置 SCOT 使用电加热器的目的是为了防止在加氢催化剂预硫化时反应热不足，补充热源，保证加氢反应器进口温度。 (√)

40. 离心泵在运转过程中由于存在种种损失，使泵的有效压头、输入泵的效率和流量均较理论值低。 (×)

正确答案： 离心泵在运转过程中由于存在种种损失，使泵的有效压头和流量均较理论值低，而输入泵的效率较泵的理论值高。

41. 完好设备的要求中要求设备性能良好，机械设备能稳定地满足生产工艺要求，动力设备的功能达到原设计或规定标准，运转无超温超压等现象。 (√)

42. 设备维护保养的目的是保证在用设备台完好。 (√)

43. 酸性气压力升高的原因可能是因为炉膛压力上升引起。 (√)

44. 故障类型和影响分析(FMEA)是系统危险性分析的重要方法之一。 (√)

45. 装置瞬间跳电，机泵会自启动，不需要操作人员去作调节。 (×)

正确答案： 装置瞬间跳电，机泵会自启动，但操作人员必须对机泵进行全面检查。

46. 酸性气燃烧炉鼓风机停机时装置会发生联锁自保，切断酸性气进料。 (√)

47. 急冷尾气中二氧化碳多对胺溶剂没有影响。 (×)

正确答案： 急冷尾气中二氧化碳多对 MEA、DEA 类胺溶剂有影响。

48. 硫磺回收装置 H_2S/SO_2 比值仪故障，对硫磺装置没有影响。 (×)

正确答案： 硫磺回收装置 H_2S/SO_2 比值仪故障，会造成硫磺装置的硫回收率下降。

49. 仪表风中断后，风开阀现场改由上下游阀控制进行操作。 (×)

正确答案： 仪表风中断后，风开阀现场改由副线阀控制进行操作。

50. 发生大风事故时，若管线未经过加固，有可能造成管线被拉断的情况。 (√)

51. 硫磺回收装置烟道温度高的原因是烟囱温度很高，而焚烧炉刚好熄火，大量瓦斯冲到烟囱燃烧。 (√)

52. 捕集器液硫线堵塞时，可通过提高伴热线温度，加强排水，溶解硫磺的途径解决，如还不通畅只能采取压罐措施。 (√)

53. 硫磺回收装置瞬间跳电，装置也要按紧急停工处理。 (×)

正确答案：硫磺回收装置瞬间跳电，装置发生联锁自保，需要按开工程序点炉升温，进料开车。

54. 克劳斯反应器超温时处理方法是提高配风比。 (×)

正确答案：克劳斯反应器超温时处理方法是降低配风比。

55. 加氢反应器超温时的处理方法是降低克劳斯尾气中的二氧化硫含量。 (√)

56. 硫磺回收装置液硫泵全坏，装置必须立即紧急停工。 (×)

正确答案：硫磺回收装置液硫泵全坏，装置可以先降量维持操作，若长时间无法修复，硫池已满的情况下，装置紧急停工。

57. 配合仪表 UPS 切换时，会造成 DCS 死机。 (×)

正确答案：配合仪表 UPS 切换时，会造成 DCS 黑屏。

58. 物质的量百分比只适合气相混合物，液相混合物、固相混合物只能用质量百分比来表示。 (×)

正确答案：物质的量百分比都适合气相混合物、液相混合物、固相混合物。

单选题

1. 常用的夹套伴热的形式有(A)夹套管。

A. 外伴热　B. 内伴热　C. 管帽式　D. 法兰式

2. 吹扫控制阀时，应(B)。

A. 先扫正线，后扫副线　B. 先扫副线，后扫正线
C. 正、副线同时扫　D. 没有特别原则

3. 在引蒸汽时要穿戴好各类防护设备，主要是为了(A)。

A. 防止烫伤　B. 防止摔跤　C. 防止滑倒　D. 防止扭伤

4. 公用工程系统分别用(C)按最高操作压力进行气密试漏。

A. 蒸汽　B. 氮气　C. 本系统介质　D. 动力风

5. 吸收和蒸馏的区别是：吸收利用混合物中各组分在溶剂中(C)达到分离的目的。

A. 挥发度　B. 真空度　C. 溶解度　D. 吸收度

6. 传质过程中不仅有气相中重组分进入液相，而且还有液相中轻组分转入气相的过程是(B)。

A. 吸收　B. 蒸馏　C. 萃取　D. 解析

7. 对于带电动阀门定位器的调节阀校准时，输入(B)来进行校准的。

A. 电信号　B. 电流信号　C. 流量信号　D. 压力信号

8. (D)是调节阀执行器的辅助装置，是能改善调节质量的重要部件。

A. 阀芯　B. 阀座　C. 阀体　D. 阀门定位器

9. *N*–甲基二乙醇胺是(D)。

A. DEA　B. MEA　C. DIPA　D. MDEA

10. *N*–甲基二乙醇胺是一种(B)液体。

A. 淡蓝色　B. 淡黄色　C. 棕红色　D. 黑色

11. MDEA 被氧化后，溶液颜色会呈(C)。

A. 淡蓝色　B. 淡黄色　C. 褐色　D. 黑色

12. 带法兰的膜片式压力变送器选用场合正确的是(A)。

A. 易堵、易结晶、腐蚀性强的介质　B. 微压力测量

C. 大气腐蚀场所　D. 任何场合都适用

13. 用蒸汽吹扫换热器管程时一般首先将蒸汽引入壳程，蒸汽只吹扫换热器管程，会引起不同的管道(B)引起泄漏。

A. 破裂　B. 膨胀　C. 扭曲　D. 收缩

14. 防腐涂层换热器停工吹扫时，禁止用(A)直接吹扫。

A. 蒸汽　B. 压缩空气　C. 氮气　D. 水

15. 煮炉时候升压要求正确的是(B)。

A. 锅炉压力逐渐升到工作压力　B. 锅炉压力分段升到工作压力的 75%

C. 锅炉压力直接升到工作压力的 75%　D. 没有特别要求

16. 硫磺副反应 CS_2 的生成，主要和原料气中的(D)含量有关。

A. 硫化氢含量　B. 水含量　C. 氮气含量　D. 烃类含量

17. 配平斯科特反应中 SO_2+(B)H_2→H_2S+$2H_2O$+Q。

A. 2　B. 3　C. 4　D. 5

18. 加氢催化剂预硫化是(B)反应，所以一定要控制床层温度。

A. 吸热　B. 放热　C. 先吸热后放热　D. 不放热也不吸热

19. 使用酸性气和氢气作硫化时，加氢催化剂预硫化结束标志正确的是(C)。

A. 反应器进口温度超过 400℃　B. 反应器出口温度超过 400℃

C. 反应器进出口气体分析中硫化氢含量相同

D. 反应器进出口气体分析中氮气浓度相同

20. 尾气改入斯科特部分时，完全切断克劳斯尾气至焚烧炉流程时，最应该注意的(A)参数。

A. 系统压降　B. 克劳斯尾气温度

C. 溶剂循环量　D. 焚烧炉风量

21. 蒸汽喷射器扩压管里是将(B)。

A. 热能变成动力能　B. 动力能变成压力能

C. 热能变成压力能　D. 压力能变成动力能

22. 成组布置的蒸汽分配管底部应该设(B)。

A. 放空　B. 疏水阀　C. 返回线　D. 副线

23. 热力管网热补偿主要是因为管路的(A)。

A. 热胀冷缩　B. 温度高　C. 阻力降　D. 材质要求

24. 蒸汽抽空器的作用是(D)。

A. 增大蒸汽流速　B. 提高管内压力

C. 提高管内流体温度　　D. 形成真空

25. 蒸汽抽空器排出气体的压力比吸入口的压力(A)。

A. 高　　B. 低　　C. 一样　　D. 不能确定

26. 当向罐内进料及温度升高导致罐内压力升高时，气封系统要(B)以保证储罐不被抽真空。

A. 补入气封气　　B. 排出气封气　　C. 补入空气　　D. 排出空气

27. 装置开车操作中引瓦斯烘炉中酸性气燃烧炉配风原则是(C)。

A. 瓦斯过剩，保证不完全燃烧　　B. 保持燃烧炉温度大于 800℃

C. 风和瓦斯按当量燃烧配比　　D. 风过量，保证瓦斯完全燃烧

28. 装置正常生产中，酸性气燃烧炉配风比调节原则正确的是(D)。

A. 保持配风比恒定在 2. 1　　B. 保证完全燃烧

C. 根据燃烧炉炉温调节

D. 保证过程气中硫化氢和二氧化硫含量比在 2 左右

29. 溶剂再生塔操作正常，贫液温度上升排除仪表问题以后，问题肯定出现在(A)。

A. 贫液冷却器运行不正常　　B. 富液中硫化氢含量增加

C. 溶剂老化　　D. 贫液抽出量过大

30. 停用的循环水冷却器防冻防凝方法正确的是(B)。

A. 将循环水进口阀门略开　　B. 将循环水进出口连通阀略开,保证流动

C. 将循环水进出口阀略开　　D. 已经停用设备不用做防冻防凝

31. 原料气中含有大量烃类，操作调整正确的是(A)。

A. 适当加大配风，使烃类完全燃烧　　B. 提高炉膛压力

C. 联系上游酸性水装置平稳操作　　D. 减小配风，使烃类完全燃烧

32. 一级反应器进口温度控制一般不低于 240℃，主要是因为(D)。

A. 防止硫磺冷凝凝固　　B. 防止副反应的生成

C. 设备管线膨胀量的限制　　D. 催化剂反应温度的要求

33. 溶剂再生塔分离属于(C)过程。

A. 吸收　　B. 蒸馏　　C. 解吸　　D. 精馏

34. 发现贫液中溶剂浓度降低，可以通过(B)操作来提高溶剂浓度。

A. 提高再生塔温度降低贫液中硫化氢浓度

B. 往系统内添加新溶剂

C. 往系统内加消泡剂　　D. 提高再生塔温度减少溶剂中水含量

35. 吸收塔顶温度过高，不利于(C)过程，从而可能使净化尾气硫化氢含量偏高。

A. 解吸　　B. 萃取　　C. 吸收　　D. 冷凝

36. 在仪表自动化控制规律中，影响微分控制输出的因素是(D)。

A. 偏差大小　　B. 偏差存在的时间

C. 偏差存在的时间长短　　D. 偏差的变化速度

37. 斯科特反应器入口温度偏低主要的影响是(C)。

A. 尾气中硫凝固　　B. 发生氢气的露点腐蚀

C. 斯科特反应无法进行　　D. 副反应增多

38. 斯科特尾气采样分析中氢气过量太多，对(C)影响最大。
A. 净化尾气质量　B. 管线腐蚀
C. 斯科特反应温度　D. 烟囱腐蚀
39. 斯科特尾气氢气含量偏小最简单的调节方法是(C)。
A. 降低装置处理量　B. 降低斯科特反应器入口温度
C. 增加氢气流量　D. 提高斯科特反应器入口温度
40. 斯科特反应中氢气量保持过剩的调整方法正确的是(C)。
A. 增加氢气量直至控制阀全开　B. 氢气流量用副线控制
C. 增加氢气量，观察反应器床层温度，直至床层温度不再上升
D. 增加氢气量直至阀后压力不再下降
41. 装置发生联锁自保以后再次开车，必须对联锁进行(B)，否则无法进行操作。
A. 报警确认　B. 复位　C. 工作站重启　D. 投用确认
42. 仪表定期保养时，需要暂时切除报警联锁系统，必须经生产装置(A)同意，才可切除，并严格执行工作票制度。
A. 当班班长　B. 技术人员　C. 车间领导　D. 总工程师
43. 在生产异常情况下，需要暂时切除联锁系统，是将联锁置于(D)状态。
A. 手动　B. 自动　C. 程序　D. 旁路
44. 克劳斯催化剂还原操作目的是(A)。
A. 延长催化剂使用寿命　B. 避免催化剂表面硫化氢中毒
C. 避免催化剂表面积碳自燃　D. 避免硫化亚铁自燃
45. 克劳斯催化剂还原操作反应方程式系数正确的是 $Al_2(SO_4)_3+H_2S \rightarrow Al_2O_3+(D)SO_2+H_2O$。
A. 1　B. 2　C. 3　D. 4
46. 加氢催化剂钝化结束标志是(B)。
A. 床层温升小于 10℃　B. 反应器前后循环气采样氧含量不变
C. 循环气采样氧含量达到 10%　D. 循环气采样二氧化碳含量上升
47. 硫磺过程气体的相对密度比扫线蒸汽的相对密度(A)。
A. 重　B. 轻　C. 一样　D. 不能确定
48. 克劳斯部分停工吹扫主要目的是(A)。
A. 将系统内液硫吹扫干净　B. 将系统内硫化氢吹扫干净
C. 将系统内二氧化硫吹扫干净　D. 置换系统内氧气
49. 斯科特部分停工吹扫时候，最关键是控制(A)。
A. 床层温度　B. 急冷水量　C. 焚烧炉风量　D. 溶剂循环量
50. 溶剂再生部分停工吹扫，最需要注意的是(A)。
A. 防止环境污染　B. 防止硫化亚铁自燃
C. 防止蒸汽浪费　D. 防止冲塔
51. 在停工过程中，各系统设备泄压时，要关闭(A)阀门以免物料倒串；同时打开塔、容器的液控副线阀及冷却器进出口阀。
A. 所有物料进出装置　B. 物料进装置

C. 物料出装置　　D. 泵进出口

52. 吹扫塔(蒸塔)时间一般为(D)min。

A. 12　　B. 24　　C. 36　　D. 48

53. 蒸塔时对有防腐涂料的冷凝冷却器扫线操作正确的是(A)。

A. 循环水略开　　B. 循环水全开

C. 循环水关闭　　D. 循环水保持正常生产时的开度

54. 20#钢表示平均含碳量为(C)的优质碳素结构钢。

A. 0.02%　　B. 0.2%　　C. 2%　　D. 20%

55. 1Cr18Ni9Ti 表示含碳量为 0.1%左右，含 Cr 量为(D)左右，含 MI 量为 9%左右，含 Ti 量为微量的不锈钢。

A. 0.018%　　B. 0.18%　　C. 1.8%　　D. 18%

56. 一块塔板上阀孔总面积与塔截面积之比称为(A)。

A. 开孔率　　B. 开孔比　　C. 孔率　　D. 孔比

57. 浮阀在塔板上采用叉排时候，相邻两阀吹出气流搅拌液层的相互作用显著，使相邻两阀容易吹开，液面梯度较小，鼓泡均匀，(C)效果好。

A. 液相下降　　B. 气相上升　　C. 气液接触　　D. 气液分离

58. 制硫冷却器为固定管板式换热器，管程介质为(A)。

A. 过程气　　B. 循环水　　C. 软化水　　D. 液硫

59. 固定管板式换热器冷热两流体温差不能太大，否则会产生较大(C)，使管板结合处产生泄漏。

A. 水锤　　B. 水击　　C. 热应力　　D. 拉力

60. 压缩机喘振受管网容积的影响而变化，若管网容积越小，则压缩机喘振振幅越(B)。

A. 大　　B. 小　　C. 一样　　D. 无法确定

61. 压力容器按工作温度可分为(A)。

A. 低温、常温、高温　　B. 低温、高温

C. 低温、常温　　D. 常温、高温

62. 承受(A)的压力容器，其最高工作压力是指在正常使用过程中，顶部可能出现的最高压力。

A. 内压　　B. 外压

C. 同时承受内压和外压　　D. 夹套差压

63. 润滑作用与润滑油的(B)和油性有密切关系。

A. 酸　　B. 黏性　　C. 闪点　　D. 残碳

64. 高温掺合阀阀芯为(D)结构。

A. 方形　　B. 菱形　　C. 圆柱形　　D. 锥形

65. 机械密封结构中动静环材质硬度要求(B)。

A. 硬对硬　　B. 硬对软　　C. 软对硬　　D. 软对软

66. 启动离心泵时，若电流超额定值(B)，应立即停泵。

A. 30s　　B. 1min　　C. 2min　　D. 3min

67. 一般长期运行后，停机不久又连续起动不超过(B)次。

A. 1　　B. 2　　C. 3　　D. 4

68. 液硫夹套阀夹套中走的介质是(C)。

A. 液硫　　B. 热水　　C. 蒸汽　　D. 氮气

69. 罗茨鼓风机与(C)工作原理相似。

A. 离心泵　　B. 隔膜泵　　C. 齿轮泵　　D. 漩涡泵

70. 罗茨鼓风机的风量与出口的压强(C)。

A. 成反比例　　B. 成正比例　　C. 无关　　D. 有关系

71. 浮阀保持最小开度是当气量很小，阀片(B)，气体仍能通过最小间隙均匀地鼓泡，避免了阀片起、闭不稳的脉动现象。

A. 刚升起　　B. 不升起　　C. 全开　　D. 半开

72. 以设备为研究对象，适求设备综合效率和设备寿命周期费用的经济性，应用一系列理论、方法，通过一系列技术、经济、组织措施，对设备的物质运动和价值运动进行全过程的科学管理叫做(B)。

A. 设备管理制度　　B. 设备管理

C. 设备运行管理　　D. 设备经济管理

73. 硫磺回收装置在(B)时候使用电加热器。

A. 克劳斯催化剂升温　　B. 加氢催化剂预硫化

C. 加氢催化剂钝化　　D. SCOT 正常生产用

74. (B)的作用是吸收设备或管道热胀而产生的膨胀余量，以防设备或管道变形而损坏。

A. 补偿器　　B. 爆破片　　C. 膨胀节　　D. 弯头

75. 离心压缩机型号为 DA220-71 中 220 表示(B)。

A. 进气状态下体积流量为 $220m^3/h$　　B. 进气状态下体积流量为 $220m^3/min$

C. 出口状态下体积流量为 $220m^3/min$　　D. 出口状态下体积流量为 $220m^3/h$

76. 离心泵能量损失不包括(B)。

A. 机械损失　　B. 泄漏损失　　C. 水力损失　　D. 容积损失

77. 换热器做试验压试验时，压力应缓慢上升，中、高压换热器恒压时间不应低于(C)min。

A. 10　　B. 15　　C. 20　　D. 30

78. 奥氏体不锈钢换热器水压试验中，需要严格控制水中(D)离子不能超过 25mg/L。

A. 钾　　B. 钠　　C. 钙　　D. 氯

79. 管道的外部检查(C)至少要进行一次。

A. 每季度　　B. 每半年　　C. 每年　　D. 三年

80. 安全阀按作用原理分为(C)和弹簧式安全阀。

A. 微启式　　B. 敞开式　　C. 杠杆式　　D. 全启式

81. 有毒、易燃易爆应采用(A)安全阀。

A. 全封闭式　　B. 半封闭　　C. 敞开式　　D. 不能确定

82. 硫磺回收装置烟道温度高的原因是(B)。

A. 反应炉配风过大　　B. 焚烧炉用风量过小

C. 烟道进口蝶阀开度大　　D. 焚烧炉废热锅炉自发蒸汽压力控制过低

83. 对故障类型和影响分析(FMEA)，致命度分析(CA)说法正确的是(D)。
A. 故障类型和影响分析(FMEA)，致命度分析(CA)都是定性分析
B. 故障类型和影响分析(FMEA)，致命度分析(CA)都是定量分析
C. 故障类型和影响分析(FMEA)是定量分析，致命度分析(CA)是定性分析
D. 故障类型和影响分析(FMEA)是定性分析，致命度分析(CA)是定量分析

84. 装置停电在 DCS 上最明显的是(B)。
A. 装置所有流量均为 0　　B. 所有风量急速下降
C. 反应器床层温度急速下降　　D. 急冷塔的塔底温度上升

85. 克劳斯催化剂失活的判断方法是(C)。
A. 反应器出口温度高　　B. 床层温度低
C. 反应器出口 COS 与 CS_2 含量上升　　D. 捕集器出口温度上升

86. 克劳斯催化剂表面的氮化物是(B)形成的。
A. 原料带烃　　B. 原料带氨　　C. 过程气氧过剩　　D. 原料带水

87. H_2S/SO_2 在线分析仪主要是通过调整(B)来控制克劳斯反应。
A. 炉膛压力　　B. 进炉风量　　C. 炉膛温度　　D. 酸性气量

88. 硫磺回收装置四停事故中，(A)对装置威胁最大。
A. 停电　　B. 停汽　　C. 停循环水　　D. 停风

89. DCS 输入卡件故障，对于带控制回路的点，与外操联系，依据(A)进行手动控制。
A. 现场一次表显示　　B. 控制阀开度
C. 现场压力表显示　　D. 经验

90. 配合仪表 UPS 切换时，将关键控制回路(C)操作，避免发生重大事故。
A. 投自动
B. 改手动
C. 改副线
D. 维持原来状态

91. 如图所示，一个精馏塔的工艺流程简图，回流罐位号是(D)。
A. T04　　B. T02
C. T01　　D. D01

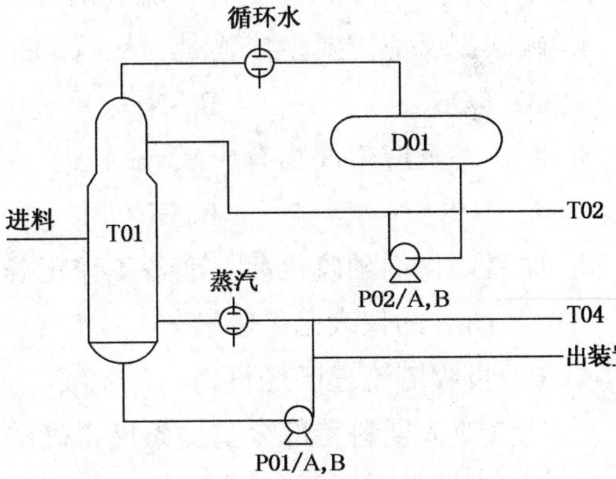

91 题图

92. 工艺管道图中表示法兰连接的正确的是(B)。
A. 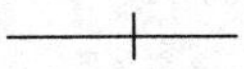　　B. 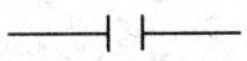　　C.  　　D. 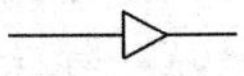

93. 管段图中必须标明方向，下列标注正确的是(A)。
A. 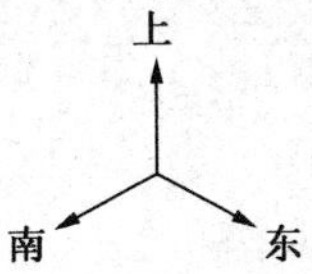

B. 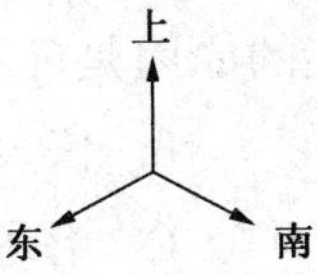

C. 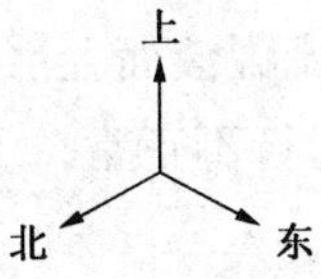

D. 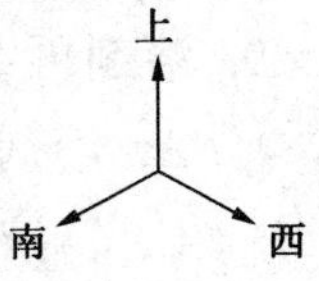

94. 如图所示，为 FI 浮阀的侧面示意图，图中 5 表示正确的是(B)。

A. 塔板　　B. 阀孔

C. 底脚　　D. 阀片

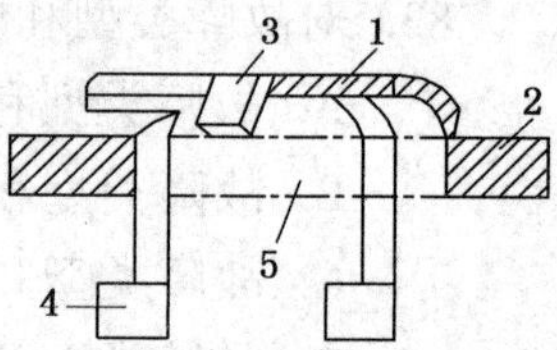

94 题图

95. 如 94 题图所示，为 FI 浮阀的侧面示意图，图中 3 表示正确的是(B)。

A. 塔板　　B. 定位片

C. 底脚　　D. 阀孔

96. 回流比为 R，塔顶产品量为 D，塔回流量为 L，则 R 等于(B)。

A. LD　　B. L/D　　C. D/L　　D. 不能确定

97. 摩尔分数的单位是(A)。

A. mol%mol　　B. ppm　　C. g%g　　D. m^3%m^3

多选题

1. 过程气中可能含有的组分为(A，B，C，D)。

A. 硫化氢　　B. 氮气　　C. 硫蒸气　　D. 水蒸气

2. 对于爆炸危险场所，常选用(A，B，C)压力变送器。

A. 气动　　B. 防爆型电动Ⅱ型

C. 防爆型电动Ⅲ型　　D. 电气

3. 常用煮炉用药剂有(A，C)。

A. 磷酸三钠　　B. 硫酸钠　　C. 氢氧化钠　　D. 氯化钠

4. 硫磺副反应主要生成物是(A，C)。

A. COS　　B. N_2　　C. CS_2　　D. CO_2

5. 斯科特反应生成物有(A，C)。

A. H_2S　　B. H_2　　C. CO_2　　D. S

6. 加氢催化剂预硫化前，准备工作正确的是(A，B，D)。

A. 所有的仪表已经安装好　　B. 急冷塔工作正常

C. 吸收塔流程已经贯通　　D. 焚烧炉操作正常

7. 尾气改入斯科特部分前提条件正确的是(A，B，C，D)。

A. 克劳斯单元运行正常　　B. 溶剂循环已经建立

C. 急冷塔操作正常　　D. 斯科特反应器预硫化结束

8. 硫磺回收装置尾气开车时气体循环量很小，此时电加热器容易出现(C，D)。

A. 气体出口温度很高　　B. 电流很低

C. 电流超负荷　　D. 气体出口温度很低

9. 溶剂再生塔顶回流罐液面上涨较快可能的原因是(A，B，D)。

A. 溶剂循环泵运行不正常　　B. 仪表故障

C. 富液量波动　　D. 溶剂再生塔冲塔

10. 贫液温度上升的危害(B，C，D)。

A. 影响溶剂循环量　　B. 溶剂容易跑损

C. 溶剂容易发泡　　D. 影响贫液泵运行

11. 原料气中含有大量水，操作调整正确的是(B，D)。

A. 适当加大配风　　B. 适当降低处理量

C. 适当提高处理量　　D. 加强分液罐脱水

12. 硫磺回收装置克劳斯反应器进口温度的控制方法有(A，B，C，D)。

A. 外掺合高温气流　　B. 内掺合高温气流

C. 冷、热气流换热　　D. 在线加热炉

13. 二级反应器床层温度上升的原因是(A，B)。

A. 一级反应器效果差　　B. 过程气中氧含量上升

C. 过程气中二氧化硫含量上升　　D. 伴热蒸汽压力升高

14. 下列选项中，常用的解吸方法有(A，B，C，D)。

A. 加热升温　　B. 减压闪蒸

C. 使吸收液与惰性气体或者水蒸气逆流接触

D. 采用精馏的方法

15. 在仪表自动化控制规律中，影响积分控制输出的因素是(A，B，C)。

A. 偏差大小　　B. 偏差存在的时间

C. 偏差存在的时间长短　　D. 测量值的变化

16. 正常状态下斯科特反应器入口物料是由(B，D)混合进料。

A. 酸性气　　B. 克劳斯尾气　　C. 净化尾气　　D. H_2

17. 克劳斯尾气进斯科特反应器的换热方法有(A，B，C)。

A. 加氢尾气换热法　　B. 焚烧炉烟气换热法

C. 在线炉加热法　　D. 净化尾气加热法

18. 常用的控制急冷塔急冷水 pH 值的方法正确的是(A，D)。

A. 往急冷塔注氨水　　B. 增加急冷水循环量

C. 降低斯科特反应深度　　D. 外排置换一部分急冷水

19. 溶剂再生塔塔顶温高操作调整正确的是(A，B)。

A. 适当降低塔底热源量　　B. 适当增加塔顶回流量

C. 适当增加塔底热源量　　D. 适当降低溶剂循环量

20. 降低克劳斯尾气中硫化氢含量的方法是(A，C，D)。

A. 减少酸性气波动　　B. 提高反应炉炉膛温度

C. 提高配风比　　D. 提高克劳斯反应器进口温度

21. 加氢催化剂钝化操作目的是(A，D)。

A. 延长催化剂使用寿命　　B. 避免催化剂表面硫化氢中毒

C. 避免催化剂表面积炭自燃　　D. 避免硫化亚铁自燃

22. 容器扫线结束的标志是(A，D)。

A. 顶放空无物料气出来　　B. 液面计上放空无物料气出来

C. 液面计下放空无物料气出来　　D. 水包下放空无物料气出来

23. 钢的热处理方法有(A, B, C, D)。

A. 回火　　B. 退火　　C. 正火　　D. 淬火

24. 压缩机喘振的影响因素是(A, B)。

A. 压缩机的转速　　B. 管网的容积

C. 压缩机进口压力　　D. 压缩机功率

25. 以下压力容器不属于《压力容器安全技术监察规程》的是(A, B)。

A. 超高压设备　　B. 气瓶　　C. 球形储罐　　D. 罐式汽车

26. 机泵润滑的作用是(A, B, C, D)。

A. 减少磨损　　B. 降温冷却　　C. 密封作用　　D. 传递动力

27. 液硫泵在开启之前需要进行(A, D)操作。

A. 盘车　　B. 加油　　C. 灌泵　　D. 检查伴热

28. 机械密封按端面数可分为(A, B)。

A. 单端面密封　　B. 双端面密封

C. 三端面密封　　D. 四端面密封

29. 机械密封按介质压力平衡情况可分为(A, C)。

A. 非平衡型　　B. 滑动型　　C. 平衡型　　D. 静止型

30. 设备故障定义是因设计、制造、(A, B, D)、使用不当而造成设备或零部件丧失规定性能的停机；因配件质量而造成设备或零部件丧失其规定性能的停机。

A. 安装　　B. 检修　　C. 储存　　D. 维护

31. 属于离心压缩机工作参数的有(A, B, C, D)。

A. 排气量　　B. 能量头　　C. 轴功率　　D. 排气温度

32. 完好设备的要求中要求设备运转正常，零、部件齐全，安全防护装置良好，磨损、腐蚀程度不超过规定的标准，(A, B, C, D)工作正常。

A. 控制系统　　B. 计量仪器　　C. 仪表　　D. 润滑系统

33. 管子管件阀门在使用前必须进行外观检查，要求表面无(A, B, C, D)等缺陷。

A. 裂纹　　B. 缩孔　　C. 折叠　　D. 夹渣

34. 以下属于装置内静泄漏点的是(A, B, D)。

A. 阀门填料处漏塞　　B. 管线砂眼泄漏塞

C. 机泵轴封滴漏塞　　D. 动力风管线接口漏塞

35. 系统压力正常，酸性气压力升高的原因是(A, B, C, D)。

A. 进炉阻火器堵塞　　B. 酸性气换热器堵塞

C. 分液罐液面高　　D. 上游装置原料突然上升

36. 属于故障类型和影响分析(FMEA)的分析步骤正确的是(A, C, D)。

A. 确定分析的深度　　B. 分析偏差

C. 绘制逻辑图　　D. 分析故障类型和影响

37. 酸性气燃烧炉鼓风机停机时，内操发现的工艺现象是(A，C，D)。

A. 反应炉进风量为零　　B. 反应炉进风量为满量程

C. 酸性气量为零　　D. 炉膛熄火

38. 溶剂变差的判断方法是(A，B)。

A. 溶剂发泡　　B. 净化尾气中硫化氢含量上升

C. 溶剂中 MDEA 含量上升　　D. 溶剂液面降低

39. H_2S/SO_2 在线分析仪发生故障，会产生(A，B，C)现象。

A. H_2S/SO_2 比值固定不变　　B. 与采样分析的数据不一致

C. 尾气中二氧化硫含量上升　　D. 副风不随着 H_2S/SO_2 比值的变化而变化

40. 发生大风事故前，装置应采取的措施有(A，B，D)。

A. 加固顶棚保温　　B. 保证平台上无杂物

C. 保证下水道畅通　　D. 对工艺管线进行加固

41. 烟道气温度高时的处理方法是(A，B，C，D)。

A. 烟道增加衬里　　B. 开好克劳斯系统

C. 全开烟道进口蝶阀　　D. 降低焚烧炉废热锅炉自发中压蒸汽压力

42. 液硫管线堵塞的原因是(B，C)。

A. 液硫流速过高　　B. 液硫流速过低

C. 伴热蒸汽压力过低　　D. 伴热蒸汽压力过高

43. 加氢反应器超温经常发生在(B，D)。

A. 预硫化时　　B. 钝化时

C. H_2S/SO_2 比值高时　　D. H_2S/SO_2 比值低时

44. 如图所示为一个精馏塔的工艺流程简图，塔底泵出口去向有(A，C，D)。

A. T04　　B. T02

C. 出装置　　D. 至蒸汽重沸器

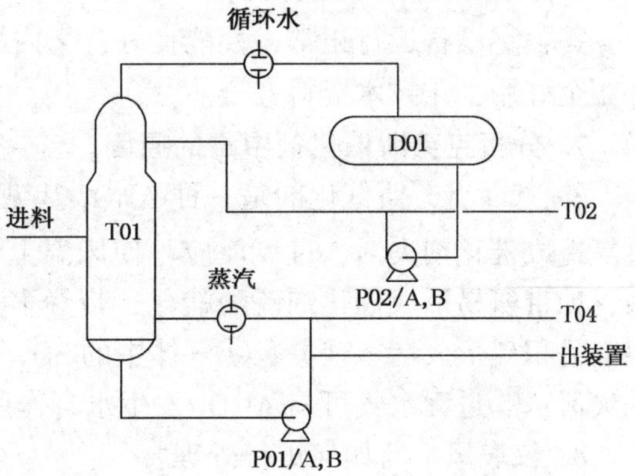

45. 完整的工艺配管图中应该包括(A，B，C，D)。

A. 平面布置图　　B. 工艺管线图

C. 工艺管线表　　D. 材料表

46. 班组经济核算的内容主要是效益和成本的核算，其中成本的核算主要是计算(B，C，D)等动力消耗和原材料的消耗成本。

A. 工资　　B. 水　　C. 电　　D. 蒸汽

47. 班组经济核算主要目的正确的是(A，B，D)。

A. 加强班组自我管理　　B. 追求效益最大化

C. 为了考核操作工　　D. 寻求最优化操作

简答题

1. 锅炉用水为什么要进行处理?

答：由于天然水中有许多杂质，在水加热过程中杂质会浓缩在受热面上形成结垢。受热面结垢后，传热能力降低，同时容易使受热面鼓泡，造成事故。因此锅炉用水要事先进行处理。水处理的方法分为炉内处理(加药)和炉外处理。

2. 如何启动风机？

答：①稍开风机进口阀，打开风机放空阀，关闭风机出口阀；②启动电机；③逐渐关小风机放空阀，提高风机风压，注意出口压力表指示数字，不准一次升压过急，不准超过风机允许升压值；④试运无异常可投入生产。

3. 风机不上量的原因有哪些？

答：①入口管线不畅通；②风机叶轮安装间隙大；③电压下降或跑单相；④是否压力表失灵；⑤入口蝶阀开度不够；⑥出口管线不通或出口阀阀芯脱落。

4. 如何切换风机？

答：①按风机的启动操作法启动备用风机。检查运转正常逐渐打开备用风机出口阀，关闭备用风机放空阀。②同时逐渐关闭在用风机出口阀，打开在用风机放空阀。③切换时，开关阀门要配合好，按风机压力表或流量表的指示开、关阀门，使进炉风量波动尽量小。④停原在用风机，并关闭放空阀。

5. 如何理解设备故障管理中“修理、改造与更新”的原则？

答：①修理是在原有设备基础上进行的，较之更新所需费用少，所花时间短，但又能延长设备物理使用寿命，维持设备现有的技术水平。②改造是采用先进技术对设备进行局部改进，使之改善和提高技术装备素质。③更新是改善和提高技术装备素质的根本措施。④修理不能无限制地进行，为此，设备管理工作不能停止在修理上，而要修理、改造与更新相结合。

6. 完好设备标准是什么？

答：①设备运行正常，性能良好；②内部构件无损，质量符合要求；③主体整洁，零部件齐全好用；④技术资料齐全。

7. 分析克劳斯催化剂中毒的原因。

答：① 克劳斯催化剂是一种 Al_2O_3 基型催化剂，所以在操作中遇到配风过大时，极易过氧造成催化剂失活，过氧反应可使床温上升，甚至超指标形成热老化；② 受原料气影响大，如带氨易形成催化剂硫酸盐化，带烃多易使催化剂积碳；③ 如操作温度低时，催化剂表面易积硫形成堵塞现象；④气体中的 SO_2 及硫蒸汽，会与 Al_2O_3 作用生成硫酸盐，使催化剂失活；⑤过程水气可与 Al_2O_3 发生水合作用，使 Al_2O_3 水合而失效，即为水解热老化。

8. 仪表风中断如何进行处理？

答：①如有动力风，先改入动力风，联系调度查明原因，尽快处理；②仪表方面：风开阀改现场副线阀控制，风关阀改上下游阀控制。

9. 硫磺回收装置循环水中断如何进行处理？

答：①如有新鲜水，将机泵冷却水改用新鲜水；②停循环水，只对急冷塔有影响；若停水时间长，可将 SCOT 临时停工。

10. 硫磺回收装置停电如何处理？

答：装置一旦停电，所有机泵停止转动，反应炉和焚烧炉发生联锁自保，酸性气已改放火炬。必须采取如下措施：①通知调度，将酸性气改至其他硫磺回收装置；②停再生系统热源，酸性气停出装置；③克劳斯系统用1.0MPa蒸汽保温；④注意各反应器床层温度，若温度高，可用氮气吹扫至烟囱；⑤及时联系有关部门，查名原因，如停电超过15min，则请示后按紧急停工处理。

11. 如何处理DCS控制卡件损坏事故？

答：①立即联系仪表人员修理；②在更换卡件时，如数据仅为显示点，则对生产无影响，岗位平稳操作即可；对于带控制回路的点，控制回路会自动切至手动进行控制，与外操联系，依据现场仪表或一次表指示进行手动控制；对于输出锁位的控制阀，应联系外操将控制阀改副线操作。

12. 克劳斯反应器超温时如何处理？

答：①克劳斯反应器超温时的原因主要是催化剂吸附的硫接触氧发生着火燃烧；②降低配风量，调整硫化氢、二氧化硫的比例；③反应器入口注氮气或蒸汽。

13. 简述酸性气带氨对生产的影响。

答：①原料气虽只含少量氨，但其影响甚大，在足氧条件下，燃烧高温可生成氧化氮，它可以促进SO_2氧化成SO_3，遇水即生成H_2SO_4，可严重腐蚀设备，并使克劳斯催化剂硫酸盐化；②而未燃烧的氨，可在后面的混合气中生成各类型的铵盐，它是一种结晶体，集结在低温的器壁上，可造成过程阻塞。

14. 班组经济核算的主要内容是什么？

答：①搞好班组经济核算：按照车间经济核算的指标规定，搞好班组经济核算。班组经济核算的关键是简单、易行与班组利益紧密相关，否则难以持久；②搞好班组经济活动：分析在抓好班组原始记录的基础上，做好与计划对比，与定额对比，与上期对比，与其他班组的对比工作，在对比的基础上找差距，找原因，落实改进措施；③搞好班组经济责任制：班组经济责任制由班长经济责任制和岗位经济责任制组成，两者各尽其责，相互补充。④搞好经济责任制核心是：⑽责权利结合；⓿易于正确统计、计算；❶按责任制严格执行奖惩。

15. 分析为什么酸性气中硫化氢含量高，转化率就高？

答：①根据计算硫转化率的公式：硫转化率=[1-(1+气风比)×尾气中硫浓度/酸性气浓度]×100%可知，可变量只有三个，一是气风比，二是尾气浓度，三是酸性气浓度，尾气浓度在正常操作的情况下变化不大，虽然浓度增加，气风比也增加，但比浓度对转化率的影响要少，所以酸性气浓度越高，转化率也越高。②硫化氢浓度高，会使化学平衡向生成硫的方向移动，转化率相应升高。

计算题

1. 一台水泵，泵的有效压头H_e为10m，泵的实际流量V为1m^3/s，泵的轴功率N_a为200kW，求这台泵的效率η。

解：泵的有效功率$N_e=H_e\rho V_g=10\times1000\times1\times9.8=98$kW

泵的效率$\eta=N_e/N_a\times100\%=98/200\times100\%=49\%$

答：泵的效率为49%。

2. 一个精馏塔，单位时间(下同)进料量F为20kmol，进料轻组分摩尔分数x_F为0.4，

顶采塔顶的回流量 L 为 12Kmol，回流比 R 为 1.2，塔顶轻组分摩尔分数 x_D 为 0.7，求塔釜出料轻组分的摩尔分数。

解：①塔顶的采出量 $D=L/R=12/1.2=10$kmol

②塔釜出料量 $W=F-D=20-10=10$kmol

③塔釜出料轻组分的摩尔分数 $x_W=(Fx_F-Dx_D)/W=(20\times0.4-10\times0.7)/10=0.1$

答：塔釜出料轻组分的摩尔分数是 0.1。

3. 若硫磺回收装置烟囱烟气排放量为 4500m³/h，硫经过焚烧后以 SO_2 形式排放，其浓度为 0.65%（体积分数），排烟温度为 350℃，压力为常压，气体为理想气体，试计算每小时 SO_2 排放量为多少千克？（结果保留两位小数）

解：$PV=nRT=mRT/M$，$m=MPV/(RT)$

$T=273+350=623$K

$m=MPV/(RT)=0.064\times1.013\times10^5\times4500\times0.0065/(8.31\times623)=36.63$kg

答：每小时 SO_2 排放量为 36.63kg。

4. 若硫磺回收装置酸性气量为 1714m³/h，其中 H_2S 占 89.6%，CO_2 占 9.6%，烃类（按丙烷计算）占 0.8%，实收硫磺 1930.8kg/h，求按酸性气量计的硫磺收率。（结果保留两位小数）

解：①收率=（实收硫磺量÷酸性气总重量）×100%

②酸性气总重量=1714×(0.896×34/22.4+0.096×44/22.4+0.008×44/22.4)=2681.18kg

③收率=(1930.8÷2681.18)×100%=72.01%

答：按酸性气量计的硫磺收率为 72.01%。

5. 若硫磺回收装置共处理酸性气为 48000m³，浓度为 90%，按硫潜含量计的硫磺收率为 95%，求实际产生多少吨硫磺？（结果保留两位小数）

解：实收硫磺量=硫潜含量×硫磺收率

硫潜含量=48000×0.90×32÷22.4=61714.29kg

实收硫磺量=61714.29×95%÷1000=58.63t

答：实际产生 58.63t 硫磺。

6. 某硫磺回收装置一天共处理酸性气量为 18937m³，共配风 37865m³，酸性气浓度为 90.6%，尾气浓度为：H_2S 为 0.6%，SO_2 为 0.3%，COS 为 0.2%，求克劳斯部分的硫转化率。（结果保留两位小数）

解：硫转化率=$[1-(1+R)\times C_1/C_0]\times100\%$

R ——空气/酸性气体积比；

C_0——酸性气中 H_2S 的体积浓度，%；

C_1——尾气中 H_2S+SO_2+COS 的体积含量，%。

$C_1=0.6+0.3+0.2=1.1\%$

$R=37865/18937=2.0$

转化率=[1-(1+2.0)×1.1/90.6]×100%=96.36%

答：克劳斯部分的硫转化率为 96.3%。

7. 有一气相混合物由 A、B 两种物质组成，A 的体积分数为 60%，（A 的相对分子质量为 60，B 的相对分子质量为 30），求 A 的质量分数。

解：混合物平均相对分子质量 = 0.60×60+0.40×30 = 48

设混合物有 Mmol，A 的质量为 M×0.60×60

混合物质量为 48×M

A 的质量分数 = M×0.60×60/(48×M)×100% = 75%

答：A 的质量分数为 75%。

8. 某硫磺回收装置反应炉酸性气流量为 830m^3/h，酸性气中 H_2S 含量为 91%（体积分数），酸性气中烃含量为 1.2%（体积分数），其中甲烷 0.8%，乙烷 0.4%。求反应炉的理论配风量？（空气中氧含量为 21%（体积分数））。（结果保留两位小数）

解：理论配风量 = 100/21×酸性气流量×[0.5×酸性气中 H_2S 含量% +（1.5n+0.5）×酸性气中烃浓度%]

酸性气中 H_2S 耗氧量 = 830×0.5×91% = 377.65 m^3/h

酸性气中烃耗氧量 = 830×(2×0.8%+3.5×0.4%) = 24.9 m^3/h

理论配风量 = 100/21×(377.65+24.9) = 1916.90 m^3/h

答：反应炉的理论配风量为 1916.9m^3/h。

9. 某硫磺回收装置反应炉一天共处理酸性气 50000m^3，酸性气中 H_2S 含量为 88%（体积分数），CO_2 占 10.5%（体积分数），烃含量为 1.5%（体积分数），其中甲烷 1.0%，乙烷 0.5%。求酸性气总重量为多少吨？（结果保留两位小数）

解：酸性气总重量 = 酸性气流量×（单位体积 H_2S 重量+单位体积烃重量+单位体积 CO_2 重量）

单位体积 H_2S 重量 = 0.88×34/22.4 = 1.34

单位体积烃重量 = (0.01×16+0.005×30)/22.4 = 0.01

单位体积 CO_2 重量 = 0.105×44/22.4 = 0.21

酸性气总重量 = 50000×(1.34+0.01+0.21)/1000 = 78t

答：酸性气总重量为 78t。

四、技能操作鉴定要素细目表

鉴定范围						鉴定点	
一级		二级		三级		代码	名称
代码	名称	代码	名称	代码	名称		
A	技能要求	A	工艺操作	A	开车准备	001	机泵送电试运转操作
						002	开工前 DCS 仪表调试校对
						003	开工前工艺联锁调试校对
				B	开车操作	001	斯科特系统氮气置换操作

续表

鉴定范围						鉴定点	
一级		二级		三级		代码	名称
代码	名称	代码	名称	代码	名称		
						002	液硫脱气操作
						003	尾气改入斯科特操作
						004	硫冷凝器投用操作
						005	废热锅炉煮炉操作
				C	正常操作	001	酸性气燃烧炉炉膛温度调节
						002	克劳斯反应器进口温度控制调节
						003	急冷水 pH 值下降调节
						004	净化尾气 H_2S 含量高调节
						005	DCS 控制回路的 PID 参数调节
						006	斯科特反应器入口温度调节
						007	斯科特尾气氢气含量调节
				D	停车操作	001	克劳斯催化剂还原操作
						002	加氢催化剂钝化操作
						003	停酸性气原料操作
						004	溶剂再生退溶剂操作
						005	酸性气燃烧炉停用操作
		B	设备使用与维护	A	设备使用	001	酸性气燃烧炉鼓风机正常切换操作
						002	空气冷却器正常启动操作
						003	液硫泵的正常启动操作
						004	流硫夹套阀使用
				B	维护设备	001	尾气焚烧炉巡检
						002	酸性气燃烧炉鼓风机检查
						003	离心泵修理后验收
		C	事故判断与处理	A	判断事故	001	酸性气压力升高判断
						002	急冷水过滤器堵塞判断
						003	酸性气燃烧炉鼓风机停判断
						004	溶剂质量变差判断
						005	酸性气燃烧炉熄火判断
				B	处理事故	001	H_2S 泄漏处理
						002	液硫管线堵塞处理
						003	凝结水泵故障处理
						004	DCS 黑屏处理
						005	克劳斯反应器超温处理
						006	加氢反应器超温处理
						007	溶剂再生塔压力高的处理

续表

<table>
<tr><th colspan="6">鉴 定 范 围</th><th colspan="2">鉴 定 点</th></tr>
<tr><th colspan="2">一级</th><th colspan="2">二级</th><th colspan="2">三级</th><th rowspan="2">代码</th><th rowspan="2">名 称</th></tr>
<tr><th>代码</th><th>名 称</th><th>代码</th><th>名 称</th><th>代码</th><th>名 称</th></tr>
<tr><td rowspan="5"></td><td rowspan="5"></td><td rowspan="5">D</td><td rowspan="5">绘图与计算</td><td rowspan="2">A</td><td rowspan="2">绘图</td><td>001</td><td>设备结构图识读</td></tr>
<tr><td>002</td><td>蒸汽伴热流程图绘制</td></tr>
<tr><td rowspan="3">B</td><td rowspan="3">计算</td><td>001</td><td>现场数据采集计算硫磺产品收率</td></tr>
<tr><td>002</td><td>现场数据采集计算硫磺配风比</td></tr>
<tr><td>003</td><td>现场数据采集进行生产经济核算</td></tr>
</table>

五、技能操作试题

试题 1：机泵送电试运转操作

（考核时间：15min）

<table>
<tr><th>序号</th><th>考核内容</th><th>考核要点</th><th>配分</th><th>评分标准</th><th>检测结果</th><th>扣分</th><th>得分</th><th>备注</th></tr>
<tr><td rowspan="2">1</td><td rowspan="2">准备工作</td><td>穿戴劳保用品</td><td>3</td><td>未穿戴整齐扣 3 分</td><td></td><td></td><td></td><td></td></tr>
<tr><td>工具、用具准备</td><td>2</td><td>工具选择不正确扣 2 分</td><td></td><td></td><td></td><td></td></tr>
<tr><td rowspan="4">2</td><td rowspan="4">操作前提</td><td rowspan="3">开车前设备的检查</td><td rowspan="3">10</td><td>未检查机泵放空扣 5 分</td><td></td><td></td><td></td><td></td></tr>
<tr><td>未检查机泵安装质量扣 5 分</td><td></td><td></td><td></td><td></td></tr>
<tr><td>未检查机泵管线流程扣 5 分</td><td></td><td></td><td></td><td></td></tr>
<tr><td>工作票填写正确</td><td>10</td><td>送电单填写不正确扣 10 分</td><td></td><td></td><td></td><td></td></tr>
<tr><td rowspan="9">3</td><td rowspan="9">操作过程</td><td>工作联系及时到位</td><td>5</td><td>未及时联系扣 5 分</td><td></td><td></td><td></td><td></td></tr>
<tr><td rowspan="4">操作步骤正确无遗漏</td><td rowspan="4">30</td><td>开车前未检查润滑油脂扣 10 分</td><td></td><td></td><td></td><td></td></tr>
<tr><td>未盘车扣 20 分</td><td></td><td></td><td></td><td></td></tr>
<tr><td>阀门每开错一个扣 10 分</td><td></td><td></td><td></td><td></td></tr>
<tr><td>未按先后顺序进行扣 5 分</td><td></td><td></td><td></td><td></td></tr>
<tr><td rowspan="4">操作注意事项</td><td rowspan="4">25</td><td>未观察电流、压力变化扣 5 分</td><td></td><td></td><td></td><td></td></tr>
<tr><td>未观察机泵运行的润滑情况扣 10 分</td><td></td><td></td><td></td><td></td></tr>
<tr><td>未观察机泵运行的振动情况扣 10 分</td><td></td><td></td><td></td><td></td></tr>
<tr><td>未注意机泵转向扣 5 分</td><td></td><td></td><td></td><td></td></tr>
<tr><td>4</td><td>操作结果</td><td>达到运转要求</td><td>10</td><td>未汇报结果扣 10 分</td><td></td><td></td><td></td><td></td></tr>
<tr><td rowspan="2">5</td><td rowspan="2">使用工具</td><td>正确使用工具</td><td>2</td><td>工具使用不正确扣 2 分</td><td></td><td></td><td></td><td></td></tr>
<tr><td>正确维护工具</td><td>3</td><td>工具乱摆乱放扣 3 分</td><td></td><td></td><td></td><td></td></tr>
<tr><td rowspan="2">6</td><td rowspan="2">安全及其他</td><td>按国家法规或企业规定</td><td></td><td>违规一次总分扣 5 分；严重违规停止操作</td><td></td><td></td><td>—</td><td></td></tr>
<tr><td>在规定时间内完成操作</td><td></td><td>每超时 1min 总分扣 5 分，超时 3min 停止操作</td><td></td><td></td><td>—</td><td></td></tr>
<tr><td></td><td></td><td>合 计</td><td>100</td><td></td><td></td><td></td><td></td><td></td></tr>
</table>

试题2：开工前工艺联锁调试校对

（考核时间：15min）

序号	考核内容	考核要点	配分	评分标准	检测结果	扣分	得分	备注
1	准备工作	穿戴劳保用品	3	未穿戴整齐扣3分				
		工具、用具准备	2	工具选择不正确扣2分				
2	操作前提	操作条件的确认	5	时机不正确者扣5分				
		联锁内容清楚	10	联锁内容不清楚每项扣5分				
		DCS系统的检查	10	未检查DCS系统指示，缺少一处扣5分				
3	操作过程	工作联系及时到位	5	未按要求联系者扣5分				
		操作步骤正确无遗漏	40	未按先后顺序进行扣5分				
				漏项或操作不当扣5分				
				未校对控制阀开度和作用形式者，漏一个扣5分				
				未进行模拟调试，每个扣5分				
		操作注意事项	10	未观察系统报警扣5分				
				系统报警未确认扣5分				
4	操作结果	操作结果的汇报	10	未汇报结果者扣10分				
5	使用工具	正确使用工具	2	工具使用不正确扣2分				
		正确维护工具	3	工具乱摆乱放扣3分				
6	安全及其他	按国家法规或企业规定		违规一次总分扣5分；严重违规停止操作			—	
		在规定时间内完成操作		每超时1min总分扣5分，超时3min停止操作			—	
		合　计	100					

试题3：液硫脱气操作

（考核时间：20min）

序号	考核内容	考核要点	配分	评分标准	检测结果	扣分	得分	备注
1	准备工作	穿戴劳保用品	3	未穿戴整齐扣3分				
		工具、用具准备	2	工具选择不正确扣2分				
2	操作程序	操作前检查项目	5	未检查流程者扣5分				
		液硫脱气原理清楚	10	液硫脱气原理不清楚，每项扣5分				
				液硫脱气目的叙述不完整，每项扣5分				
3	操作过程	工作联系及时到位	5	未按要求联系者扣5分				
		操作步骤符合操作规程，顺序正确无误	25	未按先后顺序进行扣10分				
				漏项或操作不当者扣10分				

续表

序号	考核内容	考核要点	配分	评分标准	检测结果	扣分	得分	备注
				未切断相关流程扣10分				
				开错阀门者扣10分				
		操作时注意事项	25	未注意观察硫池内温度变化者扣10分				
				阀门开度太大，冲击管线者扣10分				
				抽空器操作不熟练扣5分				
				未形成抽空扣10分				
4	操作结果	脱气质量	10	未达到脱气要求扣10分				
		操作中的环境保护工作	10	造成污染环境者扣10分				
5	使用工具	正确使用工具	2	工具使用不正确扣2分				
		正确维护工具	3	工具乱摆乱放扣3分				
6	安全及其他	按国家法规或企业规定		违规一次总分扣5分；严重违规停止操作			—	
		在规定时间内完成操作		每超时1min总分扣5分，超时3min停止操作			—	
		合　计	100					

试题4：尾气改入斯科特操作

（考核时间：20min）

序号	考核内容	考核要点	配分	评分标准	检测结果	扣分	得分	备注
1	准备工作	穿戴劳保用品	3	未穿戴整齐扣3分				
		工具、用具准备	2	工具选择不正确扣2分				
2	操作前提	操作前流程检查	10	未检查盲板者扣5分				
				流程管线错者扣5分				
				未对管线流程检查者扣5分				
		斯科特系统的状态确认	10	未检查斯科特系统的状态扣10分				
3	操作过程	工作联系及时到位	5	未按要求联系者扣5分				
		操作步骤符合操作规程，顺序正确无误	20	未按先后顺序进行扣10分				
				漏项或操作不当者扣10分				
				开错阀门者扣10分				
				阀门开关未按要求者扣5分				
		操作时注意事项	25	未注意配风比者扣10分				
				未注意克劳斯压力变化者扣10分				
				未注意 H_2S/SO_2 比值者扣10分				
				未注意溶剂再生变化者扣10分				

续表

序号	考核内容	考核要点	配分	评分标准	检测结果	扣分	得分	备注
4	操作结果	未达到操作要求	20	误操作者扣10分				
				未注意反应器床层温度变化者扣10分				
5	使用工具	正确使用工具	2	工具使用不正确扣2分				
		正确维护工具	3	工具乱摆乱放扣3分				
6	安全及其他	按国家法规或企业规定		违规一次总分扣5分；严重违规停止操作			—	
		在规定时间内完成操作		每超时1min总分扣5分，超时3min停止操作			—	
		合　　计	100					

否定项说明：违章操作或发生事故须停止操作，成绩计零分。

试题5：废热锅炉煮炉操作

（考核时间：20min）

序号	考核内容	考核要点	配分	评分标准	检测结果	扣分	得分	备注
1	准备工作	穿戴劳保用品	3	未穿戴整齐扣3分				
		工具、用具准备	2	工具选择不正确扣2分				
2	操作前提	操作前检查	10	未检查锅炉者扣5分				
				流程管线错者扣5分				
				未对管线流程检查者扣5分				
		煮炉的作用清楚	5	煮炉的作用不清楚扣5分				
		煮炉药剂的检查	5	未检查煮炉药剂者扣5分				
3	操作过程	工作及时联系	5	未按要求联系者扣5分				
		操作步骤正确	20	操作不当者扣10分				
				阀门开关未按要求者扣5分				
				漏项或操作不当扣5分				
				未按先后顺序扣10分				
		操作参数调节恰当	25	未注意锅炉液位者扣10分				
				未注意锅炉压力者扣10分				
				药剂配制不清楚则扣10分				
				未及时加药者扣10分				
		操作注意事项	10	未进行排污者扣10分				
				未化验分析者扣10分				
4	操作结果	达到煮炉效果	10	未汇报结果扣10分				
5	使用工具	正确使用工具	2	工具使用不正确扣2分				
		正确维护工具	3	工具乱摆乱放扣3分				

续表

序号	考核内容	考核要点	配分	评分标准	检测结果	扣分	得分	备注
6	安全及其他	按国家法规或企业规定		违规一次总分扣5分；严重违规停止操作			—	
		在规定时间内完成操作		每超时1min总分扣5分，超时3min停止操作			—	
		合　计	100					

否定项说明：违章操作或发生事故须停止操作，成绩计零分。

试题6：克劳斯反应器进口温度控制调节

（考核时间：30min）

序号	考核内容	考核要点	配分	评分标准	检测结果	扣分	得分	备注
1	准备工作	穿戴劳保用品	3	未穿戴整齐扣3分				
		工具、用具准备	2	工具选择不正确扣2分				
2	技术准备	控制目的表述完整	5	克劳斯反应器进口温度控制目的表述不准确扣5分				
		控制指标表述准确	5	主要控制点不准确扣5分				
		影响因素分析透彻，调节对象理解深刻	10	主要影响因素叙述不完整扣5分				
				调节对象表述错误扣5分				
				对其他参数影响及后果考虑不周扣5分				
		流程检查正确无误	5	未检查流程扣5分				
3	操作过程	操作步骤按先后顺序完成，并无操作不当	30	漏项或操作不当扣10分				
				分析仪未投用扣10分				
				未按先后顺序进行扣10分				
				操作时引起波动大扣20分				
		系统调节平稳，调节无滞后现象	25	仪表控制系统调节错误扣20分				
				开错阀门扣20分				
				未及时注意观察反应器床层温度者扣10分				
				调节滞后扣10分				
				操作不平稳扣10分				
4	操作结果	对参数控制能达到要求	10	操作未达到要求扣5分				
				分析结果不正确扣5分				
5	使用工具	正确使用工具	2	工具使用不正确扣2分				
		正确维护工具	3	工具乱摆乱放扣3分				

续表

序号	考核内容	考核要点	配分	评分标准	检测结果	扣分	得分	备注
6	安全及其他	按国家法规或企业规定		违规一次总分扣 5 分；严重违规停止操作			—	
		在规定时间内完成操作		每超时 1min 总分扣 5 分，超时 3min 停止操作			—	
		合　　计	100					

否定项说明：违章操作或发生事故须停止操作，成绩计零分。

试题 7：急冷水 pH 值下降调节

（考核时间：30min）

序号	考核内容	考核要点	配分	评分标准	检测结果	扣分	得分	备注
1	准备工作	穿戴劳保用品	3	未穿戴整齐扣 3 分				
		工具、用具准备	2	工具选择不正确扣 2 分				
2	技术准备	控制目的表述完整	5	控制急冷水 pH 值目的表述不准确扣 5 分				
		控制指标表述准确	5	主要控制点不准确扣 5 分				
		影响因素分析透彻，调节对象理解深刻	10	主要影响因素叙述不完整扣 5 分				
				调节对象表述错误扣 5 分				
				对其他参数影响及后果考虑不周扣 5 分				
		流程检查正确无误	5	未检查流程扣 5 分				
3	操作过程	操作步骤按先后顺序完成，并无操作不当	30	漏项或操作不当扣 10 分				
				pH 值分析仪未投用扣 10 分				
				未按先后顺序进行扣 10 分				
				操作时引起波动大扣 20 分				
		系统调节平稳，调节无滞后现象	25	仪表控制系统调节错误扣 20 分				
				开错阀门扣 20 分				
				未及时注意观察急冷水质量者扣 10 分				
				调节滞后扣 10 分				
				操作不平稳扣 10 分				
4	操作结果	对参数控制能达到要求	10	操作未达到要求扣 5 分				
				分析结果不正确扣 5 分				
5	使用工具	正确使用工具	2	工具使用不正确扣 2 分				
		正确维护工具	3	工具乱摆乱放扣 3 分				

续表

序号	考核内容	考核要点	配分	评分标准	检测结果	扣分	得分	备注
6	安全及其他	按国家法规或企业规定		违规一次总分扣5分；严重违规停止操作			—	
		在规定时间内完成操作		每超时1min总分扣5分，超时3min停止操作			—	
合　计			100					

否定项说明：违章操作或发生事故须停止操作，成绩计零分。

试题8：净化尾气 H_2S 含量高调节

（考核时间：30min）

序号	考核内容	考核要点	配分	评分标准	检测结果	扣分	得分	备注
1	准备工作	穿戴劳保用品	3	未穿戴整齐扣3分				
		工具、用具准备	2	工具选择不正确扣2分				
2	技术准备	控制目的表述完整	5	降低尾气中 H_2S 含量的目的表述不准确扣5分				
		控制指标表述准确	5	主要控制点不准确扣5分				
		影响因素分析透彻，调节对象理解深刻	10	主要影响因素叙述不完整扣5分				
				调节对象表述错误扣5分				
				对其他参数影响及后果考虑不周扣5分				
		流程检查正确无误	5	未检查流程扣5分				
3	操作过程	操作步骤按先后顺序完成，并无操作不当	30	漏项或操作不当扣10分				
				氢气分析仪未投用扣10分				
				未按先后顺序进行扣10分				
				操作时引起波动大扣20分				
		系统调节平稳，调节无滞后现象	25	仪表控制系统调节错误扣20分				
				开错阀门扣20分				
				未及时注意观察克劳斯系统者扣10分				
				调节滞后扣10分				
				操作不平稳扣10分				
4	操作结果	对参数控制能达到要求	10	操作未达到要求扣5分				
5	使用工具	正确使用工具	2	工具使用不正确扣2分				
		正确维护工具	3	工具乱摆乱放扣3分				

续表

序号	考核内容	考核要点	配分	评分标准	检测结果	扣分	得分	备注
6	安全及其他	按国家法规或企业规定		违规一次总分扣5分；严重违规停止操作			—	
		在规定时间内完成操作		每超时1min总分扣5分，超时3min停止操作			—	
合计			100					

否定项说明：违章操作或发生事故须停止操作，成绩计零分。

试题9：DCS控制回路的PID参数调节

（考核时间：30min）

序号	考核内容	考核要点	配分	评分标准	检测结果	扣分	得分	备注
1	准备工作	穿戴劳保用品	5	未穿戴整齐扣5分				
2	技术准备	整定目的表述完整；控制指标表述准确	10	对整定知识不清楚扣5分				
				引起参数变化不清楚扣5分				
		影响因素分析透彻，调节对象理解深刻	10	主要影响因素叙述不完整扣5分				
				调节对象表述错误扣5分				
				对其他参数影响及后果考虑不周扣5分				
3	操作过程	操作步骤按先后顺序完成，并无操作不当	30	漏项或操作不当扣10分				
				未按先后顺序进行扣10分				
				操作时引起波动大扣20分				
		系统调节平稳，调节无滞后现象	30	仪表控制系统调节错误扣20分				
				未及时注意观察控制阀的变化者扣10分				
				调节滞后扣10分				
				操作不平稳扣10分				
4	操作结果	对参数控制能达到要求	10	操作未达到要求扣5分				
				分析结果不正确扣5分				
5	使用工具	正确使用工具	2	工具使用不正确扣2分				
		正确维护工具	3	工具乱摆乱放扣3分				
6	安全及其他	按国家法规或企业规定		违规一次总分扣5分；严重违规停止操作			—	
		在规定时间内完成操作		每超时1min总分扣5分，超时3min停止操作			—	
合计			100					

否定项说明：违章操作或发生事故须停止操作，成绩计零分。

试题10：斯科特尾气氢气含量调节

（考核时间：30min）

序号	考核内容	考核要点	配分	评分标准	检测结果	扣分	得分	备注
1	准备工作	穿戴劳保用品	5	未穿戴整齐扣5分				
2	技术准备	氢气含量对装置的影响清楚；控制指标表述准确	10	氢气含量对装置的影响不清楚扣5分				
				引起参数变化不清楚扣5分				
		影响因素分析透彻，调节对象理解深刻	10	主要影响因素叙述不完整扣5分				
				调节对象表述错误扣5分				
				对其他参数影响及后果考虑不周扣5分				
		流程检查正确无误	5	未检查流程扣5分				
3	操作过程	操作步骤按先后顺序完成，并无操作不当	30	漏项或操作不当扣10分				
				分析仪未投用扣10分				
				未按先后顺序进行扣10分				
				操作时引起波动大扣20分				
		系统调节平稳，调节无滞后现象	25	仪表控制系统调节错误扣20分				
				开错阀门扣20分				
				未及时注意观察斯科特反应器床层温度者扣10分				
				调节滞后扣10分				
				操作不平稳扣10分				
4	操作结果	对参数控制能达到要求	10	操作未达到要求扣5分				
				分析结果不正确扣5分				
5	使用工具	正确使用工具	2	工具使用不正确扣2分				
		正确维护工具	3	工具乱摆乱放扣3分				
6	安全及其他	按国家法规或企业规定		违规一次总分扣5分；严重违规停止操作			—	
		在规定时间内完成操作		每超时1min总分扣5分，超时3min停止操作			—	
		合　计	100					

否定项说明：违章操作或发生事故须停止操作，成绩计零分。

试题11：克劳斯催化剂还原操作

（考核时间：15min）

序号	考核内容	考核要点	配分	评分标准	检测结果	扣分	得分	备注
1	准备工作	穿戴劳保用品	3	未穿戴整齐扣3分				
		工具、用具准备	2	工具选择不正确扣2分				

续表

序号	考核内容	考核要点	配分	评分标准	检测结果	扣分	得分	备注
2	操作前提	催化剂还原的目的	5	催化剂还原目的不清楚扣10分				
				催化剂还原介质不清楚扣10分				
				系统状态未检查扣5分				
		流程的检查	5	未对管线流程检查者扣5分				
3	操作过程	工作联系及时到位	5	未及时联系扣5分				
		操作顺序正确	20	阀门开关未按要求者扣5分				
				未检查各处放空，每漏一个扣5分				
				漏项或操作不当扣10分				
		操作参数的调节	25	未注意观察压力(温度、液位、流量)变化，造成后果者扣15分				
				H_2S/SO_2 比值控制过低扣10分				
				调节滞后扣10分				
4	操作结果	催化剂还原结果	30	引起环保污染扣15分				
				引起安全事故扣15分				
5	使用工具	正确使用工具	2	工具使用不正确扣2分				
		正确维护工具	3	工具乱摆乱放扣3分				
6	安全及其他	按国家法规或企业规定		违规一次总分扣5分；严重违规停止操作			—	
		在规定时间内完成操作		每超时1min总分扣5分，超时3min停止操作			—	
		合　计	100					

否定项说明：违章操作或发生事故须停止操作，成绩计零分。

试题12：加氢催化剂钝化操作

（考核时间：30min）

序号	考核内容	考核要点	配分	评分标准	检测结果	扣分	得分	备注
1	准备工作	穿戴劳保用品	3	未穿戴整齐扣3分				
		工具、用具准备	2	工具选择不正确扣2分				
2	操作前提	催化剂还原的目的	5	催化剂还原目的不清楚扣10分				
				催化剂还原介质不清楚扣10分				
				系统状态未检查扣5分				
		流程的检查	5	未对管线流程检查者扣5分				
3	操作过程	工作联系及时到位	5	未及时联系扣5分				
		操作顺序正确	20	阀门开关未按要求者扣5分				
				未检查各处放空，每漏一个扣5分				
				漏项或操作不当扣10分				

续表

序号	考核内容	考核要点	配分	评分标准	检测结果	扣分	得分	备注
		操作参数的调节	25	未注意观察压力(温度、液位、流量)变化，造成后果者扣15分				
				氧注入速度过快扣15分				
				调节滞后扣10分				
4	操作结果	催化剂还原结果	30	引起环保污染扣15分				
				引起安全事故扣15分				
5	使用工具	正确使用工具	2	工具使用不正确扣2分				
		正确维护工具	3	工具乱摆乱放扣3分				
6	安全及其他	按国家法规或企业规定		违规一次总分扣5分；严重违规停止操作			—	
		在规定时间内完成操作		每超时1min总分扣5分，超时3min停止操作			—	
		合　　计	100					

否定项说明：违章操作或发生事故须停止操作，成绩计零分。

试题13：停酸性气原料操作

（考核时间：20min）

序号	考核内容	考核要点	配分	评分标准	检测结果	扣分	得分	备注
1	准备工作	穿戴劳保用品	3	未穿戴整齐扣3分				
		工具、用具准备	2	工具选择不正确扣2分				
2	操作前提	工作及时联系	10	未联系上游装置扣5分				
				未联系调度扣5分				
		酸性气管线情况的检查	5	未检查放空扣5分				
				未检查伴热情况扣5分				
3	操作过程	操作步骤正确	15	漏项或操作不当扣5分				
				未进行氮气置换扣5分				
				未按先后顺序扣10分				
		问题的检查	20	未检查停气原因便停工扣10分				
				未检查停气原因扣10分				
		操作注意事项	20	未遵守安全规定扣10分				
				未注意反应器床层温度扣20分				
4	操作结果	设备检查	5	未检查设备运行情况扣5分				
		生产操作情况	15	装置调整操作不力扣15分				
5	使用工具	正确使用工具	2	工具使用不正确扣2分				
		正确维护工具	3	工具乱摆乱放扣3分				

续表

序号	考核内容	考核要点	配分	评分标准	检测结果	扣分	得分	备注
6	安全及其他	按国家法规或企业规定		违规一次总分扣5分；严重违规停止操作			—	
		在规定时间内完成操作		每超时1min总分扣5分，超时3min停止操作			—	
		合　计	100					

否定项说明：违章操作或发生事故须停止操作，成绩计零分。

试题14：溶剂再生退溶剂操作

（考核时间：30min）

序号	考核内容	考核要点	配分	评分标准	检测结果	扣分	得分	备注
1	准备工作	穿戴劳保用品	3	未穿戴整齐扣3分				
		工具、用具准备	2	工具选择不正确扣2分				
2	操作前提	流程的检查	5	退溶剂流程不清楚扣10分				
		系统状态的检查	15	系统状态未检查扣10分				
				溶剂储罐状态未检查扣5分				
3	操作过程	工作及时联系	5	未及时联系扣5分				
		操作步骤正确	30	漏项或操作不当扣10分				
				开错阀门扣10分				
				方法不正确扣10分				
		操作注意事项	15	未检查各处液面扣10分				
				未压空死角内溶剂扣5分				
4	操作结果	达到操作要求	20	溶剂未退尽扣10分				
				退溶剂跑损严重扣10分				
5	使用工具	正确使用工具	2	工具使用不正确扣2分				
		正确维护工具	3	工具乱摆乱放扣3分				
6	安全及其他	按国家法规或企业规定		违规一次总分扣5分；严重违规停止操作			—	
		在规定时间内完成操作		每超时1min总分扣5分，超时3min停止操作			—	
		合　计	100					

试题15：酸性气燃烧炉鼓风机正常切换操作

（考核时间：20min）

序号	考核内容	考核要点	配分	评分标准	检测结果	扣分	得分	备注
1	准备工作	穿戴劳保用品	3	未穿戴整齐扣3分				
		工具、用具准备	2	工具选择不正确扣2分				

续表

序号	考核内容	考核要点	配分	评分标准	检测结果	扣分	得分	备注
2	操作前提	备用风机启动前的检查	10	未检查备用风机是否符合启动要求者，每项扣3分				
				放空阀状态未检查扣5分				
		流程的检查	5	未检查管路状况者扣5分				
3	操作过程	工作联系及时到位	5	未及时联系扣5分				
		操作步骤正确，符合操作规程的要求	20	漏项或操作不当者扣5分				
				未按先后顺序进行者扣10分				
				开泵前未盘车扣10分				
				操作时引起泵倒转者扣5分				
		进出口阀门操作正确	20	开错阀门者扣5分				
				阀门开关速度过快扣10分				
				进出口阀门开关顺序错误扣15分				
		操作时的注意事项	20	未注意观察电流、出口压力扣10分				
				切换造成流量大幅度波动扣10分				
				未盘车扣10分				
4	操作结果	投用后检查、汇报工作	10	未检查运行情况扣10分				
				未汇报结果扣5分				
5	使用工具	正确使用工具	2	工具使用不正确扣2分				
		正确维护工具	3	工具乱摆乱放扣3分				
6	安全及其他	按国家法规或企业规定		违规一次总分扣5分；严重违规停止操作			—	
		在规定时间内完成操作		每超时1min总分扣5分，超时3min停止操作			—	
		合 计	100					

试题16：空气冷却器正常启动操作

（考核时间：20min）

序号	考核内容	考核要点	配分	评分标准	检测结果	扣分	得分	备注
1	准备工作	穿戴劳保用品	3	未穿戴整齐扣3分				
		工具、用具准备	2	工具选择不正确扣2分				
2	操作前提	启动前的检查	15	未确认空冷无人扣1分				
				送电单未确认扣10分				
		流程的检查	5	未检查流程者扣5分				
3	操作过程	工作联系及时到位	5	未及时联系扣5分				
		操作步骤正确，符合操作规程的要求	25	漏项或操作不当者扣5分				
				未按先后顺序进行者扣10分				
				启用风机未盘车扣10分				

续表

序号	考核内容	考核要点	配分	评分标准	检测结果	扣分	得分	备注
		操作时的注意事项	25	未注意风机的振动情况扣5分				
				未检查空冷的泄漏情况扣5分				
				未检查风机皮带情况扣5分				
				未检查安全状况扣10分				
4	操作结果	投用后检查、汇报工作	15	未检查空冷运行情况扣10分				
				未汇报结果扣5分				
5	使用工具	正确使用工具	2	工具使用不正确扣2分				
		正确维护工具	3	工具乱摆乱放扣3分				
6	安全及其他	按国家法规或企业规定		违规一次总分扣5分；严重违规停止操作			—	
		在规定时间内完成操作		每超时1min总分扣5分，超时3min停止操作			—	
		合　计	100					

试题17：液硫泵的正常启动操作

（考核时间：20min）

序号	考核内容	考核要点	配分	评分标准	检测结果	扣分	得分	备注
1	准备工作	穿戴劳保用品	3	未穿戴整齐扣3分				
		工具、用具准备	2	工具选择不正确扣2分				
2	操作前提	液硫泵相关知识清楚	10	液硫泵相关知识不清楚扣10分				
		伴热情况的检查	10	未检查泵进出口管线伴热扣5分				
				未检查泵体管线伴热扣5分				
		流程的检查	5	未检查管路状况者扣5分				
3	操作过程	工作联系及时到位	5	未及时联系扣5分				
		操作步骤正确，符合操作规程的要求	25	漏项或操作不当者扣10分				
				未按先后顺序进行者扣10分				
				开错阀门者扣10分				
		操作时的注意事项	20	未注意观察硫池液位变化扣10分				
				开泵前未盘车扣10分				
				操作时引起泵倒转者扣5分				
4	操作结果	泵投用后检查、汇报工作	15	未检查泵运行情况扣10分				
				未汇报结果扣5分				
5	使用工具	正确使用工具	2	工具使用不正确扣2分				
		正确维护工具	3	工具乱摆乱放扣3分				

续表

序号	考核内容	考核要点	配分	评分标准	检测结果	扣分	得分	备注
6	安全及其他	按国家法规或企业规定		违规一次总分扣 5 分；严重违规停止操作			—	
		在规定时间内完成操作		每超时 1min 总分扣 5 分，超时 3min 停止操作			—	
		合　　计	100					

试题 18：尾气焚烧炉巡检

（考核时间：15min）

序号	考核内容	考核要点	配分	评分标准	检测结果	扣分	得分	备注
1	准备工作	穿戴劳保用品	3	未穿戴整齐扣 3 分				
		工具、用具准备	2	工具选择不正确扣 2 分				
2	巡检前的准备	巡检目的清楚	5	不清楚巡检目的扣 5 分				
		巡检时间在要求范围内	5	不清楚巡检时间扣 5 分				
				不清楚巡检频次扣 5 分				
3	巡检路线	巡检路线正确无误	5	巡检路线错扣 5 分				
				不清楚巡检路线扣 5 分				
		清楚巡检点位置，并按时到巡检点位置巡检	10	不清楚巡检点位置扣 5 分				
				未按时到巡检位置巡检扣 5 分				
		巡检内容无一缺漏	10	巡检内容缺一扣 5 分				
4	巡检过程处理	巡检过程能够发现泄漏点等其他异常现象	15	发现泄漏点未挂牌扣 5 分				
				有异常现象未发现扣 10 分				
		及时处理和记录巡检过程异常情况	25	发现火焰异常未调节者扣 10 分				
				发现异常未用对讲机联系扣 10 分				
				发现异常未处理扣 10 分				
5	现场的日常维护	设备维护保养符合规范	10	火焰判断错误扣 5 分				
				设备参数错误扣 5 分				
		区域内卫生状况良好	5	发现现场有杂物未处理者扣 5 分				
6	使用工具	正确使用工具	2	工具使用不正确扣 2 分				
		正确维护工具	3	工具乱摆乱放扣 3 分				
7	安全及其他	按国家法规或企业规定		违规一次总分扣 5 分；严重违规停止操作			—	
		在规定时间内完成操作		每超时 1min 总分扣 5 分，超时 3min 停止操作			—	
		合　　计	100					

试题19：酸性气燃烧炉鼓风机检查

（考核时间：15min）

序号	考核内容	考核要点	配分	评分标准	检测结果	扣分	得分	备注
1	准备工作	穿戴劳保用品	3	未穿戴整齐扣3分				
		工具、用具准备	2	工具选择不正确扣2分				
2	巡检前的准备	巡检目的清楚	5	不清楚巡检目的扣5分				
		巡检时间在要求范围内	5	不清楚巡检时间扣5分				
				不清楚巡检频次扣5分				
3	巡检过程处理	巡检过程能够发现泄漏点等其他异常现象	20	发现泄漏点未挂牌扣5分				
				有异常现象未发现扣10分				
		及时处理和记录巡检过程异常情况	30	发现异常未处理扣10分				
				发现异常未用对讲机联系扣10分				
				发现放空阀异常未处理扣10分				
4	现场的日常维护	设备维护保养符合规范	20	未检查设备状况扣10分				
				机泵盘车错误者扣5分				
				未检查冷却情况扣5分				
				设备维护保养差扣5分				
		区域内卫生状况良好	10	现场脏乱差扣10分				
				发现现场有杂物未处理扣5分				
5	使用工具	正确使用工具	2	工具使用不正确扣2分				
		正确维护工具	3	工具乱摆乱放扣3分				
6	安全及其他	按国家法规或企业规定		违规一次总分扣5分；严重违规停止操作			—	
		在规定时间内完成操作		每超时1min总分扣5分，超时3min停止操作			—	
	合　　计		100					

试题20：酸性气压力升高判断

（考核时间：15min）

序号	考核内容	考核要点	配分	评分标准	检测结果	扣分	得分	备注
1	准备工作	穿戴劳保用品	3	未穿戴整齐扣3分				
		工具、用具准备	2	工具选择不正确扣2分				
2	事故现象表述	引发事故因素表述清晰完整	10	事故因素表述不完整扣5分，表述不清晰扣5分				
		事故现象信息充分、无遗漏	10	事故现象信息缺一项扣5分				
			10	事故现象信息表述不充分扣10分				
			20	事故关键现象信息缺扣20分				

续表

序号	考核内容	考核要点	配分	评分标准	检测结果	扣分	得分	备注
3	事故原因分析	事故原因分析透彻有深度，完整无遗漏	20	事故原因分析不完整扣10分，分析无深度扣10分				
			20	事故关键原因缺扣20分				
4	使用工具	正确使用工具	2	工具使用不正确扣2分				
		正确维护工具	3	工具乱摆乱放扣3分				
5	安全及其他	按国家法规或企业规定		违规一次总分扣5分；严重违规停止操作			—	
		在规定时间内完成操作		每超时1min总分扣5分，超时3min停止操作			—	
		合　计	100					

试题21：急冷水过滤器堵塞判断

（考核时间：15min）

序号	考核内容	考核要点	配分	评分标准	检测结果	扣分	得分	备注
1	准备工作	穿戴劳保用品	3	未穿戴整齐扣3分				
		工具、用具准备	2	工具选择不正确扣2分				
2	事故现象表述	引发事故因素表述清晰完整	10	事故因素表述不完整扣5分，表述不清晰扣5分				
		事故现象信息充分、无遗漏	10	事故现象信息缺一项扣5分				
			10	事故现象信息表述不充分扣10分				
			20	事故关键现象信息缺扣20分				
3	事故原因分析	事故原因分析透彻有深度，完整无遗漏	20	事故原因分析不完整扣10分，分析无深度扣10分				
			20	事故关键原因缺扣20分				
4	使用工具	正确使用工具	2	工具使用不正确扣2分				
		正确维护工具	3	工具乱摆乱放扣3分				
5	安全及其他	按国家法规或企业规定		违规一次总分扣5分；严重违规停止操作			—	
		在规定时间内完成操作		每超时1min总分扣5分，超时3min停止操作			—	
		合　计	100					

试题22：溶剂质量变差判断

（考核时间：15min）

序号	考核内容	考核要点	配分	评分标准	检测结果	扣分	得分	备注
1	准备工作	穿戴劳保用品	3	未穿戴整齐扣3分				
		工具、用具准备	2	工具选择不正确扣2分				

续表

序号	考核内容	考核要点	配分	评分标准	检测结果	扣分	得分	备注
2	事故现象表述	引发事故因素表述清晰完整	10	事故因素表述不完整扣5分，表述不清晰扣5分				
		事故现象信息充分、无遗漏	10	事故现象信息缺一项扣5分				
			10	事故现象信息表述不充分扣10分				
			20	事故关键现象信息缺扣20分				
3	事故原因分析	事故原因分析透彻有深度，完整无遗漏	20	事故原因分析不完整扣10分，分析无深度扣10分				
			20	事故关键原因缺扣20分				
4	使用工具	正确使用工具	2	工具使用不正确扣2分				
		正确维护工具	3	工具乱摆乱放扣3分				
5	安全及其他	按国家法规或企业规定		违规一次总分扣5分；严重违规停止操作			—	
		在规定时间内完成操作		每超时1min总分扣5分，超时3min停止操作			—	
		合　计	100					

试题23：酸性气燃烧炉熄火判断

（考核时间：15min）

序号	考核内容	考核要点	配分	评分标准	检测结果	扣分	得分	备注
1	准备工作	穿戴劳保用品	3	未穿戴整齐扣3分				
		工具、用具准备	2	工具选择不正确扣2分				
2	事故现象表述	引发事故因素表述清晰完整	10	事故因素表述不完整扣5分，表述不清晰扣5分				
		事故现象信息充分、无遗漏	10	事故现象信息缺一项扣5分				
			10	事故现象信息表述不充分扣10分				
			20	事故关键现象信息缺扣20分				
3	事故原因分析	事故原因分析透彻有深度，完整无遗漏	20	事故原因分析不完整扣10分，分析无深度扣10分				
			20	事故关键原因缺扣20分				
4	使用工具	正确使用工具	2	工具使用不正确扣2分				
		正确维护工具	3	工具乱摆乱放扣3分				
5	安全及其他	按国家法规或企业规定		违规一次总分扣5分；严重违规停止操作			—	
		在规定时间内完成操作		每超时1min总分扣5分，超时3min停止操作			—	
		合　计	100					

试题 24：H_2S 泄漏处理

（考核时间：30min）

序号	考核内容	考核要点	配分	评分标准	检测结果	扣分	得分	备注
1	准备工作	穿戴劳保用品	3	未穿戴整齐扣 3 分				
		工具、用具准备	2	工具选择不正确扣 2 分				
2	事故现象判断	引发事故因素表述清晰完整	5	引发事故因素表述不完整扣 3 分，表述不清晰扣 2 分				
		事故现象信息充分、无遗漏	10	事故现象信息缺一扣 5 分				
				事故现象信息表述不完整扣 5 分				
		关键事故现象	5	事故关键现象描述不清楚扣 5 分				
3	事故原因分析	事故原因分析完整无遗漏，分析透彻有深度	5	事故原因分析不完整扣 3 分，分析无深度扣 2 分				
		事故关键原因分析准确	5	事故关键原因分析不准确扣 5 分				
4	事故处理操作	联系工作及时到位	5	未及时联系扣 5 分				
		处理原则表述完整	10	处理原则表述不完整扣 10 分				
		处理步骤先后顺序正确并无遗漏、操作不当	20	处理步骤顺序不对扣 10 分				
				漏项或操作不当扣 10 分				
		处理注意事项符合事故处理预案规范	10	未考虑操作对上下游带来的影响扣 10 分				
5	事故处理操作质量	事故处理调节熟练、迅速，过程平稳、波动小，并无调节错误	15	处理事故过程引起生产波动大扣 10 分				
				调节滞后扣 5 分，调节错误扣 20 分				
6	使用工具	正确使用工具	2	工具使用不正确扣 2 分				
		正确维护工具	3	工具乱摆乱放扣 3 分				
7	安全及其他	按国家法规或企业规定		违规一次总分扣 5 分；严重违规停止操作			—	
		在规定时间内完成操作		每超时 1min 总分扣 5 分，超时 3min 停止操作			—	
		合　计	100					

否定项说明：违章操作或发生事故须停止操作，成绩计零分。

试题 25：液硫管线堵塞处理

（考核时间：30min）

序号	考核内容	考核要点	配分	评分标准	检测结果	扣分	得分	备注
1	准备工作	穿戴劳保用品	3	未穿戴整齐扣 3 分				
		工具、用具准备	2	工具选择不正确扣 2 分				
2	事故现象判断	引发事故因素表述清晰完整	5	引发事故因素表述不完整扣 3 分，表述不清晰扣 2 分				
		事故现象信息充分、无遗漏	10	事故现象信息缺一扣 5 分				
				事故现象信息表述不完整扣 5 分				
		关键事故现象	5	事故关键现象描述不清楚扣 5 分				

续表

序号	考核内容	考核要点	配分	评分标准	检测结果	扣分	得分	备注
3	事故原因分析	事故原因分析完整无遗漏，分析透彻有深度	5	事故原因分析不完整扣3分，分析无深度扣2分				
		事故关键原因分析准确	5	事故关键原因不准确扣5分				
4	事故处理操作	联系工作及时到位	5	未及时联系扣5分				
		处理原则表述完整	10	处理原则表述不完整扣10分				
		处理步骤先后顺序正确并无遗漏、操作不当	20	处理步骤顺序不对扣10分				
				漏项或操作不当扣10分				
		处理注意事项符合事故处理预案规范	10	未考虑操作对上下游带来的影响扣10分				
5	事故处理操作质量	事故处理调节熟练、迅速，过程平稳、波动小，并无调节错误	15	处理事故过程引起生产波动大扣10分				
				调节滞后扣5分，调节错误扣20分				
6	使用工具	正确使用工具	2	工具使用不正确扣2分				
		正确维护工具	3	工具乱摆乱放扣3分				
7	安全及其他	按国家法规或企业规定		违规一次总分扣5分；严重违规停止操作			—	
		在规定时间内完成操作		每超时1min总分扣5分，超时3min停止操作			—	
		合　计	100					

否定项说明：违章操作或发生事故须停止操作，成绩计零分。

试题26：DCS黑屏处理

（考核时间：30min）

序号	考核内容	考核要点	配分	评分标准	检测结果	扣分	得分	备注
1	准备工作	穿戴劳保用品	3	未穿戴整齐扣3分				
		工具、用具准备	2	工具选择不正确扣2分				
2	事故现象判断	引发事故因素表述清晰完整	5	引发事故因素表述不完整扣3分，表述不清晰扣2分				
		事故现象信息充分、无遗漏	10	事故现象信息缺一扣5分				
				事故现象信息表述不完整扣5分				
		关键事故现象	5	事故关键现象描述不清楚扣5分				
3	事故原因分析	事故原因分析完整无遗漏，分析透彻有深度	5	事故原因分析不完整扣3分，分析无深度扣2分				
		事故关键原因分析准确	5	事故关键原因不准确扣5分				
4	事故处理操作	联系工作及时到位	5	未及时联系扣5分				
		处理原则表述完整	10	处理原则表述不完整扣10分				
		处理步骤先后顺序正确并无遗漏、操作不当	20	处理步骤顺序不对扣10分				
				漏项或操作不当扣10分				

续表

序号	考核内容	考核要点	配分	评分标准	检测结果	扣分	得分	备注
		处理注意事项符合事故处理预案规范	10	未考虑操作对上下游带来的影响扣10分				
5	事故处理操作质量	事故处理调节熟练、迅速，过程平稳、波动小，并无调节错误	15	处理事故过程引起生产波动大扣10分				
				调节滞后扣5分，调节错误扣20分				
6	使用工具	正确使用工具	2	工具使用不正确扣2分				
		正确维护工具	3	工具乱摆乱放扣3分				
7	安全及其他	按国家法规或企业规定		违规一次总分扣5分；严重违规停止操作			—	
		在规定时间内完成操作		每超时1min总分扣5分，超时3min停止操作			—	
	合　计		100					

否定项说明：违章操作或发生事故须停止操作，成绩计零分。

试题27：克劳斯反应器超温处理

（考核时间：30min）

序号	考核内容	考核要点	配分	评分标准	检测结果	扣分	得分	备注
1	准备工作	穿戴劳保用品	3	未穿戴整齐扣3分				
		工具、用具准备	2	工具选择不正确扣2分				
2	事故现象判断	引发事故因素表述清晰完整	5	引发事故因素表述不完整扣3分，表述不清晰扣2分				
		事故现象信息充分、无遗漏	10	事故现象信息缺一扣5分				
				事故现象信息表述不完整扣5分				
		关键事故现象	5	事故关键现象描述不清楚扣5分				
3	事故原因分析	事故原因分析完整无遗漏，分析透彻有深度	5	事故原因分析不完整扣3分，分析无深度扣2分				
		事故关键原因分析准确	5	事故关键原因不准确扣5分				
4	事故处理操作	联系工作及时到位	5	未及时联系扣5分				
		处理原则表述完整	10	处理原则表述不完整扣10分				
		处理步骤先后顺序正确并无遗漏、操作不当	20	处理步骤顺序不对扣10分				
				漏项或操作不当扣10分				
		处理注意事项符合事故处理预案规范	10	未考虑操作对上下游带来的影响扣10分				
5	事故处理操作质量	事故处理调节熟练、迅速，过程平稳、波动小，并无调节错误	15	处理事故过程引起生产波动大扣10分				
				调节滞后扣5分，调节错误扣20分				

续表

序号	考核内容	考核要点	配分	评分标准	检测结果	扣分	得分	备注
6	使用工具	正确使用工具	2	工具使用不正确扣2分				
		正确维护工具	3	工具乱摆乱放扣3分				
7	安全及其他	按国家法规或企业规定		违规一次总分扣5分；严重违规停止操作			—	
		在规定时间内完成操作		每超时1min总分扣5分，超时3min停止操作			—	
	合　计		100					

否定项说明：违章操作或发生事故须停止操作，成绩计零分。

试题28：加氢反应器超温处理

（考核时间：30min）

序号	考核内容	考核要点	配分	评分标准	检测结果	扣分	得分	备注
1	准备工作	穿戴劳保用品	3	未穿戴整齐扣3分				
		工具、用具准备	2	工具选择不正确扣2分				
2	事故现象判断	引发事故因素表述清晰完整	5	引发事故因素表述不完整扣3分，表述不清晰扣2分				
		事故现象信息充分、无遗漏	10	事故现象信息缺一扣5分				
				事故现象信息表述不完整扣5分				
		关键事故现象	5	事故关键现象描述不清楚扣5分				
3	事故原因分析	事故原因分析完整无遗漏，分析透彻有深度	5	事故原因分析不完整扣3分，分析无深度扣2分				
		事故关键原因分析准确	5	事故关键原因不准确扣5分				
4	事故处理操作	联系工作及时到位	5	未及时联系扣5分				
		处理原则表述完整	10	处理原则表述不完整扣10分				
		处理步骤先后顺序正确并无遗漏、操作不当	20	处理步骤顺序不对扣10分				
				漏项或操作不当扣10分				
		处理注意事项符合事故处理预案规范	10	未考虑操作对上下游带来的影响扣10分				
5	事故处理操作质量	事故处理调节熟练、迅速，过程平稳、波动小，并无调节错误	15	处理事故过程引起生产波动大扣10分				
				调节滞后扣5分，调节错误扣20分				
6	使用工具	正确使用工具	2	工具使用不正确扣2分				
		正确维护工具	3	工具乱摆乱放扣3分				
7	安全及其他	按国家法规或企业规定		违规一次总分扣5分；严重违规停止操作			—	
		在规定时间内完成操作		每超时1min总分扣5分，超时3min停止操作			—	
	合　计		100					

否定项说明：违章操作或发生事故须停止操作，成绩计零分。

试题29：蒸汽伴热流程图绘制(笔试)

（考核时间：60min）

序号	考核内容	考核要点	配分	评分标准	检测结果	扣分	得分	备注
1	准备工作	工具、用具准备	5	未自带工具扣5分				
2	图形绘制	工艺流程走向正确，排布合理	30	工艺流程画错一处扣5分				
				工艺流程走向画错一处扣5分				
				工艺流程排列不整齐扣10分				
		流程图内设备位置正确，无遗漏，排列整齐	30	流程图内设备画错一处扣5分				
				流程图内设备漏画一处扣5分				
				流程图内设备排列不整齐扣10分				
3	绘图标注	标注符合要求	30	设备名称、位号标注错一处扣5分				
				介质名称、来源、去向标注错一处扣5分				
				标注位置错误扣10分				
4	卷面情况	绘图卷面清晰，整洁	5	卷面不整洁扣5分				
5	安全及其他	按国家法规或企业规定		违规一次总分扣5分；严重违规停止操作			—	
		在规定时间内完成操作		每超时1min总分扣5分，超时3min停止操作			—	
		合　　计	100					

试题30：现场数据采集计算硫磺产品收率

（考核时间：60min）

序号	考核内容	考核要点	配分	评分标准	检测结果	扣分	得分	备注
1	准备工作	工具、用具准备	2	未自带工具扣2分				
2	数据采集	数据采集方法正确，数据无遗漏	15	采集方法错误扣10分				
				采集数据漏一项扣5分				
3	核算过程	采集数据处理合理	5	单位换算错误扣5分				
		核算过程数学描述准确，数据代入完整，核算步骤无遗漏，核算结果正确	45	应用公式错扣25分				
				数据代入错误扣5分				
				核算步骤漏一项扣5分				
				核算答案错误扣10分				
4	核算结果分析	核算结果分析内容完整，数据差异分析透彻，提出改进措施得当有意义	30	换热器铭牌内容不清楚扣5分				
				核算结果与铭牌数据差异的原因分析不正确扣15分				

续表

序号	考核内容	考核要点	配分	评分标准	检测结果	扣分	得分	备注
				无改进措施扣10分				
				改进措施不完整扣5分				
				改进措施错误扣10分				
5	卷面情况	卷面整洁，字迹端正	3	卷面不整洁扣1分，字迹不端正扣2分				
6	其他	在规定时间内完成操作		每超时1min总分扣5分，超时3min停止操作				
		合　计	100					

试题31：现场数据采集进行生产经济核算

（考核时间：120min）

序号	考核内容	考核要点	配分	评分标准	检测结果	扣分	得分	备注
1	准备工作	工具、用具准备	2	未自带工具扣2分				
2	数据采集	数据采集方法正确，数据无遗漏	15	采集方法错误扣10分				
				采集数据漏一项扣5分				
3	核算过程	采集数据处理合理	5	单位换算错误扣5分				
		核算过程数学描述准确，数据代入完整，核算步骤无遗漏，核算结果正确	45	应用公式错扣25分				
				数据代入错误扣5分				
				核算步骤漏一项扣5分				
				核算答案错误扣10分				
4	核算结果分析	核算结果分析内容完整，数据差异分析透彻，提出改进措施得当有意义	30	换热器铭牌内容不清楚扣5分				
				核算结果与铭牌数据差异的原因分析不正确扣15分				
				无改进措施扣10分				
				改进措施不完整扣5分				
				改进措施错误扣10分				
5	卷面情况	卷面整洁，字迹端正	3	卷面不整洁扣1分，字迹不端正扣2分				
6	其他	在规定时间内完成操作		每超时1min总分扣5分，超时3min停止操作				
		合　计	100					

第四部分

技　师

一、国家职业标准(技师工作要求)

职业功能	工作内容	技能要求	相关知识
工艺操作	(一)开车准备	1. 能完成开车流程的确认工作 2. 能完成开车化工原材料的准备工作 3. 能按进度组织完成开车盲板的拆装操作 4. 能组织做好装置开车介质的引入工作 5. 能组织完成装置自修项目的验收 6. 能按开车网络计划要求，组织完成装置吹扫、试漏工作 7. 能参与装置开车条件的确认工作	1. 流程确认要求 2. 安全环保的有关制度
	(二)开车操作	能采取措施，预防催化剂中毒	催化剂中毒机理
	(三)正常操作	1. 能优化操作工况，降低装置物耗、能耗 2. 能指导装置的日常操作 3. 能独立处理和解决技术难题 4. 能根据上下游装置重大工况变化，提出本装置的处理方案	1. 装置历年主要技术改造情况 2. 工艺指标、产品质量指标的制定依据
	(四)停车操作	1. 能组织完成装置停车吹扫工作 2. 能按进度组织完成停车盲板的拆装工作 3. 能组织完成装置自修项目的验收 4. 能控制并降低停车过程中的物耗、能耗	自修项目验收标准
设备使用与维护	(一)使用设备	1. 能处理复杂的设备故障 2. 能组织设备的验收工作 3. 能提出设备大修和改进意见 4. 能落实设备的防冻防凝、防腐蚀等技术措施 5. 能处理空气鼓风机、增压机运行故障 6. 能处理中压锅炉运行故障	1. 设备验收标准 2. 设备检修内容、技术要求 3. 空气鼓风机、增压机常见故障处理
	(二)维护设备	1. 能根据装置特点提出设备防腐措施 2. 能根据设备运行中存在的问题提出大、中修项目及改进措施，并参与编制设备大修计划 3. 能参与制定设备维护保养制度 4. 能组织完成硫化亚铁钝化技术的实施工作 5. 能检查确认紧急停车系统运行状况	1. 设备大、中修规范 2. 设备防腐知识 3. 硫化亚铁钝化技术 4. 紧急停车系统原理及操作法
事故判断与处理	(一)判断事故	1. 能判断复杂事故 2. 能组织复杂事故应急预案的演练	反事故演习方案
	(二)处理事故	1. 能针对装置发生的各类事故，分析原因，提出预防措施 2. 能在紧急情况下采取果断措施，防止事故扩大	
绘图与计算	(一)绘图	1. 能绘制技术改进简图 2. 能识读一般零件图	1. 装置设计资料 2. 零件图知识
	(二)计算	能完成一般的热量平衡和传质计算	
管理	(一)质量管理	1. 能组织 QC 小组开展质量攻关活动 2. 能按质量管理体系要求指导生产	1. 全面质量管理方法 2. 质量管理体系运行要求
	(二)生产管理	1. 能组织、指导班组进行经济核算和经济活动分析 2. 能应用统计技术对生产工况进行分析 3. 能参与装置的标定工作	1. 工艺技术管理规定 2. 统计基础知识
	(三)编写技术文件	1. 能撰写生产技术总结 2. 能参与编写装置开、停车方案	1. 技术总结撰写方法 2. 装置开、停车方案编写方法
	(四)技术改进	能参与技措、技改项目的实施	国内同类装置常用技术应用信息
培训与指导	培训与指导	1. 能培训初、中、高级操作人员 2. 能传授特有的操作经验和技能	教案编写方法

二、理论知识鉴定要素细目表

行业通用理论知识鉴定要素细目表

鉴定范围						鉴定点		
一级		二级		三级		代码	名称	重要程度
代码	名称	代码	名称	代码	名称			
A	基本要求	B	基础知识	B	识图基础知识	001	设备布置图基础知识	X
						002	管道布置图基础知识	X
						003	化工设备图尺寸标注方法	X
						004	装配图内容	X
				D	质量基础知识	001	ISO 9000 族标准质量管理审核的依据	X
						002	ISO 9001 标准质量管理体系的总体思路	X
				E	计算机基础知识	001	数据库的概念	X
						002	数据表的建立	X
						003	PowerPoint 课件的制作	X
B	相关知识	E	管理知识	A	生产管理	001	生产的管理	X
						002	设备的管理	X
						003	现场的管理	X
				B	编写技术文件	001	生产总结报告的常用格式	X
						002	技术论文的结构内容	X
						003	技术论文标题拟订的基本原则	X
						004	技术论文摘要拟订的基本原则	X
						005	技术论文编写的基本要素	X
						006	装置标定报告主要内容	X
						007	装置验收报告主要内容	X
						008	工艺技术规程主要内容	X
						009	岗位操作法的主要内容	X
						010	检修方案的主要内容	X
						011	开工方案的主要内容	X
						012	停工方案的主要内容	X
				C	技术改进	001	技术改造的目的	X
						002	技术改造的程序	X
						003	技术改造方案的主要内容	X
						004	技术改造的有关步骤	X
						005	技术改造申请书的编写格式	X
						006	技术革新成果的鉴定知识	X
						007	技术改造的注意事项	X
						008	技术革新成果报告的主要内容	X
		F	培训与指导	A	培训与指导	001	专项培训方案制定的要求	X
						002	培训教学常用方法	X
						003	培训教案编写的要求	X
						004	培训教学的组织实施	X
						005	评估培训效果的意义	X

职业通用理论知识鉴定要素细目表(《燃料油生产工》)

鉴定范围						鉴定点		
一级		二级		三级		代码	名称	重要程度
代码	名称	代码	名称	代码	名称			
A	基本要求	B	基础知识	G	化学基础知识	001	化学平衡的分析	X
						002	化学反应速率的分析	X
				H	石油及油品基础知识	001	石油馏分焓值的求定	X
						002	石油馏分质量热容的计算	X
						003	石油馏分蒸汽的黏度	Y
				I	化工基础知识	001	换热器总传热系数的影响因素	Z
						002	换热器的简单标定	X
						003	蒸馏塔物料平衡的计算	X
				J	计量基础知识	001	消除误差的方法	Y
				K	炼油机械与设备	001	离心泵性能曲线的意义	X
						002	离心泵功率的计算	Y
						003	离心泵扬程的计算	Y
						004	常用故障诊断技术概念	X
						005	机械密封失效的原因	X
						006	塔检修方案的主要内容	X
						007	换热器检修的主要内容	X
						008	离心泵检修的主要内容	X
						009	压缩机检修的验收标准	X
						010	塔检修的验收标准	Z
						011	设备可靠性的概念	Y
						012	常用腐蚀调查的方法	Y
						013	常见的腐蚀环境类型	Y
						014	特种设备的分类	X
				L	电工基础知识	001	欧姆定律的定义	X
						002	电磁感应的常识	X
						003	同步电动机的工作原理	Y
						004	电功率及功率因数计算方法	Y
						005	简单三相交流电路计算方法	Z
				M	仪表基础知识	001	ESD 系统的基本概念	X
						002	三冲量控制的概念	Y
						003	先进控制的概念	Y
						004	PLC 系统的基本概念	X
						005	复杂控制回路 PID 参数整定	Y

工种理论知识鉴定要素细目表

鉴定范围						鉴定点		
一级		二级		三级		代码	名称	重要程度
代码	名称	代码	名称	代码	名称			
B	相关知识	A	工艺操作	A	开车准备	001	催化剂装填方案	Y
						002	水联运的目的	Z
						003	硫磺回收装置开工方案	Y
						004	阀门定位器使用场合	X
						005	气密过程中重点需要检查的项目	X
						006	确定开工气密压力的原则	Y
						007	工艺联锁调试方法	X
						008	双法兰液面计的特点	X
						009	克劳斯部分气密方案	X
						010	斯科特部分循环方案	X
				B	开车操作	001	锅炉煮炉药剂的配制方法	X
						002	硫磺副反应生成原理	X
						003	加氢催化剂硫化的目的	Y
						004	催化剂中毒的机理	X
						005	克劳斯催化剂干燥要点	Y
						006	克劳斯系统开工步骤	X
						007	斯科特系统开工步骤	X
						008	酸性气燃烧炉烘炉方案	X
						009	烘炉升温曲线制定的依据	X
				C	正常操作	001	克劳斯尾气 H_2S/SO_2 比值影响因素	X
						002	克劳斯尾气 H_2S/SO_2 比值控制方法	X
						003	空速对克劳斯反应的影响因素	X
						004	气液平衡相图的意义	X
						005	DCS 控制回路的 PID 参数调节方法	X
						006	脱硫剂的作用	Z
						007	控制酸性气原料杂质的目的	Y
						008	加氢催化剂再生操作	X
						009	克劳斯工段硫回收率低原因	X
						010	斯科特工段硫回收率偏低的原因	X
						011	仪表三冲量调节的原理	X
						012	影响反应平衡常数的因数	X
						013	影响化学反应平衡因素	X
				D	停车操作	001	停车安装盲板的确定原则	X
						002	停工反应器内催化剂的保护操作	X

续表

鉴定范围						鉴定点		
一级		二级		三级		代码	名称	重要程度
代码	名称	代码	名称	代码	名称			
						003	停工硫化亚铁处理要点	X
						004	停工时“三废”排放注意事项	Y
						005	外管道停工确认要点	X
						006	停工方案的制定原则	X
		B	设备使用与维护	A	设备使用	001	压力容器管理制度	Y
						002	安全阀定压值确定的因素	Y
						003	常用螺栓选择标准	X
						004	离心泵叶轮切割的作用	Y
						005	鼓风机工作原理	X
						006	鼓风机使用方法	X
						007	机械密封冲洗量确定因素	X
						008	机械密封泄漏原因	X
						009	选用机泵的依据	X
						010	选用防爆电机的原则	X
						011	塔设备的选用依据	X
						012	多级压缩的概念	Z
						013	压力容器在运行中发生异常现象	X
						014	换热器的强化途径	X
				B	维护设备	001	含硫化氢设备修理注意事项	X
						002	设备维护保养制度	X
						003	机泵大修标准	X
						004	露点腐蚀的原理	X
						005	硫化氢腐蚀的原理	X
						006	塔检修验收标准	X
		C	事故判断与处理	A	判断事故	001	蒸汽发生器烧干的判断	X
						002	液硫管线堵塞判断方法	X
						003	克劳斯反应器超温的原因	X
						004	加氢反应器超温的原因	X
						005	烟囱腐蚀产生的原因	X
				B	处理事故	001	酸性气燃烧炉联锁自保处理方法	X
						002	DCS 黑屏的处理方法	X
						003	鼓风机故障的处理方法	X
						004	地震事故的处理方法	X
						005	酸性气燃烧炉炉膛热电偶坏的处理方法	X

续表

鉴定范围						鉴定点		
一级		二级		三级		代码	名称	重要程度
代码	名称	代码	名称	代码	名称			
						006	斯科特氢气中断的处理要点	X
						007	DCS 死机处理方法	X
						008	H_2S/SO_2 在线分析仪故障处理方法	X
						009	H_2 在线分析仪故障处理方法	X
						010	尾气焚烧炉联锁自保处理方法	X
						011	蒸汽发生器烧干的处理方法	X
						012	事故分析中 FTA(事故树分析)的概念	Z
		D	绘图与计算	A	绘图	001	绘制工艺流程简图	X
						002	识别联锁控制图	X
						003	绘制工艺配管单线图	X
						004	绘制工艺流程自控图	X
				B	计算	001	生产能耗计算方法	X
						002	理论塔板计算	X
						003	最小回流比的计算	X
						004	换热器换热面积的计算	X
						005	气液两相平衡计算	X

三、理论知识试题

行业通用理论知识试题

判断题

1. 设备布置图是构思建筑图的前提，建筑图又是设备布置图的依据。 (√)

2. 化工设备图中，如图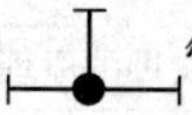管道立面图，其平面图为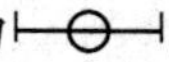。 (×)

正确答案：化工设备图中，如图管道立面图，其平面图为。

3. 在化工设备图中，由于零件的制造精度不高，故允许在图上将同方向(轴向)的尺寸注成封闭形式。 (√)

4. 装配图中，当序号的指引线通过剖面线时，指引线的方向必须与剖面线平行。 (×)

正确答案：装配图中当序号的指引线通过剖面线时，指引线的方向必须与剖面线不平行。

5. 只有 ISO 9000 质量保证模式的标准才能作为质量审核的依据。 (×)

正确答案：除 ISO 9000 族质量标准以外，还有其他一些国际标准可以作为质量审核的依据。

6. ISO 9000:2000 版标准减少了过多强制性文件化要求，使组织更能结合自己的实际，控制体系过程，发挥组织的自我能力。 (√)

7. 数据库就是存储和管理数据的仓库。 (×)

正确答案：数据库就是按一定结构存储和管理数据的仓库。

8. 在计算机应用软件中 VFP 数据表中日期字段的宽度一般为 10 个字符。（×）

正确答案：在计算机应用软件中 VFP 数据表中日期字段的宽度一般为 8 个字符。

9. 在应用软件 PowerPoint 中可以插入 WAV 文件、AVI 影片，但不能插入 CD 音乐。（×）

正确答案：在 PowerPoint 中可以插入 WAV 文件、AVI 影片，也能够插入 CD 音乐。

10. 在应用软件 PowerPoint 中播放演示文稿的同时，单击鼠标右键，选择“指针选项”中的“画笔”选项，此时指针会自动的变成一支画笔的形状，按住鼠标左键，就可以随意书写文字了。（√）

11. 基本生产过程在企业的全部生产活动中居主导地位。（√）

12. 企业的生产性质、生产结构、生产规模、设备工装条件、专业化协作和生产类型等因素都会影响企业的生产过程组织，其中影响最大的是生产规模。（×）

正确答案：企业的生产性质、生产结构、生产规模、设备工装条件、专业化协作和生产类型等因素都会影响企业的生产过程组织，其中影响最大的是生产类型。

13. 日常设备检查是指专职维修人员每天对设备进行的检查。（×）

正确答案：日常设备检查是指操作者每天对设备进行的检查。

14. 现场管理是综合性、全面性、全员性的管理。（√）

15. 通过对工艺指标分析和对比可以找出设备运行中存在的不足和问题，指导有目的地加以优化和改进。（√）

16. 关键词是为了文献标引工作，从论文中选取出来，用以表示全文主要内容信息款目的单词或术语，一般选用 3~8 个词作为关键词。（√）

17. 技术论文的摘要是对各部分内容的高度浓缩，可以用图表和化学结构式说明复杂的问题，并要求对论文进行自我评价。（×）

正确答案：技术论文的摘要是对各部分内容的高度浓缩，在摘要中不可以用图表和化学结构式，不要对论文进行自我评价。

18. 理论性是技术论文的生命，是检验论文价值的基本尺度。（×）

正确答案：创见性是技术论文的生命，是检验论文价值的基本尺度。

19. 生产准备应包括：组织机构（附组织机构图）、人员准备及培训、技术准备及编制《投料试车总体方案》（附投料试车统筹网络图）、物资准备、资金准备、外部条件准备和营销准备。（√）

20. 工艺技术规程侧重于主要规定设备如何操作。（×）

正确答案：工艺技术规程侧重于主要规定设备为何如此操作。

21. 岗位操作法应由车间技术人员根据现场实际情况编写，经车间主管审定，并组织有关专家进行审查后，由企业主管批准后执行。（√）

22. 技术改造的过程中竣工验收时应以基础设计为依据。（×）

正确答案：技术改造的过程中竣工验收的依据是批准的项目建议书、可行性研究报告、基础设计（初步设计）、有关修改文件及专业验收确认的文件。

23. 技术改造项目正式验收后要按照对技术经济指标进行考核标定，编写运行标定报告。（×）

正确答案：技术改造项目正式验收前要按照对技术经济指标进行考核标定，编写运行标定报告。

24. 培训需求分析是培训方案设计和制定的基础和指南。（√）

25. 案例教学因受到案例数量的限制，并不能满足每个问题都有相应案例的需求。（√）

26. 主题是培训教案的灵魂，提纲是教案的血脉，素材是培训教案的血肉。（√）

27. 在培训活动中，学员不仅是学习资料的摄取者，同时也是一种可以开发利用的宝贵的学习资源。（√）

28. 对内容、讲师、方法、材料、设施、场地、报名的程序等方面的评价属于结果层面的评价。（×）

正确答案：对内容、讲师、方法、材料、设施、场地、报名的程序等方面的评价属于反应层面的评价。

单选题

1. 设备布置图中，用（ B ）线来表示设备安装基础。

A. 细实　　B. 粗实　　C. 虚　　D. 点划

2. 如图 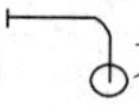 为一根管道空间走向的平面图，它的左视图是（ B ）。

A. 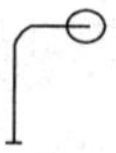　　B. 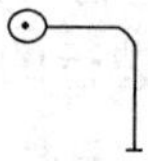　　C. 　　D. 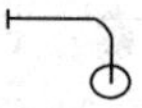

3. 在储罐的化工设备图中，储罐的筒体内径尺寸 $\phi 2000$ 表示的是（ A ）尺寸。

A. 特性　　B. 装配　　C. 安装　　D. 总体

4. 关于零件图和装配图，下列说法不正确的是（ C ）。

A. 零件图表达零件的大小、形状及技术要求

B. 装配图是表示装配及其组成部分的连接、装配关系的图样

C. 零件图和装配图都用于指导零件的加工制造和检验

D. 零件图和装配图都是生产上的重要技术资料

5. 在 ISO 9000 族标准中，可以作为质量管理体系审核的依据是（ A ）。

A. GB/T 19001　　B. GB/T 19000　　C. GB/T 19021　　D. GB/T 19011

6. 按 ISO 9001:2000 标准建立质量管理体系，鼓励组织采用（ A ）方法。

A. 过程　　B. 管理的系统　　C. 基于事实的决策　　D. 全员参与

7. 目前，比较流行的数据模型有三种，下列不属于这三种的是（ D ）结构模型。

A. 层次　　B. 网状　　C. 关系　　D. 星形

8. 在计算机应用软件中 VFP 数据库中浏览数据表的命令是（ A ）。

A. BROWS　　B. SET　　C. USE　　D. APPEND

9. 在应用软件 PowerPoint 中演示文稿的后缀名是（ C ）。

A. doc　　B. xls　　C. ppt　　D. ppl

10. 在生产过程中，由于操作不当造成原材料、半成品或产品损失的，属于（ A ）事故。

A. 生产　　B. 质量　　C. 破坏　　D. 操作

11. 对设备进行清洗、润滑、紧固易松动的螺丝、检查零部件的状况，这属于设备的（ C ）保养。

A. 一级　　B. 二级　　C. 例行　　D. 三级

12. 分层管理是现场5S管理中(C)常用的方法。
   A. 常清洁　　B. 常整顿　　C. 常组织　　D. 常规范
13. 目视管理是现场5S管理中(D)常用的方法。
   A. 常组织　　B. 常整顿　　C. 常自律　　D. 常规范
14. 按规定中、小型建设项目应在投料试车正常后(D)内完成竣工验收。
   A. 两个月　　B. 一年　　C. 三个月　　D. 半年
15. 下列叙述中，(A)不是岗位操作法中必须包含的部分。
   A. 生产原理　　B. 事故处理　　C. 投、停运方法　　D. 运行参数
16. 下列选项中，不属于标准改造项目的是(A)。
   A. 重要的技术改造项目　　B. 全面检查、清扫、修理
   C. 消除设备缺陷，更换易损件　　D. 进行定期试验和鉴定
17. 在停车操作阶段不是技师所必须具备的是(D)。
   A. 组织完成装置停车吹扫工作
   B. 按进度组织完成停车盲板的拆装工作
   C. 控制并降低停车过程中物耗、能耗
   D. 指导同类型的装置停车检修
18. 下列选项中，属于技术改造的是(C)。
   A. 原设计系统的恢复的项目　　B. 旧设备更新的项目
   C. 工艺系统流程变化的项目　　D. 新设备的更新项目
19. 为使培训计划富有成效，一个重要的方法是(A)。
   A. 建立集体目标
   B. 编成训练班次讲授所需的技术和知识
   C. 把关于雇员的作茧自缚情况的主要评价反馈给本人
   D. 在实施培训计划后公布成绩
20. 在培训教学中，案例法有利于参加者(D)。
   A. 提高创新意识　　B. 系统接受新知识
   C. 获得感性知识　　D. 培养分析解决实际问题能力
21. 课程设计过程的实质性阶段是(C)。
   A. 课程规划　　B. 课程安排　　C. 课程实施　　D. 课程评价
22. 正确评估培训效果要坚持一个原则，即培训效果应在(B)中得到检验。
   A. 培训过程　　B. 实际工作　　C. 培训教学　　D. 培训评价

多选题

1. 设备布置图必须具有的内容是(A，B，D)。
   A. 一组视图　　B. 尺寸及标注　　C. 技术要求　　D. 标题栏
2. 在化工设备图中，当控制元件位置与任一直角坐标轴平行时，可用(A，C，D)表示。

A. 

B. 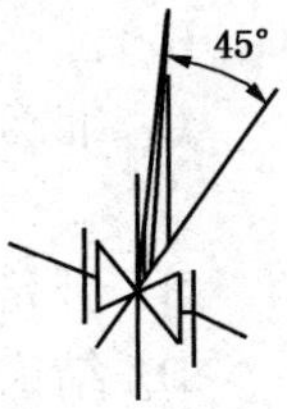

C. 

D. 

3. 在化工设备图中，可以作为尺寸基准的有(A，B，C，D)。

A. 设备筒体和封头的中心线　　B. 设备筒体和封头时的环焊缝

C. 设备法兰的密封面　　D. 设备支座的底面

4. 在化工设备图中，可以作为尺寸基准的有(A，B，D)。

A. 设备筒体和封头的中心线　　B. 设备筒体和封头时的环焊缝

C. 设备人孔的中心线　　D. 管口的轴线和壳体表面的交线

5. 下列叙述中，不正确的是(A，B，D)。

A. 根据零件加工、测量的要求而选定的基准为工艺基准。从工艺基准出发标注尺寸，能把尺寸标注与零件的加工制造联系起来，使零件便于制造、加工和测量

B. 装配图中，相邻零件的剖面线方向必须相反

C. 零件的每一个方向的定向尺寸一律从该方向主要基准出发标注

D. 零件图和装配图都用于指导零件的加工制造和检验

6. 在 ISO 9000 族标准中，内部质量体系审核的依据是(A，B，C，D)。

A. 合同要素　　B. 质量文件

C. ISO 9000 族标准　　D. 法律、法规要求

7. ISO 9001 标准具有广泛的适用性，适用于(B，D)。

A. 大中型企业　　B. 各种类型规模及所有产品的生产组织

C. 制造业　　D. 各种类型规模及所有产品的服务的组织

8. 在计算机应用软件中 VFP 能用来建立索引的字段是(C，D)字段。

A. 通用型(图文型)　B. 备注(文本型)　C. 日期　D. 逻辑

9. 关于幻灯片的背景，说法不正确的是(A，C，D)。

A. 只有一种背景　B. 可以是图片　C. 不能更改　D. 以上都错

10. 企业在安排产品生产进度计划时，对市场需求量大，而且比较稳定的产品，其全年任务可采取(A，B)。

A. 平均分配的方式　　B. 分期递增方法

C. 抛物线形递增方式　　D. 集中轮番方式

11. 设备的一级维护保养的主要内容是(A，B，C)。

A. 彻底清洗、擦拭外表　　B. 检查设备的内脏

C. 检查油箱油质、油量　　D. 局部解体检查

12. 现场目视管理的基本要求是(A，B，C，D)。

A. 统一　B. 简约　C. 鲜明　D. 实用

13. 在月度生产总结报告中对工艺指标完成情况的分析应包括(A，B，C，D)。

A. 去年同期工艺指标完成情况　　B. 本月工艺指标完成情况

C. 计划本月工艺指标情况　　D. 未达到工艺指标要求的原因

14. 技术论文标题拟订的基本要求是(B，C，D)。

A. 标新立异　B. 简短精练　C. 准确得体　D. 醒目

15. 技术论文摘要的内容有(A，C，D)。

A. 研究的主要内容　　B. 研究的目的和自我评价

C. 获得的基本结论和研究成果　　D. 结论或结果的意义

16. 技术论文的写作要求是(A，B，D)。
A. 选题恰当　　B. 主旨突出　　C. 叙述全面　　D. 语言准确
17. 装置标定报告的目的是(A，B，D)。
A. 进行重大工艺改造前为改造设计提供技术依据
B. 技术改造后考核改造结果，总结经验
C. 完成定期工作
D. 了解装置运行状况，获得一手资料，及时发现问题，有针对性地加以解决
18. 下列选项中，属于竣工验收报告的内容有(A，B，C，D)。
A. 工程设计　　B. 竣工决算与审计　　C. 环境保护　　D. 建设项目综合评价
19. “三级验收”是指(B，C，D)验收。
A. 个人　　B. 班组　　C. 车间　　D. 厂部
20. 在技术改造过程中(A，B，C)的项目应该优先申报。
A. 解决重大安全隐患　　B. 生产急需项目
C. 效益明显项目　　D. 技术成熟项目
21. 在技术改造方案中(A，C，D)设施应按设计要求与主体工程同时建成使用。
A. 环境保护　　B. 交通　　C. 消防　　D. 劳动安全卫生
22. 技术改造申请书应包括(A，B，C，D)。
A. 项目名称和立项依据　　B. 项目内容和改造方案
C. 项目投资预算及进度安排　　D. 预计经济效益分析
23. 进行技术革新成果鉴定必要的条件是(A，B，C，D)。
A. 技术革新确实取得了良好的效果
B. 申报单位编制好技术革新成果汇报
C. 确定鉴定小组人员、资格
D. 确定鉴定的时间、地点和参加人员，提供鉴定时所需各种要求
24. 培训方案应包括(A，B，C，D)等内容。
A. 培训目标　　B. 培训内容　　C. 培训指导者　　D. 培训方法
25. 在职工培训活动中，培训的指导者可以是(A，B，C，D)。
A. 组织的领导　　B. 具备特殊知识和技能的员工
C. 专业培训人员　　D. 学术讲座
26. 在职工培训中，案例教学具有(A，B，C)等优点。
A. 提供了一个系统的思考模式
B. 有利于使受培训者参与企业实际问题的解决
C. 可得到有关管理方面的知识与原则
D. 有利于获得感性知识，加深对所学内容的印象
27. 在职工培训中，讲授法的缺点是(A，B，D)。
A. 讲授内容具有强制性　　B. 学习效果易受教师讲授水平的影响
C. 适用的范围有限　　D. 没有反馈
28. 培训教案一般包括(A，B，C，D)等内容。
A. 培训目标　　B. 教学设计　　C. 培训目的　　D. 重点、难点

29. 编写培训教案的基本技巧是(A，B，C，D)。

A. 确立培训的主题 B. 构思培训提纲 C. 搜集素材 D. 整理素材

30. 培训项目即将实施之前需做好的准备工作包括(A，B，C，D)。

A. 通知学员 B. 后勤准备 C. 确认时间 D. 准备教材

31. 生产管理或计划部门对培训组织实施的(A，B)是否得当具有发言权。

A. 培训时机的选择 B. 培训目标的确定

C. 培训计划设计 D. 培训过程控制

32. 在评估培训效果时，行为层面的评估，主要包括(B，C，D)等内容。

A. 投资回报率 B. 客户的评价 C. 同事的评价 D. 主管的评价

33. 培训评估的作用主要有(B，D)等几个方面。

A. 提高员工的绩效和有利于实现组织的目标

B. 保证培训活动按照计划进行

C. 有利于提高员工的专业技能

D. 培训执行情况的反馈和培训计划的调整

简答题

1. 在 ISO 9000 族标准中质量体系审核的依据包括哪些内容？

答：①相关的质量保证模式标准(一般是 ISO 9001、9002、9003)；②质量手册或质量管理手册或质量保证手册；③程序文件；④质量计划；⑤合同或协议；⑥有关的法律、法规。

2. 简述生产过程的基本内容。

答：①生产准备过程；②基本生产过程；③辅助生产过程；④生产服务过程。

3. 什么是设备检查？设备检查的目的是什么？

答：①设备检查是指对设备的运行状况、工作性能、磨损腐蚀程度等方面进行检查和校验；②设备检查能够及时查明和清除设备隐患，针对发现的问题提出解决的措施，有目的地做好维修前的准备工作，以缩短维修时间，提高维修质量。

4. 现场管理有哪些具体要求？

答：①组织均衡生产；②实现物流有序化；③设备状况良好；④纪律严明；⑤管理信息准确；⑥环境整洁，文明生产；⑦组织好安全生产，减少各种事故。

5. 经济指标分析时应注意什么？

答：①指标的准确性。指标的采集汇总必须准确，错误的数据缺乏参照和分析性，甚至产生错误的结论。②指标的可比性。在进行指标分析时通常要在相同运行的状况下进行比较，通常要参照上个月和去年同期的指标。如果运行的状况发生变化要对指标进行相应的修正，否则就失去了指标的可比性。③突出指标分析指导的作用。通过指标分析和对比要找出设备运行中存在的不足和问题，指导有目的地加以优化和改进。

6. 国家标准技术论文应该包括哪些内容？

答：技术论文应包括题目、作者、摘要、关键词、引言、正文、结论、致谢、参考文献、附录等十个部分。

7. 通常情况下技术论文的结构是怎样的？

答：在通常情况下技术论文的正文结构应该是按提出问题——分析问题——提供对策来

布置的。①要概括情况、阐述背景、说明意义、提出问题。②在分析问题时必须观点明确，既要抓住矛盾的主要方面，又不能忽视次要方面，析因探源，寻求出路。③要概括前文，肯定中心论点，提出工作对策。提供的对策要有针对性和必要的论证。

8. 技术论文摘要的要求是什么?

答: 摘要文字必须十分简练，篇幅大小一般限制字数不超过论文字数的5%。论文摘要不要列举例证，不讲研究过程，不用图表，不给化学结构式，也不要作自我评价。

9. 简述技术论文的写作步骤。

答: ①选题，确定论文的主攻方向和阐述或解决的问题。选题时一般要选择自己感兴趣的和人们关心的“焦点”问题；②搜集材料，要坚持少而精的原则，做到必要、可靠、新颖，同时必须充分；③研究资料，确定论点，选出可供论文作依据的材料，支持论点；④列出详细的提纲，使想法和观点文字化、明晰化、系统化，从而可以确定论文的主调和重点。提纲拟订好后，可以遵循论文写作的规范和通常格式动笔拟初稿。

10. 在竣工验收报告中关于工程建设应包括哪些内容?

答: ①工程建设概况；②工程建设组织及总体统筹计划；③工程进度控制；④工程质量控制；⑤工程安全控制；⑥工程投资控制；⑦未完工程安排；⑧工程建设体会。

11. 工艺技术规程应包括哪些内容?

答: ①总则；②原料、中间产品、产品的物、化性质以及产品单耗；③工艺流程；④生产原理；⑤设备状况及设备规范；⑥操作方法；⑦分析标准；⑧安全计划要求。

12. 岗位操作法应包括哪些内容?

答: ①名称；②岗位职责和权限；③本岗位与上、下游的联系；④设备规范和技术特性，原料产品的物、化性质；⑤开工准备；⑥开工操作步骤；⑦典型状况下投、停运方法和步骤；⑧事故预防、判断及处理；⑨系统流程图；⑩运行参数正常范围和各种试验。

13. 检修方案应包括哪些内容?

答: ①设备运行情况；②检修组织机构；③检修工期；④检修内容；⑤检修进度图；⑥检修的技术要求；⑦检修任务落实情况；⑧安全防范措施；⑨检修备品、备件；⑩检修验收内容和标准。

14. 在开车准备阶段技师应具备哪些技能要求?

答: ①能完成开车流程的确认工作；②能完成开车化工原材料的准备工作；③ 能按进度组织完成开车盲板的拆装操作；④能组织做好装置开车介质的引入工作；⑤能组织完成装置自修项目的验收；⑥能按开车网络图计划要求，组织完成装置吹扫、试漏工作；⑦能参与装置开车条件的确认工作。

15. 开工方案应包括哪些内容?

答: ①开工组织机构；②开工的条件确认；③开工前的准备条件；④开工的步骤及应注意的问题；⑤开工过程中事故预防和处理；⑥开工过程中安全分析及防范措施；⑦附录，重要的参数和控制点、网络图。

16. 停工方案应包括哪些内容?

答: ①设备运行情况；②停工组织机构；③停工的条件确认；④停工前的准备条件；⑤停工的步骤及应注意的问题；⑥停工后的隔绝措施；⑦停工过程中事故预防和处理；⑧停工过程中安全分析及防范措施；⑨附录，重要的参数和控制点。

17. 技术改造的目的是什么?

答:通过采用新技术、新工艺,解决制约系统安、稳、优生产运行的问题,推动技术进步和技术创新,更好地提高企业经济效益。

18. 技术改造的前期准备是什么?

答:通过选题和论证确定技术改造的项目和内容,提出立项申请和改造方案。经领导和专家批准后,进行改造设计和设计审查。改造项目确定后,需及时落实资金,完成设备、材料的采购,落实施工单位,组织设计交底。

19. 技术改造方案的主要内容是什么?

答:①项目名称;②项目负责单位;③项目负责人;④建设立项理由和依据,包括原始状况、存在问题和改造依据;⑤改造主要内容,需要写明改造涉及装置设备及详细改造内容;⑥改造技术方案,需写明技术分析、技术要求、方案选择、设备选型及详细的技术方案,并注明动力消耗指标及公用工程配套情况;⑦预计改造效果及经济效益,包括改造后主要经济、技术指标及取得效果;经济效益(附计算式)及技术经济分析;⑧投资计划,包括主要设备材料清单和费用安排(设备询价、材料费用、安装施工费用等);⑨计划进度安排;⑩安全环保措施。

20. 技术改造的步骤是什么?

答:①前期准备,确定技术改造的项目和内容,经领导和专家批准后,进行改造设计和设计审查。改造项目确定后,需及时落实资金,完成设备、材料的采购,落实施工单位,组织设计交底。②实施阶段,根据改造设计的要求,施工单位应在规定工期内保质保量地完成改造的各项内容。在此过程中应对工程进度、工程质量、工程安全、工程投资进行重点控制。③验收阶段,改造项目完成后,应及时组织投用试车,进行性能考核,检验是否达到设计要求,在运行正常后组织进行竣工验收,并填写竣工验收报告。④后评估阶段,在设备稳定运行一段时间后,应组织对技术改造进行后评估,总结技术改造的效果和经验,根据生产运行实际情况提出建议。

21. 技术革新成果鉴定小组主要程序和主要内容是什么?

答:①听取申报单位技术革新成果汇报情况;②实地查验技术革新成果完成情况,审阅技术革新成果申报资料;③讨论对技术革新成果验收意见,签署技术革新成果验收证书;④颁发技术革新成果验收证书。

22. 在技术改造过程中施工管理时应注意什么?

答:①对改造工程施工全过程应进行组织和管理,及时发现并解决施工存在的问题,严格按照技术检修规程及施工图纸进行施工,确保工程质量和施工进度。②在施工过程中,应加强质量监督并进行实施阶段的设计协调工作,对检查发现的工程质量问题有权责令其停止施工并限期整改。③在施工过程中,应加强对施工现场安全、人身安全的监督,禁止“三违”现象的出现,对不符合要求的有权责令其停止施工并限期整改。④在施工过程中,应加强对施工周围环境的影响的监管,对施工过程中产生的废物要及时妥善处理。

23. 技术革新成果的主要内容是什么?

答:技术革新成果的主要内容是:①项目编号、成果名称、完成单位、申报日期、项目负责人、主要完成人、工作起止时间;②系统原始状况和技术难点;③实施报告,包括方案、措施、完成时间、取得成果(附图纸、资料、技术说明);④社会、经济效益;⑤申报车间审核意见、技术主管部门审核意见、专业评审小组意见和企业主管领导意见。

24. 培训方案有哪些要素组成？

答：培训方案主要有培训目标、培训内容、培训指导者、受训者、培训日期和时间、培训场所与设备以及培训方法等要素组成。

25. 培训需求分析包括哪些内容？

答：培训需求分析需从多维度来进行，包括组织、工作、个人三个方面。①组织分析指确定组织范围内的培训需求，以保证培训计划符合组织的整体目标与战略要求；②工作分析指员工达到理想的工作绩效所必须掌握的技能和知识；③个人分析是将员工现有的水平与预期未来对员工技能的要求进行比照，发现两者之间是否存在差距。

26. 什么是培训方案？

答：培训方案是培训目标、培训内容、培训指导者、受训者、培训日期和时间、培训场所与设备以及培训方法的有机结合。

27. 什么是演示教学法？在教学中演示教学法具有哪些优点？

答：演示法是运用一定的实物和教具，通过实地示范，使受训者明白某种事务是如何完成的。演示法优点为：①有助于激发受训者的学习兴趣；②可利用多种感官，做到看、听、想、问相结合；③有利于获得感性知识，加深对所学内容的印象。

28. 如何准备教案？

答：准备教案要从以下几个方面着手：

①做好培训需求分析。②教案的编写：确定教案的核心内容与结构；选择合适的教案模式。③培训方式的选择与应用。

29. 在培训教学的组织实施与管理的前期准备阶段，主要的工作有哪些？

答：①确认和通知参加培训的学员；②培训后勤准备；③确认培训时间；④教材的准备；⑤确认理想的讲师。

30. 培训评估具有什么意义？

答：①能为决策提供有关培训项目的系统信息，从而做出正确的判断；②可以促进培训管理水平的提升；③可使培训管理资源得到更广泛的推广和共享。

31. 应从哪些方面评价培训效果？

答：主要应从以下四个层面评估培训效果的：①反应，即课程刚结束时，了解学员对培训项目的主观感觉；②学习，即学员在知识、技能或态度等方面学到了什么；③行为，即学员的工作行为方式有多大程度的改变；④结果，即通过诸如质量、数量、安全、销售额、成本、利润、投资回报率等可以量度的指标来考查，看最终产生了什么结果。

职业通用理论知识试题(《燃料油生产工》)

判断题

1. 不同的反应，其化学反应速度是不同的，但对于相同的反应，其化学反应速度是相同的。 (×)

正确答案：不同的反应，其化学反应速度是不同的，即使是相同的反应，条件不同时，其化学反应速度也会不相同。

2. 石油馏分的焓值可用查图法或计算法求取，但是，相对而言，在热平衡计算中若采用质量热容则更为准确。 (×)

正确答案：石油馏分的质量热容可用查图法或计算法求取，但是，相对而言，在热平衡计算中若采用焓值则相对更为准确。

3. 就不同族的烃类而言，当相对分子质量接近时，芳香烃的质量热容最大，环烷烃的次之，烷烃的最小。 (×)

正确答案：就不同族的烃类而言，当相对分子质量接近时，烷烃的质量热容最大，环烷烃的次之，芳香烃的最小。

4. 石油气体的黏度是随着温度的升高而减少的。 (×)

正确答案：与液体相反，石油气体的黏度是随着温度的升高而增大的。

5. 要提高换热器的总传热系数 K，就必须减少各项热阻。 (√)

6. 加修正值法是消除误差的方法之一，它预先将测量器具的系统误差检定出来，然后取与此误差绝对值相等符号相反的值作为修正值，将实际测得值加上相应的修正值即可得到不包括系统误差的测量结果。 (√)

7. 离心泵的 N-Q(轴功率与流量)曲线为二次抛物线，单调上升段表明流量增大时，扬程虽下降，但轴功率仍增大，单调下降段表明流量增大时，扬程急剧下降，轴功率下降。 (√)

8. 故障诊断技术就是不需要对设备进行解体，而对设备的应力、劣化、故障、强度、功能等进行定量评价的一种方法。 (√)

9. 转子发生油膜振荡的原因是轴承间隙减小。 (×)

正确答案：转子发生油膜振荡的主要原因有轴承稳定性差、轴承严重磨损、润滑油黏度或压力不符合要求、转子不平衡。

10. 检查校验安全附件是塔检修的内容之一。 (√)

11. 检查修理塔体和内衬的腐蚀、变形和各部焊缝都不是塔检修的内容。 (×)

正确答案：检查修理塔体和内衬的腐蚀、变形和各部焊缝都是塔检修的内容之一。

12. 管束焊口、胀口处理及单管更换不是换热器检修的内容。 (×)

正确答案：管束焊口、胀口处理及单管更换是换热器检修的内容之一。

13. 更换管束或壳体是换热器检修的内容之一。 (√)

14. 固有可靠性是设备在设计、制造之后所具有的可靠性。 (√)

15. 冲击腐蚀是流体的冲击与腐蚀介质同时作用的结果。 (×)

正确答案：冲击腐蚀是流体的湍流和冲击与腐蚀介质同时作用的结果。

16. 由于绝大多数的设备是在大气条件下操作，因而都要受到大气的腐蚀。 (√)

17. 蒸汽锅炉不是特种设备。 (×)

正确答案：蒸汽锅炉是特种设备。

18. 根据欧姆定律，当电阻是常数时，则流经该电阻的电流越大，该电阻两端的电压就越低。 (×)

正确答案：根据欧姆定律，当电阻是常数时，则流经该电阻的电流越大，该电阻两端的电压就越高。

19. 闭合导体在磁场中运动产生电流的现象就是电磁感应现象。 (√)

20. 同步电动机是依据异性磁极相吸的原理，由旋转磁极吸引转子磁极并带动转子同步运转的。 (√)

21. 单相电气设备的额定视在功率是额定电压和额定电流的乘积。 (√)

22. 星形连接时，线电压等于相电压。（×）

正确答案：星形连接时，线电压不等于相电压。

23. ESD 系统和 DCS 系统之间可以任意互相操作。（×）

正确答案：ESD 系统和 DCS 系统之间不可以任意互相操作。

24. PLC 系统是以扫描方式循环、连续、顺序地逐条执行程序。（√）

单选题

1. 可逆反应 $2NO_2 \rightleftharpoons N_2O_4+Q$，50℃时平衡常数 K_1，0℃时平衡常数 K_2，100℃时平衡常数 K_3，则 K_1，K_2，K_3 之间的数量关系是（ D ）。

A. $K_1<K_2<K_3$　B. $K_1=K_2=K_3$　C. $K_3>K_2>K_1$　D. $K_2>K_1>K_3$

2. 机械密封使用在液态烃离心泵中因工艺和操作造成失效的主要原因有（ C ）。

A. 未使用外冲洗液　B. 安装尺寸误差

C. 泵抽空　D. 辅助密封圈切断

3. 不是塔检修的内容是（ A ）。

A. 清扫管束和壳体

B. 检查修理塔体和内衬的腐蚀、变形和各部焊缝

C. 检查修理或更换塔盘板和鼓泡元件

D. 检查校验安全附件

4. 不属于换热器检修内容的是（ D ）。

A. 清扫管束和壳体

B. 管束焊口、胀口处理及单管更换

C. 检查修复管箱、前后盖、大小浮头、接管及其密封面，更换垫片并试压

D. 检查修理或更换塔内构件

5. 应力腐蚀是指腐蚀介质和（ A ）同时作用下的腐蚀。

A. 拉应力　B. 交变应力　C. 机械应力　D. 压应力

6. 不是石油化工生产装置中使用的特种设备有（ D ）。

A. 锅炉　B. 压力容器　C. 压力管道　D. 离心泵

7. 下列属于电磁感应现象的是（ D ）。

A. 通电导体周围产生磁场

B. 磁场对感应电流发生作用，阻碍导体运动

C. 由于导体自身电流发生变化，导体周围磁场发生变化

D. 穿过闭合线圈的磁感应线条数发生变化，一定能产生感应电流

8. SOE 是（ C ）的简称。

A. 紧急停车系统　B. 分散控制系统

C. 事件顺序记录　D. 可编程控制系统

9. 三冲量控制实际上是（ C ）系统。

A. 分程控制　B. 比值控制

C. 前馈加反馈控制　D. 选择控制

10. 下列控制方案不属于先进控制的有（ B ）。

A. 自适应控制　B. 超驰控制　C. 预测控制　D. 神经元网络控制

11. PLC 系统是(D)的简称。

A. 紧急停车系统　B. 分散控制系统　C. 事件顺序记录　D. 可编程控制器

12. 用经验凑试法整定 PID 参数，在整定中观察到曲线最大偏差大且趋于非周期过程，需要把比例度(B)。

A. 增大　B. 减小　C. 增加到最大　D. 减小到最小

多选题

1. 当某密闭容器中建立了化学平衡 $SO_2+NO_2 \rightleftharpoons SO_3+NO$ 后，若往容器中通入少量氧气时，将会发生的变化是(A，D)。

A. 化学平衡向正反应方向移动　B. 化学平衡向逆反应方向移动

C. 化学平衡不移动　D. 容器内反应速度加快(正、逆速度均加快)

2. 在 2 升的密闭容器中进行反应：N_2(气)+$3H_2$(气)$\rightleftharpoons$$2NH_3$(气)，30s 内有 0.6mol 氨生成，正确表示这 30s 内的反应速度的是(A，B，C)。

A. $V_{N_2}=0.005$mol/(L·s)　B. $V_{H_2}=0.015$mol/(L·s)

C. $V_{NH_3}=0.01$mol/(L·s)　D. $V_{NH_3}=0.02$mol/(L·s)

3. 液相石油馏分的质量定压热容，可以根据其(A，B，D)从有关的图表中查得。

A. 温度　B. 相对密度　C. 临界压力　D. 特性因数

4. 换热器的总传热系数 K 的大小与下列(A，B，C，D)因素有关。

A. 流体的物性　B. 换热器类型　C. 操作条件　D. 污垢层厚度

5. 消除误差的方法是(A，B，C，D)。

A. 消除误差源　B. 加修正值法　C. 替代法　D. 抵消法

6. 离心泵的 H-Q(扬程与流量)曲线有(A，B，C)曲线。

A. 单调下降形扬程　B. 平坦形扬程

C. 驼峰形扬程　D. 单调上升形扬程

7. 离心泵的总效率包括(A，B，C)。

A. 水力效率　B. 机械效率　C. 容积效率　D. 密封效率

8. 转子发生工频振动的原因有(A，C，D)。

A. 转子不平衡　B. 油膜振荡　C. 轴承无紧力　D. 对中不良

9. 机械密封材料选择不当造成失效的主要原因有(A，B，C)。

A. 密封面材料配合不当　B. 耐压性能差

C. 耐蚀性能差　D. 耐振性能差

10. 机械密封因装配原因造成失效的主要原因有(A，B，C)。

A. 弹簧压缩量过大或过小　B. 辅助密封圈装配时切断

C. 动环机构传动销未固紧　D. 密封腔与轴偏心

11. 离心泵大修的内容有(A，B，C，D)。

A. 包括小修内容　B. 泵全解体

C. 检查转子跳动值　D. 检查机械密封压缩量

12. 离心泵大修的内容有(A，B，C，D)。

A. 包括小修内容　B. 泵全解体

C. 检查转子轴颈磨损　D. 检查机械密封动静环磨损状况

13. 离心压缩机大修后试运的要求有(B，C，D)。

A. 压缩机机械试运　　B. 工艺气体试运

C. 空气或氮气试运　　D. 透平或电机试运

14. 可靠性的特性值主要有：(A，B，C，D)等。

A. 可靠度　　B. 不可靠度

C. 故障率　　D. 平均故障间隔期和平均寿命

15. 常用的腐蚀调查方法有(A，B，C，D)。

A. 资料收集(包括内窥镜)　　B. 测厚

C. 金相检查　　D. MT/PT/UT/RT

16. 常温下，碳钢在(A，B，C)的作用下会产生应力腐蚀开裂，在器壁内部形成鼓包。

A. 硫化氢　　B. 水　　C. 拉应力　　D. 交变应力

17. 下述公式中，属于欧姆定律的公式是(A，B)。

A. $U=IR$　　B. $I=\frac{U}{R}$　　C. $I=UR$　　D. $R=UI$

18. 关于电功率的概念，以下说法错误的是(C，D)。

A. 电功率是描述电流所做的功

B. 电功率是描述电能转化为导体内能的能力

C. 电功率是描述电流做功快慢的物理量

D. 电功率是描述电能转化为其他能量功率的物理量

19. 三相交流电路，相电压与线电压，相电流与线电流的关系，下列说法正确的是(B，C)。

A. 在 Δ 形连接时，负载上的线电流等于相电流

B. 在 Δ 形连接时，负载上的线电压等于相电压

C. 在褔形连接时，负载上的线电流等于相电流

D. 在褔形连接时，负载上的线电压等于相电压

20. 下面说法正确的是(B，C，D)。

A. 故障安全是指 ESD 系统发生故障时，装置不会停车

B. 故障安全是指 ESD 系统发生故障时，不会影响装置的安全运行

C. 冗余系统是指并行地使用多个系统部件，以提供错误检测和错误校正能力

D. 表决是指冗余系统中用多数原则将每个支路的数据进行比较和修正的一种机理

21. 锅炉汽包三冲量液位控制系统和单冲量、双冲量对比可以(B，C)。

A. 克服纯滞后　　B. 克服虚假水位　　C. 克服给水干扰　　D. 克服蒸汽扰动

22. 下列选项中属于 PLC 系统中的硬件组成的有(A，B，C)。

A. 中央控制单元　　B. 存储器　　C. 输入输出单元　　D. 编程器

简答题

1. 在 $N_2+3H_2 \rightleftharpoons 2NH_3$+热的平衡体系中，改变什么条件，能使反应速度增大且氨的产率增大？

答：增大氮气或氢气的浓度，使反应速度增大，并使平衡向正反应方向移动，提高合成氨的产率；加压使气态物质浓度增大，化学反应速度加大，加压使平衡向减小气体物质的量方向移动，即向正反应方向移动，提高合成氨的产率。

2. 判断和计算（$T_r \leqslant 0.8$，$P_r \leqslant 1.0$）液相石油馏分的焓值的步骤都有哪些？

答：一般有如下步骤：

第一，用所得的数据求取石油馏分的假临界温度和假临界压力；

第二，求取石油馏分的偏心因子；

第三，计算其对比温度和对比压力；若该石油馏分处于气相状态，或虽然处于液相但其$T_r \geqslant 0.8$，$P_r \geqslant 1.0$，则用别的方法步骤；

第四，用有关公式计算石油馏分液相的焓值。

3. 如何提高换热器的总传热系数 K？

答：要提高 K 值，就必须减少各项热阻，减少热阻的方法有：①增加湍流程度，可减少层流边界层厚度；②防止结垢和及时清除垢层，以减少垢层热阻。

4. 简述塔检修的主要内容。

答：塔检修的内容包括：清扫塔内壁和塔盘等内件。检查修理塔体和内衬的腐蚀、变形和各部焊缝。检查修理或更换塔盘板和鼓泡元件。检查修理或更换塔内构件。检查修理破沫网、集油箱、喷淋装置和除沫器等部件。检查校验安全附件。检查修理塔基础裂纹、破损、倾斜和下沉。检查修理塔体油漆和保温。

5. 离心压缩机大修主要验收标准是什么？

答：①检修现场清扫干净。②水、电、风投用正常。③油系统、油箱清扫干净，油系统油运合格。④压缩机与驱动机同心度找正符合标准。⑤转子与隔板同心度符合标准。⑥轴承间隙和紧力符合标准。⑦电器、仪表联锁调试合格。⑧电机电阻测试合格/透平调速系统调试合格。⑨驱动机单机试运 8 小时合格。⑩压缩机试运 48h 合格。⑪机械密封/浮环密封装配合格，工作正常。⑫ 建立检修技术资料档案并归档。

6. 简述塔检修的验收标准。

答：塔检修的验收标准如下：试运行一周，各项指标达到技术要求或能满足生产需要。设备达到完好标准。提交下列技术资料。①设计变更及材料代用通知单、材质、零部件合格证。②隐蔽工程记录和封闭记录。③检修记录。④焊缝质量检验（包括外观、无损探伤等）报告。⑤试验记录。

7. 何谓可靠度？

答：所谓可靠度，是指设备、零部件等在规定的条件下和规定的时间内，完成规定功能的概率。通常用符合 $R(t)$ 表示。

8. 热交换器腐蚀调查的常用方法有哪些？

答：热交换器腐蚀调查的常用方法有：目视检查（内窥镜）；锤击检查；测厚；局部凹坑测量深度；内外径测量；MT、PT、UT、RT 检查；管内充水探头；有损检查（取样）；金相检查、气密性或水压试验。

9. 配管腐蚀调查的常用方法有哪些？

答：配管腐蚀调查的常用方法有：测厚；目视检查（内窥镜检查）；PT、MT、UT、RT 检查；硬度检查；金相检查；蠕变变形检查。

10. 何谓应力腐蚀开裂？

答：拉伸应力和腐蚀介质同时作用下的腐蚀，叫做应力腐蚀开裂，大部分的合金容易出现这种腐蚀。但是，某一种合金，只有在一定的介质中才产生应力腐蚀开裂。

11. 何谓腐蚀疲劳？

答： 腐蚀疲劳是应力腐蚀开裂的特殊形式之一。在腐蚀介质和周期性交变应力的相互作用下导致金属材料的疲劳极限大大降低，因而过早地破裂。

12. 简述在《特种设备安全监察条例》中压力容器的含义。

答： 压力容器，是指盛装气体或者液体，承载一定压力的密闭设备，其范围规定为最高工作压力大于或者等于 0.1MPa(表压)，且压力与容积的乘积大于或者等于 2.5MPa · L 气体、液化气体和最高工作温度高于或者等于标准沸点的液体的固定式容器和移动式容器；盛装公称工作压力大于或者等于 0.2MPa(表压)且压力与容积的乘积大于或者等于 1.0MPa · L 的气体、液化气体和标准沸点等于或者低于 60℃液体的气瓶；氧舱等。

13. 简述在《特种设备安全监察条例》中压力管道的含义。

答： 压力管道，是指利用一定的压力，用于输送气体或者液体的管状设备，其范围规定为最高工作压力大于或者等于 0.1MPa(表压)的气体、液化气体、蒸汽介质或者可燃、易爆、有毒、有腐蚀性、最高工作温度高于或者等于标准沸点的液体介质，且公称直径大于 25mm 的管道。

14. 根据下图，简述欧姆定律的作用。

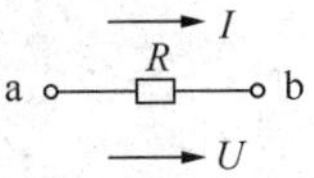

答： 在图中 a、b 两端间接有电阻 R，R 上的电压 U 和电流 I 的方向如图所示，欧姆定律的作用是阐明了电阻上电流与电压的关系，其数学表达式为：$U=IR$

15. 请阐述同步电动机的起动过程。

答： 同步电动机定子上通入三相交流电后形成定子旋转磁场，定子旋转磁场在转子上感应电流后使转子异步启动。当转子启动后转子转速接近定子旋转磁场转速时通入直流电，使同步电动机的转子拉入同步运行。

16. 什么叫做功率因数？提高功率因数有什么意义？

答： 有功功率与视在功率的比值称为功率因数 $\cos\phi=P/S$。提高功率因数，可降低电源负担，减少线路损耗，对国民经济有重大意义。

17. 什么叫对称三相负载？

答： 如果各相负载相同，即它们的复数阻抗相等，$Z_A=Z_B=Z_C$，其中，$R_A=R_B=R_C$ 和 $X_A=X_B=X_C$，这种三相负载叫做对称三相负载，如三相电动机就属三相对称负载。

18. 锅炉汽包三冲量液位控制系统的特点是什么？

答： ①锅炉汽包三冲量液位控制系统是在双冲量液位控制的基础上引入了给水量信号，由水位、蒸汽流量和给水流量组成了三冲量液位控制系统。②在这个系统中，汽包水位是被控变量，是主冲量信号，蒸汽流量、给水流量是两个辅助冲量信号，实质上三冲量系统控制系统是前馈加反馈控制系统。

19. 最有代表性的预测控制算法是什么？

答： ①预测控制系统实质上是指预测控制算法在工业过程控制上的成功应用。预测控制算法是一类特定的计算机控制算法的总称；②最有代表性的预测控制算法，是一种基于模型的预测控制算法，这种算法的基本思想是先预测后控制，即首先利用模型预测对象未来的输出状态，然后据此以某种优化指标来计算出当前应施加于过程的控制作用。

计算题

1. 将 N_2 和 H_2 按一定比例混合，反应达到平衡状态后，测得 NH_3 占 26%。求：平衡时混合气体的体积是开始时混合气体体积的百分之几？（假设压强不变）

解：设 N_2 和 H_2 按 1∶x 摩尔比混合后放入反应器，反应后 NH_3 有 $y$mol。则

$$N_2 \quad + \quad 3H_2 \quad \rightleftharpoons \quad 2NH_3$$

反应前(mol)：　1　　x　　y

反应时(mol)：　$-\frac{y}{2}$　　$-\frac{3y}{2}$　　$+y$

平衡时(mol)：　$1-\frac{y}{2}$　　$x-\frac{3y}{2}$　　$y \Rightarrow$ 总量 $=1+x-y$

已知　　$y:(1+x-y)=26:100$

即

$$y=\frac{26(1+x)}{126}$$

$$V_{平衡时}:V_{初始}=(1+x-y):(1+x)$$

$$=\left(1+x-\frac{26(1+x)}{126}\right):(1+x)$$

$$=\left(1-\frac{26}{126}\right)=100:126\approx 79.36\%$$

答：平衡时混合气体的体积是开始时混合气体体积的 79.36%。

2. 在列管换热器中，两流体进行换热。若已知管内、外流体的平均温度分别为 170℃和 135℃；管内、外流体的对流传热系数分别为 12000W/(m²·℃)及 1100W/(m²·℃)，管内、外侧污垢热阻分别为 0.0002 及 0.0005m²·℃/W。试估算管壁平均温度。（假设管壁热传导热阻可以忽略）

解：管壁的平均温度由下列式子进行计算

$$\frac{t_0-t_w}{\frac{1}{\alpha_0}+R_{so}}=\frac{t_w-t_i}{\frac{1}{\alpha_i}+R_{si}}$$

$$\frac{135-t_w}{\frac{1}{1100}+0.0005}=\frac{t_w-170}{\frac{1}{12000}+0.0002}$$

$$t_w=164℃$$

答：管壁平均温度是 164℃。

3. 用一常压操作的连续精馏塔，分离含苯 0.44(摩尔分数，以下同)的苯-甲苯混合液 15000/h，塔顶馏出液中含苯为 0.975，塔底釜残液含苯 0.235。试求馏出液和釜残液的流量，以摩尔流量表示。（苯相对分子质量 78，甲苯相对分子质量 92）

解：原料液的相对分子质量 $M_F=0.44\times78+0.56\times92=85.8$

原料液流量：　　$F=15000/85.8=175.0\text{kmol/h}$

全塔物料衡算：　　$D+W=F=175$

$$DX_D+WX_W=FX_F$$

或　　$0.975D+0.0235W=175\times0.44$

求得 $D=76.7\text{kmol/h}$　$W=98.3\text{kmol/h}$

答：$D=76.7\text{kmol/h}$　$W=98.3\ \text{kmol/h}$。

4. 某台柴油离心泵的扬程为 68m，流量为 $180\text{m}^3/\text{h}$，柴油密度为 860kg/m^3，效率为 73%，试求该台柴油离心泵的轴功率？

解：已知 $H=68\text{m}$，$Q=180\text{m}^3/\text{h}=0.5\text{m}^3/\text{s}$，$\rho=860\text{kg/m}^3$，$\eta^{\text{mec}}=73\%$，求 N。

根据离心泵的轴功率公式：

（1）求水力功率：$N^{\text{i}}=(\rho)/102=(860\times68\times0.5)/102=286\text{kW}$

（2）求轴功率 N：$N=N^{\text{i}}/\eta^{\text{mec}}=393\text{kW}$

答：该台柴油离心泵的轴功率为 393kW

5. 某台离心泵，其吸入口径为 0.1m，排出管口径为 0.075m，流量为 $0.025\ \text{m}^3/\text{s}$，出口压力表读数为 0.33MPa（表压），进口真空表读数为 0.04MPa，两表位差为 $0.8\text{mH}_2\text{O}$，输送介质为水。电机出力功率为 12.5kW，电机效率 0.95，大气压力为 0.1MPa，泵与电机直联，问此泵的扬程为多少？

解：已知 $D=0.1\text{m}$，$\rho=1000\text{kg/m}^3$，$\eta'=0.95$，$N'=12.5\text{kW}$

$$P_{\text{s}}=(0.1-0.04)=0.06\text{MPa},\ P_{\text{d}}=(0.33+0.1)=0.43\text{MPa}$$

$$Z=0.8\text{mH}_2\text{O},\ D=0.075\text{m},\ Q=0.025\text{m}^3/\text{s}$$

根据离心泵液体能量平衡式得：

$$\begin{aligned}H &= \Delta Z + (P_{\text{d}} - P_{\text{s}})/\rho g + (C_{\text{d}}^2 - C_{\text{s}}^2)/2g \\ &= 0.8 + [(4.3 - 0.6) \times 105]/(1000 \times 9.81) + \\ &\quad [(0.025 \times 4/3.14 \times 0.075^2)^2 - (0.025 \times 4/3.14 \times 0.1^2)^2]/(2 \times 9.81) \\ &= 40.163\ \text{mH}_2\text{O}\end{aligned}$$

答：该台离心泵的扬程为 $40.163\ \text{mH}_2\text{O}$。

6. 某换热器壳程最高工作压力为 0.8MPa，操作温度下材料的许用压力为 $[\sigma]_{200}=116\text{MPa}$，试验温度下材料的许用应力为 $[\sigma]=133\text{MPa}$。求气压试压值。

解：

$$[\sigma]/[\sigma]_{200}=133/116\approx1.15$$

$$PT=1.15\times0.8\times1.15=1.06\text{MPa}$$

$$PT=0.8+0.1=0.9\text{MPa}$$

取大值　$PT=1.06\text{MPa}$

答：该换热器的气压试验压力值为 1.06MPa。

7. 有 1000 只电灯泡，点燃到 200h 后，有 800 只仍在使用，求该种电灯泡的可靠度。

解：

$$R(t)=(800/1000)\times100\%=80\%$$

答：该种电灯泡的可靠度为 80%。

8. 已知一直线导体以每秒 10m 的速度在 1T 的匀强磁场中运动，直线导体的长度为 1m，其运动方向跟导体垂直，又跟磁感线方向垂直，则直线导体感应电动势 $E=$？

解：

$$E=BLV=1\times1\times10=10\text{V}$$

答：导体感应的电动势 $E=10\ \text{V}$。

9. 某串级控制系统采用两步整定法整定调节器参数，测得 4∶1 衰减过程得参数为 $\delta_{1\text{S}}=8\%$，$T_{1\text{S}}=100\text{s}$；$\delta_{2\text{S}}=40\%$，$T_{2\text{S}}=10\text{s}$。若已知主调节器选用 PID 规律，副调节器选用 P 规律，试求主、副调节器的参数值为多少？

解：按简单控制系统中4∶1衰减曲线法整定参数的计算表，可计算出主调节器的参数值为$\delta_1 = 0.8 \times \delta_{1S} = 0.8 \times 8\% = 6.4\%$；$T_{I1} = 0.3 \times T_{1S} = 0.3 \times 100s = 30s$；$T_{II1} = 0.1 \times T_{1S} = 0.1 \times 100s = 10s$；副调节器的参数值为$\delta_2 = \delta_{2S} = 40\%$。

答：主、副调节器的参数值分别为6.4%、40%。

工种理论知识试题

判断题

1. 开车前检查孔板流量计的孔板安装，主要检查安装方向是否正确。（√）

2. 开工方案每次开工前都要经过总工程师审批。（×）

正确答案：开工方案不需要每次开工前经总工程师审批，只有开工方案发生变化时才需要。

3. 调节阀定位器投用时要注意气源阀开，定位器旋钮推入即投用。（×）

正确答案：调节阀定位器投用时要注意气源阀开，定位器旋钮拉出即投用。

4. 塔的气密检查应该着重检查液面计，人孔，放空阀，特别要注意塔本体仪表接口，此类泄漏一般只能泄压更换，所以在低压气密捉漏中要多检查几遍。（√）

5. 工艺联锁只要第一次投用时调试皆可，不需每次开工前再进行调试。（×）

正确答案：工艺联锁每次开工前都要进行模拟调试。

6. 差压式液面计通用性强，可以测液位，也可测压力和流量。（√）

7. 锅炉煮炉时候不允许将固体药品直接加入锅内。（√）

8. 催化剂都有一定的使用温度限制，温度过高会发生催化剂晶格破坏，催化剂强度大大降低，这种情况称作催化剂的热崩。（√）

9. 在串级调节系统的整定中，对主、副参数均要求波动较小的情况下，可采用停留时间法。（×）

正确答案：在串级调节系统的整定中，对主、副参数均要求波动较小的情况下，可采用二步投运法。

10. 催化剂再生的目的是去除催化剂表面的一些硫、碳等杂质，提高催化剂的活性。（√）

11. 克劳斯工段硫回收率低原因之一是克劳斯反应器床层温度偏高。（√）

12. 斯科特工段硫回收率低原因之一是贫液H_2S含量偏高。（√）

13. 废热锅炉采用三冲量自动控制的优点是提高蒸汽的流量。（×）

正确答案：废热锅炉采用三冲量自动控制的优点是提高蒸汽的品质。

14. 氮气管线加盲板，盲板应该加在靠近设备本体一侧。（×）

正确答案：氮气管线加盲板，盲板应该加在氮气阀门外侧。

15. 停工反应器内催化剂的保护操作的目的，是防止催化剂接触空气发生自燃。（√）

16. 硫磺装置停工以后废催化剂、废硫磺不能和建筑垃圾一起处理，应该通过环保部门请有资质的单位来处理。（√）

17. 停工时外管道进行确认的目的是保证管道已经吹扫干净，防止检修用火发生事故。（√）

18. 编制停工方案时一定要根据装置目前的实际运行情况，考虑到停工中可能碰到的问题，修改方案，保证停工安全。（√）

19. 碳钢螺栓常用于低温部位；合金螺栓常用于高温部位。（√）

20. O形环失效是机械密封运转一段时间后时发生泄漏的原因。（√）

21. 浮阀塔板的泡沫区不安装浮阀，主要为在液体进入降液管之前有一段不鼓泡的安定区域，以免液体夹带大量泡沫进入降液管。 (√)

22. 装置停工含硫化氢设备清洗吹扫后，分析合格后，以后的检修过程中不需要再作分析。 (×)

正确答案：装置停工含硫化氢设备清洗吹扫后，分析合格后，以后的检修过程中每次都需要再作分析，分析合格以后才可以进入检修。

23. 设备维护保养的目的是保证在用设备台台完好。 (√)

24. 含有水蒸汽的气体混合物，冷却到露点以下，凝结出来水滴附于金属表面，同时气体中有害物质，如：HCL、H_2S、SO_2 或 SO_3 等溶于水滴中，引起的腐蚀，叫露点腐蚀。 (√)

25. 硫化氢在 120℃以下及无水情况下，对设备腐蚀极轻微。 (√)

26. 设备维修分定期维修，事后维修和预知维修。 (√)

27. 汽包干锅就会使蒸汽温度升高。 (√)

28. 发生地震时，应该停止一切高空作业。 (√)

29. DCS 安全栅故障的工艺现象是 DCS 死机。 (×)

正确答案：DCS 安全栅故障的工艺现象是某一点或数点输出回路数据突变。

30. 精馏塔进料状态发生变化不会引起理论塔板数的变化。 (×)

正确答案：精馏塔进料状态发生变化会引起理论塔板数的变化。

31. 在正常生产中回流比的控制是优质、高产、低消耗的重要因素之一。 (√)

单选题

1. 催化剂装填必须在(A)。

A. 装置吹扫气密之后　　B. 引公用工程之前

C. 吹扫以后　　D. 装置进酸气以后

2. 阀门定位器是气动调节阀的(C)，它可以使阀门位置按照调节器送来的信号正确定位，并使阀杆位移与送来的信号压力保持线性关系。

A. 主体装置　　B. 执行装置　　C. 辅助附件装置　　D. 变送装置

3. 装置换热器的(B)发生泄漏时，必须将系统压力全部撤掉才能处理，所以在检修后期必须严格把关。

A. 大封头　　B. 小封头

C. 壳程试压堵头　　D. 壳程出口至塔的法兰连接处

4. 塔的气密捉漏是开车前最花时间的工作，要节约这段时间除了合理安排气密流程，保证氮气供应以外最主要的还是(A)。

A. 确保检修质量　　B. 气密工具的准备

C. 人员安排的充足　　D. 开车前思想动员

5. 阀门的严密性试验应以公称压力进行或(B)倍工作压力进行。

A. 1.0　　B. 1.25　　C. 1.50　　D. 2.0

6. 压力容器的气密试验压力为压力容器设计压力(A)倍。

A. 1.0　　B. 1.10　　C. 1.15　　D. 1.25

7. 工艺联锁由于因故无法投用，应办理(B)手续。

A. 停用　　B. 临停　　C. 注销　　D. 不需办理

8. 工艺联锁修改，需要经过(D)同意方可实施。

A. 技术员　B. 车间主任　C. 技术部门主管　D. 总工程师

9. 克劳斯部分气密采用的气密介质是(D)。

A. 瓦斯　B. 蒸汽　C. 仪表风　D. 风机送风

10. 引克劳斯尾气前，斯科特部分循环主要是为了(C)。

A. 钝化催化剂　B. 防止超温　C. 循环升温　D. 置换空气

11. 硫磺副反应中 CO_2 生成 CS_2 的反应方程式正确的是(D)。

A. $CO_2+H_2S \rightarrow CS_2+2H_2O$　B. $CO_2+2S \rightarrow CS_2+O_2$

C. $CO_2+2H_2S \rightarrow CS_2+H_2O$　D. $CO_2+2H_2S \rightarrow CS_2+2H_2O$

12. 硫磺副反应中 CO 生成 COS 的反应方程式正确的是(C)。

A. $CO+H_2S \rightarrow COS+H_2$　B. $2CO+H_2S \rightarrow 2COS+H_2O$

C. $CO+S \rightarrow COS$　D. $CO+2S \rightarrow 2COS$

13. 新的加氢催化剂中金属组分为氧化态原因是(B)。

A. 催化剂活性要求　B. 便于运输储存

C. 容易生产制造　D. 强度要求

14. 硫磺催化剂积炭主要是因为(C)。

A. 硫蒸汽冷凝　B. 二氧化碳与氧化铝反应

C. 酸性气中烃类燃烧不完全　D. 酸性气中硫化氢燃烧不完全

15. 硫磺催化剂硫酸盐应该为(A)，它是破坏催化剂的活性中心。

A. $Al_2(SO_4)_3$　B. $Al_3(SO_4)_2$　C. $GaSO_4$　D. $MgSO_4$

16. 克劳斯催化剂受潮危害正确的是(B)。

A. 堵塞催化剂表面，使催化剂失效

B. 催化剂升温时候容易热崩，使催化剂失效

C. 水与催化剂活性物质反应，使催化剂失效

D. 水的存在，影响催化剂选择性，使副反应增加

17. 克劳斯催化剂干燥过程中需要特别注意(A)。

A. 床层升温速度　B. 床层温升　C. 床层压降　D. 床层氧含量

18. 必须连续分析两个瓦斯(D)含量合格，才可点火。

A. 氮气　B. 碳四组分　C. 二氧化碳　D. 氧

19. 开工升温过程中反应炉中酸性气点火升温，特别需要注意风量是因为(B)。

A. 风量过大容易使催化剂自燃　B. 风量过小容易在催化剂表面结硫

C. 风量过小容易系统堵塞　D. 风量过大容易产生副反应

20. 烘炉曲线中一般在 90~100℃时候稳定时间比较长，主要是为了脱除(A)。

A. 衬里的游离水　B. 瓦斯里的游离水

C. 衬里的结晶水　D. 酸性气中的游离水

21. 克劳斯尾气 H_2S/SO_2 比值的影响因素是(A)。

A. 气风比　B. 催化剂活性

C. 原料中硫化氢含量　D. 伴热蒸汽压力

22. 克劳斯尾气 H_2S/SO_2 比值的控制方法是(A)。

A. 串级控制　B. 比值控制　C. 均匀控制　D. 三冲量控制

23. 空速越小，则克劳斯反应效果(A)。

A. 越好　B. 越差　C. 没有效果　D. 无法确定

24. 饱和液体线以下的区域称为(B)。

A. 气相区　B. 液相区　C. 气液共存区　D. 固相区

25. 相平衡(x−y)图中，一般情况下，若平衡线离对角线越近，说明该溶液越(B)。

A. 容易分离　B. 难分离　C. 没有影响　D. 无法确定

26. 气液平衡相图中，若平衡曲线就是对角线，说明此此混合物组分之间相对挥发度(C)。

A. 小于 1　B. 大于 1　C. 等于 1　D. 不能确定

27. 在仪表自动化控制规律中，积分控制主要用来(B)。

A. 增加稳定性　B. 消除余差　C. 超前控制　D. 减少振荡

28. 脱硫剂主要是为了脱除斯科特尾气中的(D)。

A. 氢气　B. 二氧化硫　C. 硫磺　D. 硫化氢

29. 废热锅炉自动控制常采用(D)方式。

A. 串级控制　B. 分程控制　C. 比值控制　D. 三冲量控制

30. 化学平衡是一种有条件的动态的平衡，其最主要特征是(C)。

A. 可逆反应正反应速率大于逆反应速率　B. 可逆反应正反应速率小于逆反应速率

C. 可逆反应正反应速率等于逆反应速率　D. 逆反应速率为 0

31. 对同一类反应，在给定条件下，化学平衡常数越大，表示(D)。

A. 逆反应进行得越完全　B. 正反应速率越快

C. 逆反应速率越快　D. 正反应进行得越完全

32. 利用温度对化学反应平衡的影响，可以知道对于放热反应温度与平衡关系正确的是(C)。

A. 温度上升，标准平衡常数增大，反应向正反应方向移动

B. 温度上升，标准平衡常数减小，反应向正反应方向移动

C. 温度下降，标准平衡常数增大，反应向正反应方向移动

D. 温度下降，标准平衡常数增大，反应向逆反应方向移动

33. 吕 · 查德里原理适用体系说法正确的是(C)。

A. 所有反应体系　B. 所有反应非平衡体系

C. 所有反应平衡体系　D. 不能确定

34. 安全用火管理制度规定用火部位必须用盲板与其设备、管线隔绝，所用的盲板应用钢板制成，盲板的厚度视其管线大小而定，管线直径小于或等于 150mm 的盲板厚度不小于(C)mm。

A. 1　B. 2　C. 3　D. 4

35. 装置停工吹扫蒸塔以后，塔的蒸汽盲板不能加，主要是因为(B)。

A. 停工后没必要加盲板　B. 防止硫化亚铁自燃

C. 防止氮气泄漏　D. 防止蒸汽管道冷凝

36. 停工时液态烃外管道顶水结束标志是(C)。

A. 装置边界放空没有液化气出来　B. 液化气罐区有水出来

C. 液化气罐区脱法兰放水没有液化气出来　D. 液化气罐放水没有液化气出来

37. 钢制压力容器耐压试验每(D)年至少进行一次。

A. 3　B. 5　C. 6　D. 10

38. 排放能力是指在排放压力下，阀全部开启时单位时间内安全阀的理论气体排放量，排放能力应(A)安全泄放量。

A. 不小于　B. 不大于　C. 等于　D. 小于

39. 安全阀的开启压力是指(A)。

A. 安全阀的定压　B. 安全阀达到最大泄放能力的压力

C. 设备的最高操作压力　D. 设备的设计压力

40. 中、低压管道安装法兰时，紧固好的螺母应与法兰紧贴无缝，需加垫圈时每个螺栓不超过(A)个。

A. 1　B. 2　C. 3　D. 4

41. 螺栓与相配合的螺母的材质选择应遵循(C)原则。

A. 螺栓材质一般比螺母选低一级　B. 螺栓材质一般和螺母一样

C. 螺栓材质一般比螺母选高一级　D. 不能确定

42. 离心泵叶轮小范围切割以后，切割前后扬程之比和切割前后叶轮外径之比关系正确的是(B)。

A. 1 次方　B. 2 次方　C. 3 次方　D. 4 次方

43. 出口压强为 0. 15~0. 30at(表压)，压缩比小于 4 的气体输送机械称为(B)。

A. 通风机　B. 鼓风机　C. 压缩机　D. 真空泵

44. 罗茨鼓风机属于正位移型，风量与(A)成正比。

A. 转速　B. 出口压强　C. 进口压降　D. 电压

45. 罗茨鼓风机出口阀不可以完全关闭，流量一般用(B)调节。

A. 进口阀　B. 旁路阀　C. 出口阀　D. 泄压阀

46. 罗茨鼓风机的工作原理与(B)泵相似。

A. 离心　B. 齿轮　C. 计量　D. 漩涡

47. 泵的安装位置高于输送液体的液面时，当泵的安装位置高到一定的距离，首先在泵的(C)位置发生液体汽化现象。

A. 泵的吸入口　B. 泵的排出口

C. 泵叶轮内缘背面　D. 叶轮中心

48. 某台电动机的防爆标志“Ex d IIB T4”中，T4 代表的意义是(D)。

A. 防爆标志　B. 电气设备防爆形式

C. 电气设备类别符号　D. 电气设备温度组别

49. 某台电动机的型号为“YB2-160M1-2”中，YB 是指(C)电动机。

A. 普通型　B. 增安型　C. 隔爆型　D. 管道泵用

50. 防爆电气中 i 标志(B)。

A. 隔爆型　B. 本质安全型　C. 正压型　D. 增安型

51. 浮阀塔板的开孔率一般在(D)之间。

A. 1%~3% B. 15%~20% C. 25%~30% D. 4%~15%

52. 压缩机多级压缩提高压力，降低各级(A)。

A. 压缩比 B. 温度 C. 流量 D. 压力

53. 机泵大修时，联轴器对中检查时，调整垫片每组不得超过(D)块。

A. 1 B. 2 C. 3 D. 4

54. 机泵大修以后安装要求中机械密封部位的轴或轴套，表面不得有锈斑、裂纹等缺陷，粗糙度为(B)。

A. 1 B. 1.6 C. 2.0 D. 2.2

55. 硫化物腐蚀对设备腐蚀最快的温度范围是(D)。

A. 小于120℃ B. 120℃与240℃之间
C. 240℃与340℃之间 D. 426℃与430℃之间

56. 如果硫扩散进入合金，导致一种或多种合金元素的硫化物在合金内部析出，这种过程叫做(C)。

A. 外硫化 B. 晶届硫化 C. 内硫化 D. 晶体硫化

57. 塔器公称直径小于1600mm的，整个支撑圈表面水平度允差是(A)mm。

A. 3 B. 5 C. 6 D. 8

58. 当锅炉发生干锅，进行叫水步骤前冲洗液位计的目的正确的是(A)。

A. 液位计连通管堵塞或存水会造成假液位，引起误判断
B. 清洗液位计
C. 防止液位计堵塞 D. 无意义

59. 液硫管线堵塞的原因可能是管线蒸汽伴热温度未在(C)℃温度下，造成液硫流动性变差，引起堵塞。

A. 80 B. 100 C. 140 D. 180

60. 加氢反应器超温的原因是(C)。

A. 克劳斯尾气中硫化氢含量上升 B. 克劳斯尾气中二氧化硫含量上升
C. 气风比小 D. 氢气量小

61. 烟囱腐蚀产生的现象不正确的是(C)。

A. 烟囱底部有杂物 B. 烟道管壁有烟气
C. 烟气白烟量增大 D. 烟囱温度上升

62. 酸性气燃烧炉自保的工艺现象不正确的是(D)。

A. 酸性气流量为零 B. 风机流量为零
C. 炉膛熄火 D. 瓦斯流量为零

63. 单个显示器黑屏属于(C)故障，这种故障不影响生产。

A. 输入卡件 B. 工作站死机
C. 显示器 D. 控制器的通讯不正常

64. DCS黑屏一次表无指示，此时控制阀会(C)。

A. 无规律动作 B. 自动切换至手动
C. 保持自动状态 D. 各个控制阀不同动作

65. 酸性气燃烧炉鼓风机故障停机的处理方法首先应是(B)。
A. 切换备机　B. 解除联锁　C. 引瓦斯点火　D. 引酸性气进料
66. 发生地震后首先应该确认(A)。
A. 人员情况　B. 设备情况　C. 生产运行情况　D. 建筑物情况
67. 酸性气燃烧炉炉膛热电偶损坏的处理方法是(A)。
A. 炉膛熄火更换热电偶　B. 维持操作
C. 全装置停工　D. 直接更换热电偶
68. 斯科特氢气中断的处理要点是(C)。
A. 降低气风比　B. 提高 H_2S/SO_2 比值
C. SCOT 改循环　D. 硫磺装置紧急停工
69. DCS 控制回路死机可以通过(A)继续操作。
A. 利用其他工作站　B. 控制阀改副线
C. 控制阀改手动　D. 装置切断进料
70. DCS 控制回路死机，仪表处理方法正确的是(B)。
A. 更换卡件　B. 工作站重启　C. 更换一次表　D. 更换 UPS
71. H_2S/SO_2 在线分析仪安装位置是(C)。
A. 硫冷凝器进口　B. 克劳斯反应器床层中间
C. 克劳斯反应器出口管线　D. 急冷塔顶出口管线
72. H_2S/SO_2 在线分析仪发生故障时的处理方法是(C)。
A. 降低氢气量　B. 提高气风比
C. 副风控制阀改手动操作　D. 提高反应器进口温度
73. H_2 在线分析仪安装位置是(D)。
A. 氢气进反应器之前　B. 反应器床层中间
C. 克劳斯反应器出口管线　D. 急冷塔顶出口管线
74. H_2 在线分析仪发生故障时的处理方法是(A)。
A. 增加急冷塔顶的尾气分析频次　B. 提高氢气量
C. 提高气风比　D. 提高反应器进口温度
75. 尾气焚烧炉联锁自保的工艺现象不正确的是(A)。
A. 自发蒸汽就地放空　B. 风机流量为零
C. 炉膛熄火　D. 瓦斯流量为零
76. 尾气焚烧炉联锁自保时首先应做的是(C)。
A. 开启风机　B. 引瓦斯　C. 联锁复位　D. 焚烧炉点炉
77. 废热锅炉完全烧干时补水的处理方法是(C)。
A. 可以立即补水　B. 炉膛熄火以后就可补水
C. 等出口温度降至 100℃以下再补水　D. 等出口温度降至常温才能补水
78. 从结果到原因找出与灾害事故有关的各种因素之间因果关系及逻辑关系的危险性分析方法叫做(D)。
A. 危险和操作性研究　B. 故障类型和影响性分析
C. 预先危险性分析　D. 事故树分析

80. 如图所示为一个精馏塔的工艺流程简图，回流罐位号是(D)。

A. T04　　B. T02　　C. T01　　D. D01

81. 如图所示为酸性气燃烧炉 F1501 自保逻辑图，图中 E1501 是酸性气燃烧炉废热锅炉，C1501A、B 是酸性气燃烧炉风机，F1502 为焚烧炉。从自保联锁图中可以判断出若 F1502 发生自保则(A)。

A. F1501 自保动作

B. 必须同时满足 C1501A，B 停机与 E1501 两个液面低条件 F1501 才自保动作

C. F1501 自保不会动作

D. 必须同时满足 C1501A，B 停机条件 F1501 才自保动作

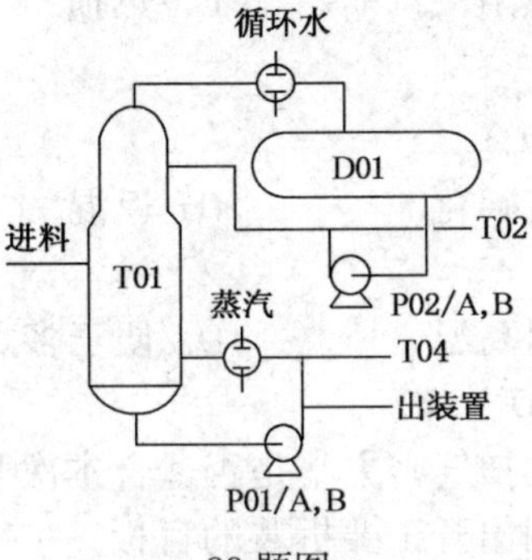

80 题图

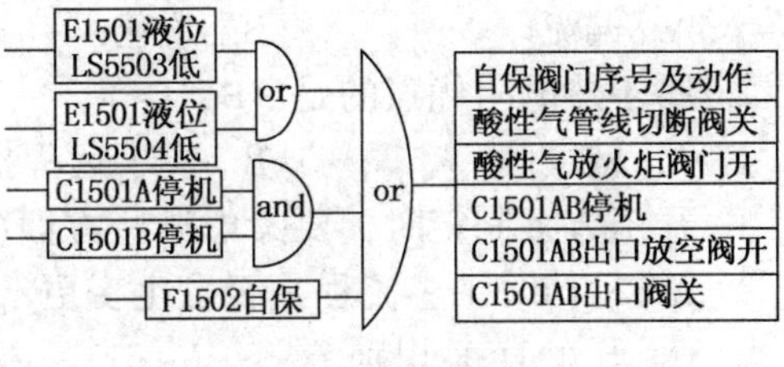

81、82 题图

82. 如图所示为酸性气燃烧炉 F1501 自保逻辑图，图中 E1501 是酸性气燃烧炉废热锅炉，C1501A，B 是酸性气燃烧炉风机，F1502 为焚烧炉。从自保联锁图中，“and”指(A)。

A. “与”门　　B. “或”门　　C. “非”门　　D. 复位

83. 管段图中必须标明方向，下列标注正确的是(A)。

A. 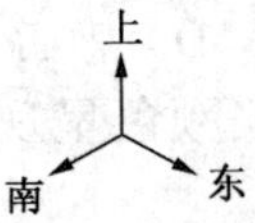

B. 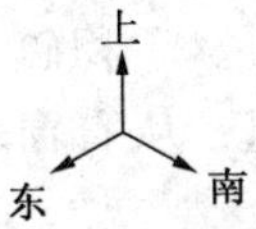

C. 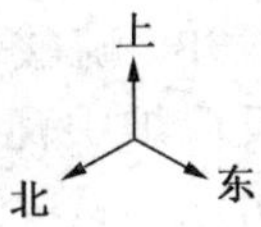

D. 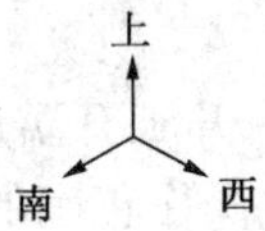

84. 工艺管道图中表示法兰连接的正确的是(B)。

A. 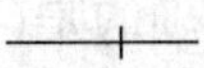　　B. 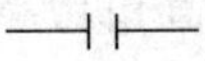　　C.  　　D. 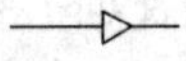

85. 如图所示，是一个精馏塔的自控流程图，从图中可以判断出此塔压力控制方案是(D)。

A. 回流罐液面控制

B. 与回流量串级控制

C. 塔顶温度控制

D. 塔顶冷却器冷却水流量控制

86. 如图所示，是一个精馏塔的自控流程图，从图中可以判断出此塔底温控制方案是(C)。

A. 塔底液面控制

B. 与回流量串级控制

C. 塔底灵敏板温度控制

D. 塔底产品流量控制

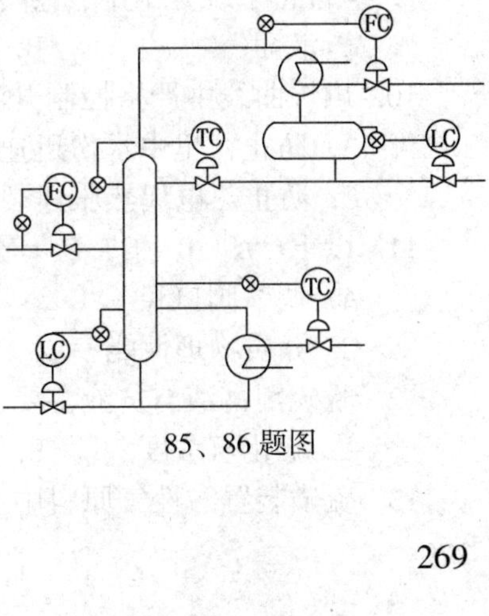

85、86 题图

87. 如图所示，为一个锅炉的自控系统图。从图中可以知道这个控制系统属于(D)控制系统。

A. 单回路　　B. 串级

C. 双冲量　　D. 三冲量

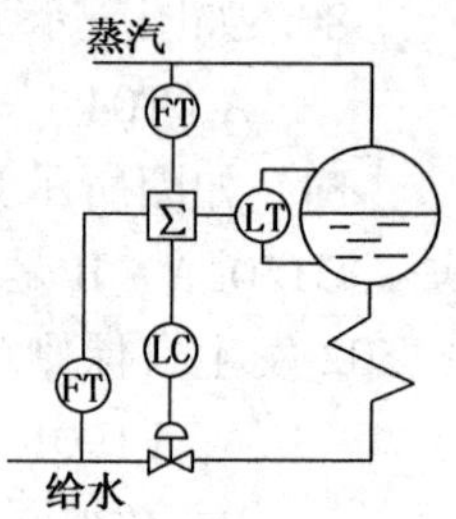

87 题图

88. 当气液两相达到平衡时，气液两相中的各组分不随(C)发生变化。

A. 温度　　B. 压力

C. 时间　　D. 进料量

89. 单位质量的油品由基准温度加热到某温度与压力时(包括相变化在内)所需的热量称为(A)。

A. 热焓　　B. 热量　　C. 热阻　　D. 热损

多选题

1. 催化剂装填必须平整均匀，否则容易出现(A，D)。

A. 偏流　　B. 碳化　　C. 硫磺化　　D. 返混

2. 属于热电阻优点的是(B，C)。

A. 精度高　　B. 便于远程控制　　C. 耐高温　　D. 便于多点控制

3. 开工方案制定时，要考虑哪些方面(A，B，C，D)。

A. 检修时工艺流程是否发生变更　　B. 吹扫气密方案是否适合本次开工

C. 开车 HSE 识别　　D. 列出开工要拆装的盲板

4. 属于差压式液面计特点的是(A，B，C，D)。

A. 结构简单　　B. 安装方便　　C. 便于维护　　D. 工作可靠

5. 锅炉煮炉除垢方法有(A，B，C，D)。

A. 酸洗法　　B. 碱煮法　　C. EDTA 除垢法　　D. 机械除垢法

6. 硫磺装置催化剂的物理失活主要有(A，C，D)。

A. 积炭　　B. 硫酸盐　　C. 积硫　　D. 热崩

7. 开工升温过程中，反应炉中瓦斯点火升温，从看窗中发现火焰颜色呈现暗红，则相应采取操作正确的是(A，B)。

A. 减少瓦斯量　　B. 增加风量　　C. 减少风量　　D. 增加瓦斯量

8. 用瓦斯升温过程中，燃烧炉或反应器温度偏高可以采取的措施正确的是(A，C)。

A. 降低瓦斯量　　B. 减少风量　　C. 充氮气降温　　D. 提高风量

9. 斯科特系统开工中，急冷塔需要注意的参数正确的是(A，B，C，D)。

A. 液面　　B. 压降　　C. 循环水量　　D. 急冷水 pH 值

10. 烘炉曲线中严格控制升温速度，主要是因为(A，C)。

A. 防止衬里中水份迅速汽化、膨胀　　B. 防止酸性气中水份突沸

C. 防止热电偶热胀爆裂　　D. 防止余热锅炉超温

11. 以下(A，B，C，D)属于工程整定需要注意的问题。

A. 调节阀口径　　B. 调节阀前后压差

C. 介质物理性能　　D. 调节系统间的相互影响

12. 脱硫剂富液与贫液主要区别有(A，B，C)。

A. 硫化氢浓度　　B. 二氧化碳浓度　　C. MDEA 浓度　　D. 氮气浓度

13. 硫磺装置酸性气原料中主要杂质有(A，B，D)。

A. 二氧化碳　B. 烃类　C. 铵盐　D. 水分

14. 斯科特工段硫回收率低原因是(A，B，C，D)。

A. 催化剂失活　B. 加氢反应器床层温度低

C. 克劳斯工段硫回收率低　D. 吸收塔温度过高

15. 绝大多数化学反应都是可逆反应，下列选项中属于可逆反应的是(B，D)。

A. 放射性元素的蜕变　B. 硫磺的燃烧

C. $KClO_3$ 的分解　D. 铁的氧化

16. 利用浓度对化学反应平衡的影响，对于已经达到平衡的体系，使平衡向正方向移动的手段正确的是(A，D)。

A. 增加反应物浓度　B. 减少反应物浓度

C. 增加生成物浓度　D. 减少生成物浓度

17. 停工反应器内催化剂的保护操作，以下正确的是(A，B)。

A. 反应器进出口加盲板　B. 反应器充氮气

C. 催化剂装桶保护　D. 催化剂装袋保护

18. 停工检修过程防止硫化亚铁自燃的措施，以下哪些是正确的(A，B，C)。

A. 使用除臭剂清洗硫化亚铁　B. 注意 DCS 内设备温度是否上升

C. 注意在人孔边准备好水皮带　D. 用动力风吹扫

19. 硫化亚铁与空气接触，会发生(B，C)。

A. 爆炸　B. 燃烧　C. 氧化反应　D. 还原反应

20. 硫磺装置由于停工产生的固体废弃物主要有(A，B)。

A. 硫化亚铁残渣　B. 废硫磺　C. 碎瓷球　D. 建筑垃圾

21. 停工时外管道进行确认的目的是(A，B，C)。

A. 保证管道用火的安全　B. 放尽顶水后管道内存水

C. 确保盲板位置正确　D. 保证管道内氧含量

22. 向双端面或单端面的高压侧部直接注入液体称为冲洗，冲洗目的是(A，B，D)。

A. 密封　B. 冷却　C. 提高出口流量　D. 润滑

23. 机械密封冲洗压力应根据(A，B，C)来确定。

A. 冲洗方式　B. 介质压力

C. 介质压力变化情况　D. 介质流量

24. 机械密封新安装后，灌泵时就泄漏的原因是(A，B，C，D)。

A. O 形圈问题　B. 密封面不平整

C. 弹簧压缩量不合适　D. 动静环安装不良

25. 压力容器无损检测中射线检测对(B，C)缺陷比较有效。

A. 裂纹　B. 气孔　C. 夹渣　D. 弧坑

26. 生产中属于换热器的强化途径中，增大传热平均温差措施正确的是(A，C，D)。

A. 增加循环水流量　B. 换热器除垢

C. 增加蒸汽流量　D. 提高蒸汽压力

27. 以下属于装置内静泄漏点的是(A，B，D)。

A. 阀门填料处漏　B. 管线砂眼泄漏

C. 机泵轴封滴漏　D. 动力风管线接口漏

28. 设备维护保养要求以下正确的是（ A，C，D ）。

A. 设备润滑工作，坚持“五定、三过滤”，润滑用具清洁、完整

B. 在用设备90%完好

C. 管线油漆、保温良好，阀门丝杆清洁，静密封点无泄漏

D. 设备保养有明确分工

29. 气体中有以下（ A，B，C，D ）会引起露点腐蚀。

A. HCl　　B. H_2S　　C. SO_2　　D. SO_3

30. 一级反应器超温的原因是（ A，B，C，D ）。

A. 进口掺合阀失灵　　B. 过程气中二氧化硫含量上升

C. 空速大　　D. 氧含量上升

31. 属于事故分析中FTA（事故树分析）分析步骤正确的有（ A，B，C，D ）。

A. 确定顶上事故　　B. 编写事故树

C. 定性分析　　D. 定量分析

32. 如图所示，一个精馏塔的工艺流程简图，塔底泵出口去向有（ A，C，D ）。

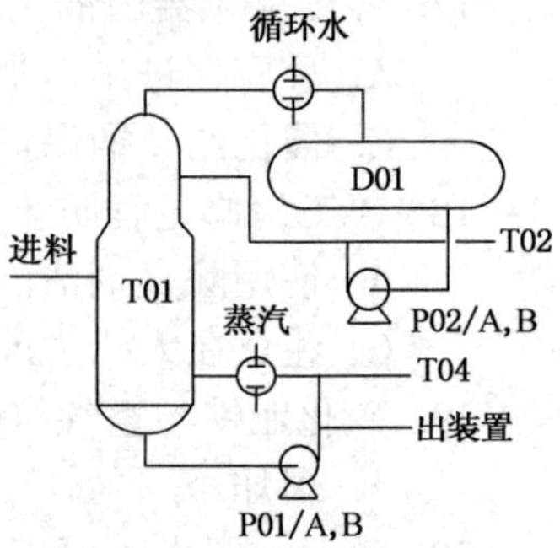

A. T04　　B. T02

C. 出装置　　D. 至蒸汽重沸器

33. 最小回流比为3，在设计中适宜回流比可以选取的数值正确的是（ C，D ）。

A. 2.5　　B. 3　　C. 4　　D. 5

简答题

1. 开车前仪表全面检查内容有哪些？

答：检查检测部位是否正确，变送器一次表是否齐全。检查控制回路是否与图纸相符，控制阀安装位置方向是否正确，便于操作。检查热电偶及孔板安装位置是否正确，双金属温度计指示是否正确。检查各计量仪表安装顺序，方向是否正确，有无遗漏。检查DCS控制系统是否好用，检查可燃气体报警仪完好状态。

2. 在哪些场合下必须加装阀门定位器？

答：①摩擦力大，需要精确定位的场合；②缓慢过程需要提高调节阀速度的系统；③需要提高执行机构输出力和切断能力的场合；④调节介质中含有固体悬浮物或黏性流体场合；⑤分程调节系统和调节阀运行中有时需要改变气开、气关形式的场合；⑥需要改变调节阀流量特性的场合；⑦采用无弹簧执行机构的控制系统。

3. 硫磺装置酸性气原料中氨含量对硫磺转化率的影响有哪几个方面？

答：酸性气中含有NH_3以后，对硫磺转化率影响基于以下几个方面：其一是在NH_3反应炉中燃烧放热。需要消耗H_2S燃烧所需要的氧气，同时带入氮气和水分，使H_2S分压降低，降低了硫的转化率；其二是若燃烧不完全，易生成氮化物，氮化物可以使SO_2氧化成SO_3，造成氧化铝催化剂硫酸盐化而失活，而且可能产生铵盐结晶沉积，堵塞设备和管道。

4. 压力容器检修除了压力容器定期检验时确定的返修项目以外还包括哪些项目？

答：压力容器检修除了压力容器定期检验时确定的返修项目以外还包括容器防腐层、保温层及铭牌；容器壳体及焊缝；基础及地脚螺栓；衬里层；密封面、密封元件、安全附件及

高压主螺栓；裙座及附属钢结构。

5. 离心泵选用原则是什么？

答：离心泵选用原则可分为两步进行：根据被输送液体的性质和操作条件，确定泵的类型；根据具体的管路对泵提出的流量和压头要求确定泵的型号。

6. 几种型号的离心泵同时在最佳工作范围内满足 H、V 的要求，此时如何选泵？

答：几种型号的离心泵同时在最佳工作范围内满足 H、V 的要求，可分别计算各泵工作点，比较泵在各个工作点的效率，选择其中效率最高的，但同时也必须参考泵的价格。

7. 比较塔板进口堰和受液盘在生产上的特点。

答：进口堰和受液盘的作用都是保证降液管的液封，并使液体在塔板上分布均匀，是两种结构不同但作用相同的塔板元件。进口堰要占用较多塔板面积，还易使沉淀物淤积造成阻塞，故多数不采用进口堰。而受液盘便于流体的侧线抽出，并在流体流量低时仍能保持良好的液封，且有改变液体流向的缓冲作用，但凹形受液盘不适于易聚合和有悬浮固体的情况，容易造成死角堵塞。

8. 压力容器在运行中发生哪些异常现象时，操作人员应作紧急停车处理？

答：①压力容器工作压力、介质的温度或壁温超过许用值，采取措施仍不能得到有效控制。②压力容器的主要受压元件发生裂缝、鼓包、变形、泄漏等危及安全的缺陷。③安全附件失效。④接管、坚固件损坏，难以保证安全运行。⑤压力容器液位失去控制，采取措施所不能得到有效控制。⑥压力容器与管道发生严重振动，危及安全运行。

9. 压力容器的破裂失效按混合方法分类有哪几种？

答：压力容器的破裂失效按混合方法分类通常分为韧性破裂；脆性破裂；疲劳破裂；腐蚀破裂；蠕变破裂。

10. 正常生产中换热器的强化途径有哪些？

答：①增大流体的流速；②增大湍流程度，减少层流边界层厚度；③增大流体的导热系数；④防止结垢和除垢。

11. 换热设备结垢产生的后果有哪些？

答：①使换热器传热阻力增加，传热量减少，迫使换热器的传热面积增加或能量的浪费；②减少了流体的流通面积，导致输送动力的增加；③造成传热量的降低，导致达不到工艺参数要求，直至生产非计划停工；④增加大检修的清洗工作量，延长设备检修时间；⑤导致管子垢下腐蚀穿孔，直接威胁生产的正常运行。

12. 机泵大修项目除了包括小修项目以外还包括哪些项目？

答：机泵大修项目除了包括小修项目以外，还包括解体检查各零部件磨损、腐蚀和冲蚀；检查转子，必要时候作动平衡校验；检查并校正轴的直线度；测量并调整转子的轴向窜动量；检查泵体、基础、地脚螺栓，必要时调整垫铁和泵体水平度。

13. 塔设备的检修内容是什么？

答：①清扫塔内壁和塔盘等内件。②检查修理塔体和内衬的腐蚀、变形和各部焊缝。③检查修理或更换塔盘板和鼓泡元件。④检查修理或更换塔内构件。⑤检查修理破沫网、集油箱、喷淋装置和除沫器等部件。⑥检查校验安全附件。⑦检查修理塔基础裂纹、破损、倾斜和下沉。⑧检查修理塔体油漆和保温。

计算题

1. 已知苯、甲苯混合液在 85℃的时候，相对挥发度 $\alpha=2.54$，已知在 85℃的时候，平衡液相中苯有 78%，试求 85℃平衡气相中甲苯含量。

解：① $y_A=\alpha x_A/[1+(\alpha-1)x_A]$

② $x_A=0.78$，$\alpha=2.54$

③ 数据代入 $y_A=0.90$

④ $y_B=1-y_A=0.10$

答：85℃时候，平衡气相中甲苯含量为 10%。

2. 苯、甲苯混合液，在 45℃时候沸腾，外界压力为 20.3kPa。已知 45℃纯苯的饱和蒸气压为 $P^0_{苯}=22.7\text{kPa}$，纯甲苯的饱和蒸气压为 $P^0_{甲苯}=7.6\text{kPa}$。试求液相平衡组成。

解：① $x_{苯}=(P-P^0_{甲苯})/(P^0_{苯}-P^0_{甲苯})=(20.3-7.6)/(22.7-7.6)=0.8410$

② $x_{甲苯}=1-x_{苯}=0.159$

答：液相平衡组成中苯有 84.10%，甲苯有 15.90%。

3. 某列管式换热器由 ϕ25mm×2.5mm、长度为 3m 的管子组成，管子数为 60 根。若苯物料在管内流动流量为 1.25kg/s，由 80℃冷却到 30℃，冷却水在管外与苯作逆流流动，由 20℃加热到 50℃，已知苯的比热为 1.9kJ/kg，以管外为基准的总传热系数为 472W/(m²·℃)，试问该换热器是否合用？(以外表面积计)(计算结果保留 4 位有效数字)

解：① 该设备可提供的传热面积为 $S=n\pi dL=60\times3.14\times0.025\times3=14.13\text{m}^2$

② $Q=WC_p(T_1-T_2)=1.25\times1.9\times(80-30)=118.75\text{kW}$

③ $K=0.472\text{kW/m}^2\cdot℃$

④ 逆流平均温差 $\Delta t_m=(\Delta t_1-\Delta t_2)/\ln(\Delta t_1/\Delta t_2)=18.20$

⑤ $Q=KS'\Delta t_m$，$S'=13.82\text{m}^2$

⑥ $S>S'$

答：该换热器合用。

4. 已知某冷却器介质流量为 16t/h，进口焓为 480.7kJ/kg，出口焓为 92kJ/kg，试计算该冷却器的热负荷是多少？(计算结果保留 4 位有效数字)

解：① 已知流量为 $16T/h=16\times1000/3600=4.444\text{kg/s}$

② 热负荷公式 $Q=W_{热}(H_{进}-H_{出})$

③ 数据代入 $Q=16\times1000/3600\times(480.7-92)=1727\text{kW}$

答：该冷却器的热负荷是 1727kW。

5. 在设计中适宜回流比选则了最小回流比的 2 倍，适宜回流比为 4，求最小回流比。

解：适宜回流比=2×最小回流比

最小回流比=2

答：最小回流比为 2。

6. 已知常压操作下苯与甲苯的混合液分离，塔顶馏出液含苯 98%(物质的量浓度)，回流比为 5，塔顶全凝，泡点回流。苯与甲苯全塔平均相对挥发度为 2.47。求第二块塔盘上升气相组成。(计算结果保留 4 位有效数字)

解：① 塔顶全凝，泡点回流。$y_1=x_D=0.98$

② $y_1=2.47x_1/[1+(2.47-1)x_1]=0.98$

③ 第一块板下降液相 $x_1=0.952$

④ 精馏段方程 $y_2=R/(R+1)\times x_1+x_D/(R+1)=0.9567$

答：第二块塔盘上升气相组成苯含 95.67%，甲苯 4.330%（物质的量浓度）。

7. 已知硫磺回收装置 4 月份循环水日用量为 1200t，装置月处理量为 1400t，硫磺月产量 1200t，求装置当月循环水单耗。

解：① 4 月份循环水日用量为 1200t，则月用量为 1200×30=36000t。

② 当月循环水单耗为 36000/1200=30t/t 硫磺。

答：当月循环水单耗 30t/t 硫磺。

8. 已知硫磺装置 3 月份电单耗为 250kW · h/t 硫磺，电能耗系数为 0.26，当月装置硫磺产量为 1000t，求当月小时平均电耗量。（计算结果保留 4 位有效数字）

解：① 3 月份电单耗为 250kW · h/t 硫磺，电月耗量为 250×1000=250000kW · h；

② 每小时平均耗量为 250000/(31×24)=336.0kW · h；

答：当月电小时平均耗量为 336.0kW · h。

9. 硫磺回收装置某月装置月结报如下：

	酸性气原料/t	硫磺/t	电/kW · h	循环水/t	0.3MPa 蒸汽外输/t	瓦斯/kg
累积量	1411	1101	196072	39369	2050	69000
能耗系数			0.26	0.1	66	0.95

试求此装置当月能耗为多少万大卡/吨。（计算结果保留 4 位有效数字）

解：① 循环水单耗 = 39369/1101 = 35.78t/t，能耗贡献 $35.78\times0.1\times41.868=3.58\times10^6$cal/t 硫磺；

② 电单耗=196072/1101=178.1kW · h/t，能耗贡献 $178.1\times0.26=46.31\times10^6$cal/t 硫磺；

③ 0.3MPa 蒸汽单耗 = −2050/1101 = −1.862t/t，能耗贡献 $-1.862\times66=-122.9\times10^6$cal/t 硫磺；

④ 瓦斯单耗=69000/1101=62.67kg/t，能耗贡献 $62.67\times0.95=59.54\times10^6$cal/t 硫磺；

⑤ 装置能耗 $=3.58+46.31+(-122.9)+59.54=-13.47\times10^6$cal/t 硫磺。

答：此装置当月能耗为 -13.47×10^6cal/t 原料。

10. 危险性分析方法现在得到 $T=AB=(X_1+X_2X_3)(X_2+X_4X_5)$。其中 X_1 到 X_5 都是事故引发原因。试求最小割集。

解：① $T=AB=(X_1+X_2X_3)(X_2+X_4X_5)=X_1X_2+X_1X_4X_5+X_2X_3X_2+X_2X_3X_4X_5$

② $T=X_1X_2+X_1X_4X_5+X_2X_3+X_2X_3X_4X_5$

③ $T=X_1X_2+X_1X_4X_5+X_2X_3$

答：该事故有三个最小割集 $\{X_1X_2\}\{X_2X_3\}\{X_1X_4X_5\}$。

11. 现在需要输送温度为 200℃，密度为 0.75kg/m³ 的烟气，要求输送量为 12700m³/h，全风压为 120mmH_2O，现有一台风机，其铭牌上流量为 12700m³/h，风压为 160mmH_2O，试问该风机是否可用。

解：将实验所需的风压转换为试验状态下的风压 H'_T：

① $H'_T=H_T\times(\rho'/\rho)=120\times(1.2/0.75)=192mmH_2O$

② $H'_T>160$mmH_2O

答：该风机不能用。

12. 安全阀的定压是 10.0MPa，安全阀的积聚压力是定压的 10%，求安全阀的最大泄放压力。

解：① 安全阀的积聚压力=定压×20%=10.0×0.2=2.0MPa

② 安全阀的最大泄放压力=定压+积聚压力=10.0+2.0=12.0MPa

答：安全阀的最大泄放压力是 12.0MPa。

13. 已知某台泵在叶轮外径为 230mm 时，$Q=30m^3/h$，$H=53m$，$N=8.5kW$，$\eta=51\%$，$n=2950r/min$，求叶轮外径改为 208mm 后 Q、H、N 各是多少？（结果保留 4 位有效数字）

解：根据泵的切割定律，$Q'/Q=D'/D$，$H'/H=(D'/D)^2$，$N'/N=(D'/D)^3$，

D 为叶轮切割前直径，D' 为叶轮切割后直径

$$Q'=(D'/D)\times Q=(208/230)\times 30\approx 27.13m^3/h$$

$$H'=(D'/D)^2\times H=(208/230)^2\times 53\approx 43.35m$$

$$N'=(D'/D)^3\times N=(208/230)^3\times 8.5\approx 6.286kW$$

答：叶轮外径改为 208mm 后 Q 为 $27.13m^3/h$，H 为 43.35m(液柱)、N 为 6.286kW。

四、技能操作鉴定要素细目表

鉴定范围						鉴定点	
一级		二级		三级		代码	名称
代码	名称	代码	名称	代码	名称		
A	技能要求	A	工艺操作	B	开车操作	001	加氢催化剂硫化操作
						002	克劳斯系统开工操作
						003	斯科特系统开工操作
						004	酸性气燃烧炉烘炉操作
						005	克劳斯催化剂干燥操作
						006	催化剂装填的操作
						007	开工进料条件确认
				C	正常操作	001	克劳斯尾气 H_2S/SO_2 比值控制
						002	克劳斯工段硫回收率低分析
						003	斯科特工段硫回收率偏低分析
						004	装置正常生产中降低能耗操作
				D	停车操作	001	停车盲板的确定
						002	停工反应器内催化剂保护操作
						003	停工硫化亚铁自燃处理
						004	装置停工开人孔条件确认
						005	装置用火条件确认
		B	设备使用与维护	A	设备使用	001	尾气吸收塔检修确认
						002	装置硫化氢腐蚀分析
						003	尾气焚烧炉的检修确认
						004	容器检修确认

续表

鉴定范围						鉴定点	
一级		二级		三级		代码	名称
代码	名称	代码	名称	代码	名称		
				B	维护设备	001	压力管道维护
						002	机泵大修后检查
						003	压力容器维护
		C	事故判断与处理	A	判断事故	001	蒸汽发生器烧干判断
						002	液硫管线堵塞判断
						003	加氢反应器超温分析
						004	DCS 死机判断
				B	处理事故	001	DCS 卡键坏处理
						002	克劳斯反应器超温处理
						003	酸性气燃烧炉鼓风机故障处理
						004	尾气焚烧炉鼓风机故障处理
						005	酸性气燃烧炉炉膛热电偶坏处理
						006	斯科特氢气中断处理
						007	H_2S/SO_2 在线分析仪故障处理
						008	H_2 在线分析仪故障处理
						009	酸性气燃烧炉联锁停处理
		D	绘图与计算	A	绘图	001	仪表联锁图框图绘制
						002	克劳斯系统工艺自控图绘制
						003	加氢催化剂硫化的流程图绘制
				B	计算	001	现场采集数据计算装置能耗
						002	现场数据采集计算硫转化率
						003	现场数据采集装置物料平衡计算

五、技能操作试题

试题 1：加氢催化剂硫化操作

（考核时间：30min）

序号	考核内容	考核要点	配分	评分标准	检测结果	扣分	得分	备注
1	准备工作	穿戴劳保用品	3	未穿戴整齐扣 3 分				
		工具、用具准备	2	工具选择不正确扣 2 分				
2	操作前提	硫化前设备的检查	5	未检查硫化所用的设备者扣 5 分				
		硫化前流程的检查	10	未对管线流程检查者扣 5 分				
				流程管线错者扣 5 分				

续表

序号	考核内容	考核要点	配分	评分标准	检测结果	扣分	得分	备注
3	操作过程	工作联系及时到位	5	未及时联系扣5分				
		操作顺序正确	15	引气顺序错者扣10分				
				阀门开关未按要求者扣5分				
				未检查各处放空，每漏一个扣5分				
		化验分析项目	10	分析仪表未投用扣5分				
				化验分析未安排扣10分				
		升温速度的要求	10	未按升温曲线进行升温的扣10分				
		操作参数的调节	20	未注意观察压力(温度、液位、流量)变化，造成后果者扣10分				
				未根据分析数据及时调整的扣10分				
4	操作结果	对操作的影响	10	操作不平稳扣10分				
		对环境的影响	5	误操作造成环境污染者扣5分				
5	使用工具	正确使用工具	2	工具使用不正确扣2分				
		正确维护工具	3	工具乱摆乱放扣3分				
6	安全及其他	按国家法规或企业规定		违规一次总分扣5分；严重违规停止操作			—	
		在规定时间内完成操作		每超时1min总分扣5分，超时3min停止操作			—	
		合　计	100					

否定项说明：若出现预硫化床层温度飞温等情况，该题为零分。

试题2：斯科特系统开工操作

（考核时间：60min）

序号	考核内容	考核要点	配分	评分标准	检测结果	扣分	得分	备注
1	准备工作	穿戴劳保用品	3	未穿戴整齐扣3分				
		工具、用具准备	2	工具选择不正确扣2分				
2	操作前提	开工流程的检查	5	未检查边界阀者扣5分				
				未检查设备者扣5分				
				未对管线流程检查者扣5分				
		开工方案的学习	5	不清楚开工方案者扣5分				
3	操作过程	工作联系及时到位	5	未及时联系扣5分				
		操作顺序正确	20	阀门开关未按要求者扣5分				
				未检查各处放空，每漏一个扣5分				
				引气顺序错者扣10分				
				漏项或操作不当扣10分				
				点炉升温操作不正确扣10分				

续表

序号	考核内容	考核要点	配分	评分标准	检测结果	扣分	得分	备注
		化验分析项目	10	分析仪表未投用扣 5 分				
				化验分析未安排扣 10 分				
		操作参数的调节	20	未注意观察压力（温度、液位、流量）变化，造成后果者扣 15 分				
				调节滞后扣 10 分				
		升温速度的要求	10	未按升温曲线进行升温的扣 10 分				
4	操作结果	调整操作的稳定性	10	操作不平稳扣 10 分				
		对环境的影响	5	误操作造成环境污染者扣 5 分				
5	使用工具	正确使用工具	2	工具使用不正确扣 2 分				
		正确维护工具	3	工具乱摆乱放扣 3 分				
6	安全及其他	按国家法规或企业规定		违规一次总分扣 5 分；严重违规停止操作			—	
		在规定时间内完成操作		每超时 1min 总分扣 5 分，超时 3min 停止操作			—	
		合　计	100					

否定项说明：违章操作或发生事故须停止操作，成绩计零分。

试题 3：酸性气燃烧炉烘炉操作

（考核时间：45min）

序号	考核内容	考核要点	配分	评分标准	检测结果	扣分	得分	备注
1	准备工作	穿戴劳保用品	3	未穿戴整齐扣 3 分				
		工具、用具准备	2	工具选择不正确扣 2 分				
2	操作前提	开工流程的检查	5	未检查边界阀者扣 5 分				
				未检查设备者扣 5 分				
				未对管线流程检查者扣 5 分				
		烘炉方案的学习	5	不清楚烘炉方案者扣 5 分				
3	操作过程	工作联系及时到位	5	未及时联系扣 5 分				
		操作顺序正确	30	阀门开关未按要求者扣 5 分				
				未检查各处放空，每漏一个扣 5 分				
				引气顺序错者扣 10 分				
				未检查废热锅炉情况者扣 10 分				
				漏项或操作不当扣 10 分				
				点火失败未进行吹扫者扣 10 分				
		化验分析项目	5	化验分析未安排扣 5 分				

续表

序号	考核内容	考核要点	配分	评分标准	检测结果	扣分	得分	备注
		操作参数的调节	20	未注意观察压力(温度、液位、流量)变化，造成后果者扣15分				
				调节滞后扣10分				
		升温速度的要求	10	未按烘炉曲线进行的扣10分				
4	操作结果	调整操作的稳定性	5	操作不平稳扣5分				
		对环境的影响	5	误操作造成环境污染者扣5分				
5	使用工具	正确使用工具	2	工具使用不正确扣2分				
		正确维护工具	3	工具乱摆乱放扣3分				
6	安全及其他	按国家法规或企业规定		违规一次总分扣5分；严重违规停止操作			—	
		在规定时间内完成操作		每超时1min总分扣5分，超时3min停止操作			—	
		合　计	100					

否定项说明：违章操作或发生事故须停止操作，成绩计零分。

试题4：克劳斯催化剂干燥操作

（考核时间：30min）

序号	考核内容	考核要点	配分	评分标准	检测结果	扣分	得分	备注
1	准备工作	穿戴劳保用品	3	未穿戴整齐扣3分				
		工具、用具准备	2	工具选择不正确扣2分				
2	操作前提	开工流程的检查	5	未检查边界阀者扣5分				
				未检查设备者扣5分				
				未对管线流程检查者扣5分				
		干燥方案的学习	5	不清楚干燥方案者扣5分				
3	操作过程	工作联系及时到位	5	未及时联系扣5分				
		操作顺序正确	20	阀门开关未按要求者扣5分				
				未检查各处放空，每漏一个扣5分				
				改进反应器顺序错者扣10分				
				漏项或操作不当扣10分				
		燃烧烟气的要求	15	瓦斯未完全燃烧者扣15分				
		操作参数的调节	20	未注意观察压力(温度、液位、流量)变化，造成后果者扣15分				
				调节滞后扣10分				
		升温速度的要求	10	未按升温曲线进行升温的扣10分				
				造成反应器床层升温过快扣10分				

续表

序号	考核内容	考核要点	配分	评分标准	检测结果	扣分	得分	备注
4	操作结果	调整操作的稳定性	10	操作不平稳扣10分				
5	使用工具	正确使用工具	2	工具使用不正确扣2分				
		正确维护工具	3	工具乱摆乱放扣3分				
6	安全及其他	按国家法规或企业规定		违规一次总分扣5分；严重违规停止操作			—	
		在规定时间内完成操作		每超时1min总分扣5分，超时3min停止操作			—	
		合　计	100					

否定项说明：违章操作或发生事故须停止操作，成绩计零分。

试题5：催化剂装填的操作

（考核时间：20min）

序号	考核内容	考核要点	配分	评分标准	检测结果	扣分	得分	备注
1	准备工作	穿戴劳保用品	3	未穿戴整齐扣3分				
		工具、用具准备	2	工具选择不正确扣2分				
2	操作前提	装填用具和防护用品的准备	5	反应器未检查清除杂物扣5分 卸料口未碰法兰扣5分				
				进入器内人员操作的工具和安全防护用品未到位扣5分				
		催化剂的计量核对	5	未对催化剂核对计量扣5分				
		反应器的化验分析	5	反应器未经过化验分析扣5分				
		装填方案的学习	5	不清楚装填方案扣5分				
3	操作过程	装填步骤符合要求	30	未先装丝网扣5分				
				未按尺寸装填催化剂扣10分				
				催化剂瓷球未耙平扣10分				
				未按装填图装填扣10分				
		催化剂装填的记录	10	未记录瓷球的量和装填的实际高度扣10分				
		封人孔的确认	10	封人孔时未确认扣10分				
4	操作结果	催化剂安装的记录	20	未对瓷球和催化剂的装入量进行核对扣10分				
		装填后检查		未检查是否有杂物遗漏在反应器内扣10分				
5	使用工具	正确使用工具	2	工具使用不正确扣2分				
		正确维护工具	3	工具乱摆乱放扣3分				

续表

序号	考核内容	考核要点	配分	评分标准	检测结果	扣分	得分	备注
6	安全及其他	按国家法规或企业规定		违规一次总分扣5分；严重违规停止操作				—
		在规定时间内完成操作		每超时1min总分扣5分，超时3min停止操作				—
		合　计	100					

试题6：克劳斯尾气 H_2S/SO_2 比值控制

（考核时间：30min）

序号	考核内容	考核要点	配分	评分标准	检测结果	扣分	得分	备注
1	准备工作	穿戴劳保用品	5	未穿戴整齐扣5分				
2	技术准备	控制目的表述完整	5	比值控制目的表述不准确扣5分				
		控制指标表述准确	5	主要控制点不准确扣5分				
		影响因素分析透彻，调节对象理解深刻	10	主要影响因素叙述不完整扣5分				
				调节对象表述错误扣5分				
				对其他参数影响及后果考虑不周扣5分				
		流程检查正确无误	5	未检查流程扣5分				
3	操作过程	操作步骤按先后顺序完成，并无操作不当	30	漏项或操作不当扣10分				
				分析仪未投用扣10分				
				未按先后顺序进行扣10分				
				操作时引起波动大扣20分				
		系统调节平稳，调节无滞后现象	25	仪表控制系统调节错误扣20分				
				开错阀门扣20分				
				未及时注意观察克劳斯系统温度者扣10分				
				调节滞后扣10分				
				操作不平稳扣10分				
4	操作结果	对参数控制能达到要求	10	比值未达到要求扣5分				
				分析结果不正确扣5分				
5	使用工具	正确使用工具	2	工具使用不正确扣2分				
		正确维护工具	3	工具乱摆乱放扣3分				
6	安全及其他	按国家法规或企业规定		违规一次总分扣5分；严重违规停止操作				—
		在规定时间内完成操作		每超时1min总分扣5分，超时3min停止操作				—
		合　计	100					

否定项说明：违章操作或发生事故须停止操作，成绩计零分。

试题7：斯科特工段硫回收率偏低分析

（考核时间：30min）

序号	考核内容	考核要点	配分	评分标准	检测结果	扣分	得分	备注
1	准备工作	穿戴劳保用品	5	未穿戴整齐扣5分				
2	技术准备	控制目的表述完整	5	硫回收率低的表述不准确扣5分				
		控制指标表述准确	5	主要控制点不准确扣5分				
		影响因素分析透彻，调节对象理解深刻	10	主要影响因素叙述不完整扣5分				
				调节对象表述错误扣5分				
				对其他参数影响及后果考虑不周扣5分				
		流程检查正确无误	5	未检查流程扣5分				
3	操作过程	操作步骤按先后顺序完成，并无操作不当	30	漏项或操作不当扣10分				
				分析仪未投用扣10分				
				未按先后顺序进行扣10分				
				操作时引起波动大扣20分				
		系统调节平稳，调节无滞后现象	25	仪表控制系统调节错误扣20分				
				开错阀门扣20分				
				未及时注意观察斯科特系统温度者扣10分				
				调节滞后扣10分				
				操作不平稳扣10分				
4	操作结果	硫回收率达到要求	10	硫回收率未达到要求扣5分				
				分析结果不正确扣5分				
5	使用工具	正确使用工具	2	工具使用不正确扣2分				
		正确维护工具	3	工具乱摆乱放扣3分				
6	安全及其他	按国家法规或企业规定		违规一次总分扣5分；严重违规停止操作			—	
		在规定时间内完成操作		每超时1min总分扣5分，超时3min停止操作			—	
		合　计	100					

否定项说明：违章操作或发生事故须停止操作，成绩计零分。

试题8：装置正常生产中降低能耗操作

（考核时间：30min）

序号	考核内容	考核要点	配分	评分标准	检测结果	扣分	得分	备注
1	准备工作	穿戴劳保用品	5	未穿戴整齐扣5分				

续表

序号	考核内容	考核要点	配分	评分标准	检测结果	扣分	得分	备注
2	技术准备	控制目的表述完整	5	降低能耗目的的表述不准确扣5分				
		能耗指标表述准确	5	主要控制点不准确扣5分				
		影响因素分析透彻，调节对象理解深刻	10	主要影响因素叙述不完整扣5分				
				调节对象表述错误扣5分				
				对其他参数影响及后果考虑不周扣5分				
		流程检查正确无误	5	未检查流程扣5分				
3	操作过程	操作步骤按先后顺序完成，并无操作不当	30	漏项或操作不当扣10分				
				分析仪未投用扣10分				
				未按先后顺序进行扣10分				
				操作时引起波动大扣20分				
		系统调节平稳，调节无滞后现象	25	仪表控制系统调节错误扣20分				
				开错阀门扣20分				
				未及时注意观察系统温度者扣10分				
				调节滞后扣10分				
				操作不平稳扣10分				
4	操作结果	能耗达到要求	10	能耗未达到要求扣5分				
				分析结果不正确扣5分				
5	使用工具	正确使用工具	2	工具使用不正确扣2分				
		正确维护工具	3	工具乱摆乱放扣3分				
6	安全及其他	按国家法规或企业规定		违规一次总分扣5分；严重违规停止操作			—	
		在规定时间内完成操作		每超时1min总分扣5分，超时3min停止操作			—	
		合　计	100					

否定项说明：违章操作或发生事故须停止操作，成绩计零分。

试题9：停车盲板的确定(现场模拟)

（考核时间：20min）

序号	考核内容	考核要点	配分	评分标准	检测结果	扣分	得分	备注
1	准备工作	穿戴劳保用品	5	未穿戴整齐扣5分				
2	技术准备	盲板确定目的表述准确	5	盲板确定目的表述不准确扣5分				
		流程检查符合规范	5	未检查流程扣5分				
		影响因素及后果考虑周全	10	影响因素及后果考虑不周扣10分				

续表

序号	考核内容	考核要点	配分	评分标准	检测结果	扣分	得分	备注
3	操作过程	操作步骤先后顺序正确，并无遗漏	25	漏项或操作不当扣10分				
				未按先后顺序进行扣10分				
		安装条件具备	25	盲板位置不当扣20分				
				管线是否经过吹扫扣10分				
4	操作结果	盲板使用符合要求，达到安全的目的	20	盲板选用不正确扣10分				
				盲板安装不正确扣10分				
5	使用工具	正确使用工具	2	工具使用不正确扣2分				
		正确维护工具	3	工具乱摆乱放扣3分				
6	安全及其他	按国家法规或企业规定		违规一次总分扣5分；严重违规停止操作			—	
		在规定时间内完成操作		每超时1min总分扣5分，超时3min停止操作			—	
		合　计	100					

否定项说明：违章操作或发生事故须停止操作，成绩计零分。

试题10：停工反应器内催化剂保护操作(现场模拟)

（考核时间：30min）

序号	考核内容	考核要点	配分	评分标准	检测结果	扣分	得分	备注
1	准备工作	穿戴劳保用品	5	未穿戴整齐扣5分				
2	技术准备	催化剂保护目的表述准确	5	催化剂保护的目的表述不准确扣5分				
		流程检查符合规范	5	未检查流程扣5分				
		影响因素及后果考虑周全	10	主要影响因素叙述不完整扣5分				
				对其他影响及后果考虑不周扣5分				
3	操作过程	操作步骤先后顺序正确、并无遗漏	25	漏项或操作不当扣10分				
				未按先后顺序进行扣10分				
				盲板位置不当扣10分				
		保护操作到位	25	管线是否经过吹扫扣10分				
				未增加氮封扣10分				
				未做好防护措施扣10分				
4	操作结果	保护操作达到要求	20	保护操作未达到要求扣10分				
				造成催化剂自燃扣10分				
5	使用工具	正确使用工具	2	工具使用不正确扣2分				
		正确维护工具	3	工具乱摆乱放扣3分				
6	安全及其他	按国家法规或企业规定		违规一次总分扣5分；严重违规停止操作			—	
		在规定时间内完成操作		每超时1min总分扣5分，超时3min停止操作			—	
		合　计	100					

否定项说明：违章操作或发生事故须停止操作，成绩计零分。

试题 11：停工硫化亚铁自燃处理

（考核时间：30min）

序号	考核内容	考核要点	配分	评分标准	检测结果	扣分	得分	备注
1	准备工作	穿戴劳保用品	5	未穿戴整齐扣 5 分				
2	技术准备	硫化亚铁自燃原理表述准确	15	硫化亚铁自燃原理表述不准确扣 5 分				
				硫化亚铁危害不清楚扣 10 分				
		流程检查符合规范	5	未检查流程扣 5 分				
3	操作过程	操作步骤先后顺序正确、并无遗漏	30	漏项或操作不当扣 10 分				
				未按先后顺序进行扣 10 分				
				开错阀门扣 10 分				
		防范措施操作到位	30	未观察温度的变化扣 10 分				
				未设水喷淋扣 10 分				
				未做好防护措施扣 10 分				
4	操作结果	操作达到要求	10	保护操作未达到要求扣 10 分				
5	使用工具	正确使用工具	2	工具使用不正确扣 2 分				
		正确维护工具	3	工具乱摆乱放扣 3 分				
6	安全及其他	按国家法规或企业规定		违规一次总分扣 5 分；严重违规停止操作			—	
		在规定时间内完成操作		每超时 1min 总分扣 5 分，超时 3min 停止操作			—	
		合　　计	100					

否定项说明：违章操作或发生事故须停止操作，成绩计零分。

试题 12：装置用火条件确认

（考核时间：15min）

序号	考核内容	考核要点	配分	评分标准	检测结果	扣分	得分	备注
1	准备工作	穿戴劳保用品	3	未穿戴整齐扣 3 分				
		工具、用具准备	2	工具选择不正确扣 2 分				
2	技术准备	清楚用火管理制度	10	用火管理制度不清楚扣 10 分				
		用火化验分析的要求清楚放空阀的状态	20	用火分析数据不清楚扣 10 分				
				未联系采样分析扣 10 分				
3	操作过程	操作步骤先后顺序正确，并无遗漏	25	漏项或操作不当每处扣 5 分				
				开错阀门扣 10 分				
				分析不合格后未及时处理扣 20 分				
				方法不正确扣 10 分				

续表

序号	考核内容	考核要点	配分	评分标准	检测结果	扣分	得分	备注
		安全操作，符合规范	25	未经过吹扫扣 20 分				
				未经过分析识别扣 10 分				
				未检查压力、温度每处扣 5 分				
4	操作结果	达到操作要求	10	不符合用火要求扣 10 分				
5	使用工具	正确使用工具	2	工具使用不正确扣 2 分				
		正确维护工具	3	工具乱摆乱放扣 3 分				
6	安全及其他	按国家法规或企业规定		违规一次总分扣 5 分；严重违规停止操作			—	
		在规定时间内完成操作		每超时 1min 总分扣 5 分，超时 3min 停止操作			—	
		合　计	100					

试题 13：尾气吸收塔检修确认

（考核时间：30min）

序号	考核内容	考核要点	配分	评分标准	检测结果	扣分	得分	备注
1	准备工作	穿戴劳保用品	3	未穿戴整齐扣 3 分				
		工具、用具准备	2	工具选择不正确扣 2 分				
2	技术准备	设备的检查	10	未检查安全附件扣 10 分				
				未检查管线扣 5 分				
		盲板的确定	5	未检查盲板扣 5 分				
		化验分析的要求	5	未经过分析化验扣 5 分				
3	操作过程	检查方法的确认	20	外部检查方法不正确扣 10 分				
				内部检查方法不正确扣 10 分				
		确认步骤	30	漏项每处扣 5 分				
				操作不当扣 10 分				
				未按相关步骤操作扣 10 分				
				方法错误扣 10 分				
4	操作结果	检修达到要求	20	检修过程不注意安全防护扣 10 分				
				检修未达到要求扣 10 分				
				现场有垃圾未清扫扣 5 分				
5	使用工具	正确使用工具	2	工具使用不正确扣 2 分				
		正确维护工具	3	工具乱摆乱放扣 3 分				
6	安全及其他	按国家法规或企业规定		违规一次总分扣 5 分；严重违规停止操作			—	
		在规定时间内完成操作		每超时 1min 总分扣 5 分，超时 3min 停止操作			—	
		合　计	100					

试题 14：尾气焚烧炉的检修确认

（考核时间：30min）

序号	考核内容	考核要点	配分	评分标准	检测结果	扣分	得分	备注
1	准备工作	穿戴劳保用品	3	未穿戴整齐扣 3 分				
		工具、用具准备	2	工具选择不正确扣 2 分				
2	技术准备	设备的检查	10	未检查安全附件扣 10 分				
				未检查管线扣 5 分				
		盲板的确定	5	未检查盲板扣 5 分				
		化验分析的要求	5	未经过分析化验扣 5 分				
3	操作过程	检查方法的确认	20	外部检查方法不正确扣 10 分				
				内部检查方法不正确扣 10 分				
		确认步骤	30	漏项每处扣 5 分				
				操作不当扣 10 分				
				未按相关步骤操作扣 10 分				
				方法错误扣 10 分				
4	操作结果	检修达到要求	20	检修过程不注意安全防护扣 10 分				
				检修未达到要求扣 10 分				
				现场有垃圾未清扫扣 5 分				
5	使用工具	正确使用工具	2	工具使用不正确扣 2 分				
		正确维护工具	3	工具乱摆乱放扣 3 分				
6	安全及其他	按国家法规或企业规定		违规一次总分扣 5 分；严重违规停止操作			—	
		在规定时间内完成操作		每超时 1min 总分扣 5 分，超时 3min 停止操作			—	
		合　　计	100					

试题 15：容器检修确认

（考核时间：20min）

序号	考核内容	考核要点	配分	评分标准	检测结果	扣分	得分	备注
1	准备工作	穿戴劳保用品	3	未穿戴整齐扣 3 分				
		工具、用具准备	2	工具选择不正确扣 2 分				
2	技术准备	设备的检查	10	未检查安全附件扣 10 分				
				未检查管线扣 5 分				
		盲板的确定	5	未检查盲板扣 5 分				
		化验分析的要求	5	未经过分析化验扣 5 分				
3	操作过程	检查方法的确认	20	外部检查方法不正确扣 10 分				
				内部检查方法不正确扣 10 分				

续表

序号	考核内容	考核要点	配分	评分标准	检测结果	扣分	得分	备注
		确认步骤	30	漏项每处扣5分				
				操作不当扣10分				
				未按相关步骤操作扣10分				
				方法错误扣10分				
4	操作结果	检修达到要求	20	检修过程不注意安全防护扣10分				
				检修未达到要求扣10分				
				现场有垃圾未清扫扣5分				
5	使用工具	正确使用工具	2	工具使用不正确扣2分				
		正确维护工具	3	工具乱摆乱放扣3分				
6	安全及其他	按国家法规或企业规定		违规一次总分扣5分；严重违规停止操作			—	
		在规定时间内完成操作		每超时1min总分扣5分，超时3min停止操作			—	
		合　计	100					

试题16：压力管道维护

（考核时间：15min）

序号	考核内容	考核要点	配分	评分标准	检测结果	扣分	得分	备注
1	准备工作	穿戴劳保用品	5	未穿戴整齐扣5分				
		工具、用具准备	5	工具选择不正确扣5分				
2	技术准备	压力管道知识清楚	20	压力管道等级不清楚扣10分				
				压力管道维护知识不清楚扣10分				
		流程状态清楚	10	流程状态不清楚扣10分				
3	操作过程	操作步骤	20	漏项或操作不当每处扣5分				
				未按先后顺序扣10分				
		操作方法	20	检查方法不正确扣10分				
				管道投用方法不正确扣10分				
		操作注意事项	10	过程中未注意安全扣10分				
4	使用工具	正确使用工具	2	工具使用不正确扣2分				
		正确维护工具	3	工具乱摆乱放扣3分				
5	安全及其他	按国家法规或企业规定		违规一次总分扣5分；严重违规停止操作			—	
		在规定时间内完成操作		每超时1min总分扣5分，超时3min停止操作			—	
		合　计	100					

试题17：机泵大修后检查

（考核时间：15min）

序号	考核内容	考核要点	配分	评分标准	检测结果	扣分	得分	备注
1	准备工作	穿戴劳保用品	5	未穿戴整齐扣5分				
		工具、用具准备	5	工具选择不正确扣5分				
2	技术准备	机泵大修知识清楚	20	机泵大修内容不清楚扣10分				
				机泵检查内容不清楚扣10分				
		流程状态清楚	10	流程状态未检查扣10分				
3	操作过程	操作步骤	20	漏项或操作不当每处扣5分				
				未按先后顺序扣10分				
		操作方法	20	检查方法不正确扣10分				
				投用方法不正确扣10分				
		操作注意事项	10	未检查部件扣10分				
4	使用工具	正确使用工具	5	工具使用不正确扣5分				
		正确维护工具	5	工具乱摆乱放扣5分				
5	安全及其他	按国家法规或企业规定		违规一次总分扣5分；严重违规停止操作			—	
		在规定时间内完成操作		每超时1min总分扣5分，超时3min停止操作			—	
	合　计		100					

试题18：蒸汽发生器烧干判断

（考核时间：15min）

序号	考核内容	考核要点	配分	评分标准	检测结果	扣分	得分	备注
1	准备工作	穿戴劳保用品	3	未穿戴整齐扣3分				
		工具、用具准备	2	工具选择不正确扣2分				
2	事故现象表述	引发事故因素表述清晰完整	10	事故因素表述不完整扣5分，表述不清晰扣5分				
		事故现象信息充分、无遗漏	10	事故现象信息缺一项扣5分				
			10	事故现象信息表述不充分扣10分				
			20	事故关键现象信息缺扣20分				
3	事故原因分析	事故原因分析透彻有深度，完整无遗漏	20	事故原因分析不完整扣10分，分析无深度扣10分				
			20	事故关键原因缺扣20分				
4	使用工具	正确使用工具	2	工具使用不正确扣2分				
		正确维护工具	3	工具乱摆乱放扣3分				

续表

序号	考核内容	考核要点	配分	评分标准	检测结果	扣分	得分	备注
5	安全及其他	按国家法规或企业规定		违规一次扣总分5分			—	
		在规定时间内完成操作		每超时1min总分扣5分，超时3min停止操作			—	
		合　计	100					

试题19：液硫管线堵塞判断

（考核时间：15min）

序号	考核内容	考核要点	配分	评分标准	检测结果	扣分	得分	备注
1	准备工作	穿戴劳保用品	3	未穿戴整齐扣3分				
		工具、用具准备	2	工具选择不正确扣2分				
2	事故现象表述	引发事故因素表述清晰完整	10	事故因素表述不完整扣5分，表述不清晰扣5分				
		事故现象信息充分、无遗漏	10	事故现象信息缺一项扣5分				
			10	事故现象信息表述不充分扣10分				
			20	事故关键现象信息缺扣20分				
3	事故原因分析	事故原因分析透彻有深度，完整无遗漏	20	事故原因分析不完整扣10分，分析无深度扣10分				
			20	事故关键原因缺扣20分				
4	使用工具	正确使用工具	2	工具使用不正确扣2分				
		正确维护工具	3	工具乱摆乱放扣3分				
5	安全及其他	按国家法规或企业规定		违规一次扣总分5分			—	
		在规定时间内完成操作		每超时1min总分扣5分，超时3min停止操作			—	
		合　计	100					

试题20：DCS死机判断

（考核时间：15min）

序号	考核内容	考核要点	配分	评分标准	检测结果	扣分	得分	备注
1	准备工作	穿戴劳保用品	3	未穿戴整齐扣3分				
		工具、用具准备	2	工具选择不正确扣2分				
2	事故现象表述	引发事故因素表述清晰完整	10	事故因素表述不完整扣5分，表述不清晰扣5分				

续表

序号	考核内容	考核要点	配分	评分标准	检测结果	扣分	得分	备注
		事故现象信息充分、无遗漏	10	事故现象信息缺一项扣5分				
			10	事故现象信息表述不充分扣10分				
			20	事故关键现象信息缺扣20分				
3	事故原因分析	事故原因分析透彻有深度，完整无遗漏	20	事故原因分析不完整扣10分，分析无深度扣5分				
			20	事故关键原因缺扣20分				
4	使用工具	正确使用工具	2	工具使用不正确扣2分				
		正确维护工具	3	工具乱摆乱放扣3分				
5	安全及其他	按国家法规或企业规定		违规一次扣总分5分			—	
		在规定时间内完成操作		每超时1min总分扣5分，超时3min停止操作			—	
		合　计	100					

试题21：DCS卡键坏处理

（考核时间：30min）

序号	考核内容	考核要点	配分	评分标准	检测结果	扣分	得分	备注
1	准备工作	穿戴劳保用品	3	未穿戴整齐扣3分				
		工具、用具准备	2	工具选择不正确扣2分				
2	事故现象判断	引发事故因素表述清晰完整	5	引发事故因素表述不完整扣3分，表述不清晰扣2分				
		事故现象信息充分、无遗漏	10	事故现象信息缺一扣5分				
				事故现象信息表述不完整扣5分				
		关键事故现象描述清楚	5	事故关键现象描述不清楚扣5分				
3	事故原因分析	事故原因分析完整无遗漏，分析透彻有深度	5	事故原因分析不完整扣3分，分析无深度扣2分				
		事故关键原因分析准确	5	事故关键原因不准确扣5分				
4	事故处理操作	联系工作及时到位	5	未及时联系扣5分				
		处理原则表述完整	10	处理原则表述不完整扣10分				
		处理步骤先后顺序正确并无遗漏、操作不当	20	处理步骤顺序不正确扣10分				
				漏项或操作不当扣10分				
		处理注意事项符合事故处理预案规范	10	未考虑操作对上下游带来的影响扣10分				
5	事故处理操作质量	事故处理调节熟练、迅速，过程平稳、波动小，并无调节错误	15	处理事故过程引起生产波动大扣10分				
				调节滞后扣5分，调节错误扣20分				

续表

序号	考核内容	考核要点	配分	评分标准	检测结果	扣分	得分	备注
6	使用工具	正确使用工具	2	工具使用不正确扣2分				
		正确维护工具	3	工具乱摆乱放扣3分				
7	安全及其他	按国家法规或企业规定		违规一次扣总分5分			—	
		在规定时间内完成操作		每超时1min总分扣5分，超时3min停止操作			—	
		合　计	100					

否定项说明：违章操作或发生事故须停止操作，成绩计零分。

试题22：克劳斯反应器超温处理

（考核时间：15min）

序号	考核内容	考核要点	配分	评分标准	检测结果	扣分	得分	备注
1	准备工作	穿戴劳保用品	3	未穿戴整齐扣3分				
		工具、用具准备	2	工具选择不正确扣2分				
2	事故现象判断	引发事故因素表述清晰完整	5	引发事故因素表述不完整扣3分，表述不清晰扣2分				
		事故现象信息充分、无遗漏	10	事故现象信息缺一扣5分				
				事故现象信息表述不完整扣5分				
		关键事故现象描述清楚	5	事故关键现象描述不清楚扣5分				
3	事故原因分析	事故原因分析完整无遗漏，分析透彻有深度	5	事故原因分析不完整扣3分，分析无深度扣2分				
		事故关键原因分析准确	5	事故关键原因不准确扣5分				
4	事故处理操作	联系工作及时到位	5	未及时联系扣5分				
		处理原则表述完整	10	处理原则表述不完整扣10分				
		处理步骤先后顺序正确并无遗漏、操作不当	20	处理步骤顺序不对扣10分				
				漏项或操作不当扣10分				
		处理注意事项符合事故处理预案规范	10	未考虑操作对上下游带来的影响扣10分				
5	事故处理操作质量	事故处理调节熟练、迅速，过程平稳、波动小，并无调节错误	15	处理事故过程引起生产波动大扣10分				
				调节滞后扣5分，调节错误扣20分				
6	使用工具	正确使用工具	2	工具使用不正确扣2分				
		正确维护工具	3	工具乱摆乱放扣3分				
7	安全及其他	按国家法规或企业规定		违规一次扣总分5分			—	
		在规定时间内完成操作		每超时1min总分扣5分，超时3min停止操作			—	
		合　计	100					

否定项说明：违章操作或发生事故须停止操作，成绩计零分

试题23：尾气焚烧炉鼓风机故障处理

（考核时间：30min）

序号	考核内容	考核要点	配分	评分标准	检测结果	扣分	得分	备注
1	准备工作	穿戴劳保用品	3	未穿戴整齐扣3分				
		工具、用具准备	2	工具选择不正确扣2分				
2	事故现象判断	引发事故因素表述清晰完整	5	引发事故因素表述不完整扣3分，表述不清晰扣2分				
		事故现象信息充分、无遗漏	10	事故现象信息缺一扣5分				
				事故现象信息表述不完整扣5分				
		关键事故现象描述清楚	5	事故关键现象描述不清楚扣5分				
3	事故原因分析	事故原因分析完整无遗漏，分析透彻有深度	5	事故原因分析不完整扣3分，分析无深度扣2分				
		事故关键原因分析准确	5	事故关键原因不准确扣5分				
4	事故处理操作	联系工作及时到位	5	未及时联系扣5分				
		处理原则表述完整	10	处理原则表述不完整扣10分				
		处理步骤先后顺序正确并无遗漏、操作不当	20	处理步骤顺序不对扣10分				
				漏项或操作不当扣10分				
		处理注意事项符合事故处理预案规范	10	未考虑操作对上下游带来的影响扣10分				
5	事故处理操作质量	事故处理调节熟练、迅速，过程平稳、波动小，并无调节错误	15	处理事故过程引起生产波动大扣10分				
				调节滞后扣5分，调节错误扣20分				
6	使用工具	正确使用工具	2	工具使用不正确扣2分				
		正确维护工具	3	工具乱摆乱放扣3分				
7	安全及其他	按国家法规或企业规定		违规一次扣总分5分			—	
		在规定时间内完成操作		每超时1min总分扣5分，超时3min停止操作			—	
		合　　计	100					

否定项说明：违章操作或发生事故须停止操作，成绩计零分

试题24：酸性气燃烧炉炉膛热电偶损坏的处理

（考核时间：30min）

序号	考核内容	考核要点	配分	评分标准	检测结果	扣分	得分	备注
1	准备工作	穿戴劳保用品	3	未穿戴整齐扣3分				
		工具、用具准备	2	工具选择不正确扣2分				
2	事故现象判断	引发事故因素表述清晰完整	5	引发事故因素表述不完整扣3分，表述不清晰扣2分				

续表

序号	考核内容	考核要点	配分	评分标准	检测结果	扣分	得分	备注
		事故现象信息充分、无遗漏	10	事故现象信息缺一扣5分				
				事故现象信息表述不完整扣5分				
		关键事故现象描述清楚	5	事故关键现象描述不清楚扣5分				
3	事故原因分析	事故原因分析完整无遗漏，分析透彻有深度	5	事故原因分析不完整扣3分，分析无深度扣2分				
		事故关键原因分析准确	5	事故关键原因不准确扣5分				
4	事故处理操作	联系工作及时到位	5	未及时联系扣5分				
		处理原则表述完整	10	处理原则表述不完整扣10分				
		处理步骤先后顺序正确并无遗漏、操作不当	20	处理步骤顺序不对扣10分				
				漏项或操作不当扣10分				
		处理注意事项符合事故处理预案规范	10	未考虑操作对上下游带来的影响扣10分				
5	事故处理操作质量	事故处理调节熟练、迅速，过程平稳、波动小，并无调节错误	15	处理事故过程引起生产波动大扣10分				
				调节滞后扣5分，调节错误扣20分				
6	使用工具	正确使用工具	2	工具使用不正确扣2分				
		正确维护工具	3	工具乱摆乱放扣3分				
7	安全及其他	按国家法规或企业规定		违规一次扣总分5分			—	
		在规定时间内完成操作		每超时1min总分扣5分，超时3min停止操作			—	
	合　计		100					

否定项说明：违章操作或发生事故须停止操作，成绩计零分。

试题25：H_2S/SO_2在线分析仪故障处理

（考核时间：15min）

序号	考核内容	考核要点	配分	评分标准	检测结果	扣分	得分	备注
1	准备工作	穿戴劳保用品	3	未穿戴整齐扣3分				
		工具、用具准备	2	工具选择不正确扣2分				
2	事故现象判断	引发事故因素表述清晰完整	5	引发事故因素表述不完整扣3分，表述不清晰扣2分				
		事故现象信息充分、无遗漏	10	事故现象信息缺一扣5分				
				事故现象信息表述不完整扣5分				
		关键事故现象描述清楚	5	事故关键现象描述不清楚扣5分				

续表

序号	考核内容	考核要点	配分	评分标准	检测结果	扣分	得分	备注
3	事故原因分析	事故原因分析完整无遗漏，分析透彻有深度	5	事故原因分析不完整扣3分，分析无深度扣2分				
		事故关键原因分析准确	5	事故关键原因不准确扣5分				
4	事故处理操作	联系工作及时到位	5	未及时联系扣5分				
		处理原则表述完整	10	处理原则表述不完整扣10分				
		处理步骤先后顺序正确并无遗漏、操作不当	20	处理步骤顺序不对扣10分				
				漏项或操作不当扣10分				
		处理注意事项符合事故处理预案规范	10	未考虑操作对上下游带来的影响扣10分				
5	事故处理操作质量	事故处理调节熟练、迅速，过程平稳、波动小，并无调节错误	15	处理事故过程引起生产波动大扣10分				
				调节滞后扣5分，调节错误扣20分				
6	使用工具	正确使用工具	2	工具使用不正确扣2分				
		正确维护工具	3	工具乱摆乱放扣3分				
7	安全及其他	按国家法规或企业规定		违规一次扣总分5分			—	
		在规定时间内完成操作		每超时1min总分扣5分，超时3min停止操作			—	
		合计	100					

否定项说明：违章操作或发生事故须停止操作，成绩计零分

试题26：酸性气燃烧炉联锁停处理

（考核时间：30min）

序号	考核内容	考核要点	配分	评分标准	检测结果	扣分	得分	备注
1	准备工作	穿戴劳保用品	3	未穿戴整齐扣3分				
		工具、用具准备	2	工具选择不正确扣2分				
2	事故现象判断	引发事故因素表述清晰完整	5	引发事故因素表述不完整扣3分，表述不清晰扣2分				
		事故现象信息充分、无遗漏	10	事故现象信息缺一扣5分				
				事故现象信息表述不完整扣5分				
		关键事故现象描述清楚	5	事故关键现象描述不清楚扣5分				
3	事故原因分析	事故原因分析完整无遗漏，分析透彻有深度	5	事故原因分析不完整扣3分，分析无深度扣2分				
		事故关键原因分析准确	5	事故关键原因不准确扣5分				

续表

序号	考核内容	考核要点	配分	评分标准	检测结果	扣分	得分	备注
4	事故处理操作	联系工作及时到位	5	未及时联系扣5分				
		处理原则表述完整	10	处理原则表述不完整扣10分				
		处理步骤先后顺序正确并无遗漏、操作不当	20	处理步骤顺序不对扣10分				
				漏项或操作不当扣10分				
		处理注意事项符合事故处理预案规范	10	未考虑操作对上下游带来的影响扣10分				
5	事故处理操作质量	事故处理调节熟练、迅速，过程平稳、波动小，并无调节错误	15	处理事故过程引起生产波动大扣10分				
				调节滞后扣5分，调节错误扣20分				
6	使用工具	正确使用工具	2	工具使用不正确扣2分				
		正确维护工具	3	工具乱摆乱放扣3分				
7	安全及其他	按国家法规或企业规定		违规一次扣总分5分			—	
		在规定时间内完成操作		每超时1min总分扣5分，超时3min停止操作			—	
		合　　计	100					

否定项说明：违章操作或发生事故须停止操作，成绩计零分。

试题27：仪表联锁图框图绘制

（考核时间：60min）

序号	考核内容	考核要点	配分	评分标准	检测结果	扣分	得分	备注
1	准备工作	工具、用具准备	5	未自带工具扣5分				
2	图形绘制	图纸幅面选择正确	5	图纸幅面选择错误扣5分				
		绘图比例准确	5	绘图比例错误扣5分				
		图面布置完好	5	图面布置不匀称、美观扣5分				
		联锁图控制方案正确，逻辑关系正确，无漏项	45	工艺流程排布不合理扣5分				
				缺画逻辑关系一处扣10分				
				少画联锁一条扣10分				
				缺画控制方案一处扣5分				
				缺画联锁复位扣10分				
				画错一处扣5分				
3	绘图标注	设备标注符合要求	5	设备位号、名称标注错一处扣2分				
		仪表标注符合要求	5	仪表位号标注错一处扣2分				
4	图例	图例要求完整	10	缺图例扣5分				
				图例错一处扣2分				

续表

序号	考核内容	考核要点	配分	评分标准	检测结果	扣分	得分	备注
5	标题栏	标题栏要求完整	10	缺标题栏扣5分				
				标题栏错一处扣2分				
6	卷面情况	绘图卷面清晰、整洁	5	卷面不整洁扣5分				
7	安全及其他	按国家法规或企业规定		违规一次总分扣5分；严重违规停止操作			—	
		在规定时间内完成操作		每超时1min总分扣5分，超时3min停止操作			—	
		合　计	100					

试题28：加氢催化剂硫化的流程图绘制

（考核时间：120min）

序号	考核内容	考核要点	配分	评分标准	检测结果	扣分	得分	备注
1	准备工作	工具、用具准备	5	未自带工具扣5分				
2	图形绘制	图纸幅面选择正确	5	图纸幅面选择错误扣5分				
		绘图比例准确	5	绘图比例错误扣5分				
		图面布置完好	5	图面布置不匀称、不美观扣5分				
		工艺流程走向正确，排布合理，设备位置准确并整齐	20	工艺流程排布不合理扣5分				
				流程画错一处扣2分				
				漏画设备一处扣2分				
				设备画错一处扣2分				
		控制回路中仪表控制点完整无漏项并准确	15	缺画仪表控制点一处扣2分				
				仪表控制点画错一处扣2分				
3	绘图标注	设备标注符合要求	5	设备位号、名称标注错一处扣2分				
		管路流程线标注符合要求	10	管路流程线上缺介质流向、来源或去向一处扣2分				
				管路标注错一处扣2分				
		仪表标注符合要求	5	仪表位号标注错一处扣2分				
4	图例	图例要求完整	10	缺图例扣5分				
				图例错一处扣2分				
5	标题栏	标题栏要求完整	10	缺标题栏扣5分				
				标题栏错一处扣2分				
6	卷面情况	绘图卷面清晰、整洁	5	卷面不整洁扣5分				

续表

序号	考核内容	考核要点	配分	评分标准	检测结果	扣分	得分	备注
7	安全及其他	按国家法规或企业规定		违规一次总分扣5分；严重违规停止操作			—	
		在规定时间内完成操作		每超时1min总分扣5分，超时3min停止操作			—	
		合　计	100					

试题29：现场数据采集计算硫转化率

（考核时间：120min）

序号	考核内容	考核要点	配分	评分标准	检测结果	扣分	得分	备注
1	准备工作	工具、用具准备	5	未自带工具扣5分				
2	答题内容	数据采集	50	数据收集错误一处扣15分				
				单位换算错误扣5分				
		计算	40	应用公式错扣25分				
				计算答案错误扣5				
3	卷面情况	卷面整洁	5	卷面不整洁扣5分				
4	安全及其他	按国家法规或企业规定		违规一次总分扣5分；严重违规停止操作			—	
		在规定时间内完成操作		每超时1min总分扣5分，超时3min停止操作			—	
		合　计	100					